全国高等教育自学考试指定教材

机电一体化工程专业（专科）

数控技术及应用

（2014 年版）

（含：数控技术及应用自学考试大纲）

全国高等教育自学考试指导委员会　组编

主　编　梅雪松

副主编　孙挪刚　许睦旬

机械工业出版社

本教材是高等教育自学考试机电一体化工程专业指定教材。

本教材内容主要包括概述、数控加工程序编制技术、计算机数控系统硬件及软件、计算机数控系统控制原理、数控机床位置检测装置、伺服驱动系统、数控机床机械结构、典型数控系统应用实例。

本教材适合于参加高等教育自学考试机电一体化工程专业学习的学生和指导教师使用，也可供高等院校相关专业师生参考。

图书在版编目（CIP）数据

数控技术及应用/梅雪松主编. —北京：机械工业出版社，2014.9（2025.3 重印）

全国高等教育自学考试指定教材. 机电一体化工程专业. 专科

ISBN 978-7-111-48139-3

Ⅰ.①数… Ⅱ.①梅… Ⅲ.①数控机床-高等教育-自学考试-教材 Ⅳ.①TG659

中国版本图书馆 CIP 数据核字（2014）第 227450 号

机械工业出版社（北京市百万庄大街 22 号　邮政编码 100037）

策划编辑：何文军　责任编辑：陈建平　王　荣

责任印制：刘　媛

涿州市般润文化传播有限公司印刷

2025 年 3 月第 1 版第 6 次印刷

184mm×260mm · 12.5 印张 · 298 千字

标准书号：ISBN 978-7-111-48139-3

定价：24.00 元

电话服务	网络服务
客服电话：010-88361066	机　工　官　网：www.cmpbook.com
010-88379833	机　工　官　博：weibo.com/cmp1952
010-68326294	金　　书　　网：www.golden-book.com
封底无防伪标均为盗版	机工教育服务网：www.cmpedu.com

组 编 前 言

21 世纪是一个变幻难测的世纪，是一个催人奋进的时代，科学技术飞速发展，知识更替日新月异。希望、困惑、机遇、挑战随时随地都有可能出现在每一个社会成员的生活之中。抓住机遇，寻求发展，迎接挑战，适应变化的制胜法宝就是学习——依靠自己学习，终生学习。

作为我国高等教育组成部分的自学考试，其职责就是在高等教育这个水平上倡导自学、鼓励自学、帮助自学、推动自学，为每一个自学者铺就成才之路。组织编写供读者学习的教材就是履行这个职责的重要环节。毫无疑问，这种教材应当适合自学，应当有利于学习者掌握和了解新知识、新信息，有利于学习者增强创新意识、培养实践能力、形成自学能力，也有利于学习者学以致用，解决实际工作中所遇到的问题。具有如此特点的书，我们虽然沿用了“教材”这个概念，但它与那种仅供教师讲、学生听，教师不讲、学生不懂，以“教”为中心的教科书相比，已经在内容安排、编写体例、行文风格等方面都大不相同了。希望读者对此有所了解，以便从一开始就树立起依靠自己学习的坚定信念，不断探索适合自己的学习方法，充分利用已有的知识基础和实际工作经验，最大限度地发挥自己的潜能，以达到学习的目标。

欢迎读者提出意见和建议。

祝每一位读者自学成功！

全国高等教育自学考试指导委员会

2013 年 7 月

目　录

数控技术及应用自学考试大纲

数控技术及应用

全国高等教育自学考试
机电一体化工程专业(专科)

数控技术及应用
自学考试大纲

(含考核目标)

全国高等教育自学考试指导委员会　制定

出版前言

为了适应社会主义现代化建设事业的需要，鼓励自学成才，我国在20世纪80年代初建立了高等教育自学考试制度。高等教育自学考试是个人自学，社会助学和国家考试相结合的一种高等教育形式。应考者通过规定的专业考试课程并经思想品德鉴定达到毕业要求的，可获得毕业证书；国家承认学历并按照规定享有与普通高等学校毕业生同等的有关待遇。经过30多年的发展，高等教育自学考试为国家培养造就了大批专门人才。

课程自学考试大纲是国家规范自学者学习范围，要求和考试标准的文件。它是按照专业考试计划的要求，具体指导个人自学、社会助学、国家考试、编写教材、编写自学辅导书的依据。

随着经济社会的快速发展，新的法律法规不断出台，科技成果不断涌现，原大纲中有些内容过时、知识陈旧。为更新教育观念，深化教学内容方式、考试制度、质量评价制度改革，使自学考试更好地提高人才培养的质量，各专业委员会按照专业考试计划的要求，对原课程自学考试大纲组织了修订或重编。

修订后的大纲，在层次上，专科参照一般普通高校专科或高职院校的水平，本科参照一般普通高校本科水平；在内容上，力图反映学科的发展变化，增补了自然科学和社会科学近年来研究的成果，对明显陈旧的内容进行了删减。

全国考委机械及轻纺化工类专业委员会组织制定了《数控技术及应用自学考试大纲》，经教育部批准，现颁发施行。各地教育部门、考试机构应认真贯彻执行。

全国高等教育自学考试指导委员会

2014年7月

Ⅰ. 课程性质与课程目标

一、课程性质和特点

《数控技术及应用》是机电一体化工程专业（专科）的一门主要专业课，是一门研究数控技术在机械制造业应用的科学，是机电工程技术人员必须具备的基础知识。本课程设置的目的是使考生通过自学或社会助学等途径学习机电一体化典型产品——数控机床，掌握数控原理、数控机床、数控编程等相关基础理论、基本知识及其在工程中应用的基本方法和技能，为从事机电一体化工程相关工作打下坚实基础。

二、课程目标

本课程设置的目标是要求考生：

1）了解数控技术的特点、应用领域及其发展趋势。

2）了解数控机床的组成及工作过程。

3）掌握数控加工编程基本知识和编程方法。

4）了解数控系统软硬件组成及控制方法。

5）掌握数控机床检测装置及其工作原理。

6）了解数控机床驱动装置的工作原理及其控制方法。

7）了解数控机床关键机械结构的特点。

8）了解数控技术实际应用方法。

三、与相关课程的联系与区别

学习本门课之前，应以一些先修课为基础，这些课程包括：电工电子技术基础，微机原理，机械控制工程基础，微型计算机原理与接口技术，计算机编程技术，机械设计基础等。上述课程的相关知识在本课程中都有些应用，因此本课程也是一门综合应用的课程。

四、课程的重点

本课程包括数控加工程序编写、数控系统的组成及控制原理、伺服进给系统的驱动及其控制和位置检测原理、数控机床机械结构等内容。其中，数控加工程序编写、伺服进给系统驱动及其控制和位置检测原理是本门课程的重点。

Ⅱ. 考核目标

为了使考试内容具体化和考试要求标准化，本大纲在列出考试内容的基础上，对各章规定了考核目标，包括考核知识点和考核要求。明确考核目标，是为了使考生能够进一步明确考试内容、要求和命题范围，更有目的地系统学习教材。

本课程中各章的内容均由若干知识点组成。在自学考试命题中知识点就是考核点。因此，课程自学考试大纲中所规定的考试内容是以分解为考核知识点的形式给出。因各知识点在课程中的地位、作用及知识自身的特点不同，自学考试中将对各知识点分别按四个认知层次确定其考核要求。这四个认知层次由低到高依次是：识记、领会、简单应用、综合应用。它们之间是递升的关系，后者必须建立在前者的基础上。它们的含义如下。

1. 识记

要求考生能够识别和记忆本课程大纲中规定的有关知识点的主要内容（如定义、定理、表达式、公式、原则、重要结论、方法、步骤、特征、特点等），并能够根据考核的不同要求，作出正确的表达、选择或判断。

2. 领会

要求考生能够领悟和理解本大纲规定的有关知识点的内涵与外延，熟悉其内容要点和它们之间的区别与联系，并能够根据考核的不同要求，作出正确的解释、说明或论述。

3. 简单应用

要求考生能够运用本大纲规定的少量知识点，分析和解决一般运用问题，如简单计算、元件选择、绘图和分析、编程、论证等。

4. 综合应用

要求考生能够运用本大纲规定的多个知识点，分析和解决较复杂的应用问题，如一个考题中包括计算、绘图、简单设计、编程、分析和论述等。

Ⅲ. 课程内容与考核要求

第一章　概　　述

一、学习目的与要求

通过本章的学习，使考生了解数控技术的基本概念，数控机床的基本组成、数控机床的分类方法、数控系统的功能与工作流程以及数控技术的相关支撑技术及发展趋势等，对数控机床组成及数控系统基本概念有初步认识。

1）了解数控技术定义。

2）了解数控机床组成、数控系统组成及各部分功能以及数控装置工作过程。

3）了解数控机床分类方法及各自的特点。

4）了解数控机床产生、发展历史及未来数控技术相关技术发展趋势。

二、课程内容

1. 数控技术定义

2. 数控机床组成

3. 数控机床分类方法

1）按刀具与工件的相对运动轨迹分类（点位控制、轮廓控制）。

2）按伺服驱动系统的控制方式分类（开环控制、闭环控制、半闭环控制）。

3）按功能水平分类。

4）按工艺用途分类。

4. 数控系统的组成

5. 数控系统的工作流程

6. 数控技术的发展历程及发展趋势

三、考核知识点和考核要求

（一）考核知识点

1. 数控技术定义

2. 数控机床组成
3. 数控系统各组成部分功能
4. 数控机床分类方法、各分类特点
5. 数控技术发展趋势
（二）考核要求
1. 识记层次
1）数控机床组成。
2）数控系统的组成及其功能。
3）数控技术发展。
2. 领会层次
1）数控技术的概念。
2）数控机床的分类方法。
3）数控技术发展趋势。
3. 简单应用
1）数控系统的工作流程。
2）闭环、半闭环、开环系统的区别及特点。

第二章 数控加工程序编制技术

一、学习目的与要求

通过本章的学习，掌握编写数控机床工件加工程序的基本知识、方法和技能。着重学习数控铣削手工编程方法。在学习本章的同时，最好去有关工厂现场参观数控机床的编制实例和操作情况。

本章的基本要求是：
1）了解数控机床工件加工程序编制的步骤和方法。
2）了解数控加工工艺。
3）掌握基本编程指令及编程格式，熟悉手工编程方法。
4）了解自动编程的方法。
本章的重点在于掌握常用数控机床的手工编程方法。

二、课程内容

1. 数控加工程序编制的内容和步骤
2. 数控程序编制的方法
3. 数控机床坐标系
1）各坐标轴的确定方法。
2）机床坐标系与工件坐标系。
3）数控机床几个关键点概念（机床原点、机床参考点、对刀点、换刀点、刀位点）。
4. 数控加工工艺
5. 手工编程方法
1）基本准备功能指令，辅助功能指令，F、S、T 指令。
2）程序格式及程序组成。

3）数控铣削编程方法。

6. 自动编程方法

三、考核知识点和考核要求

（一）考核知识点

1. 数控机床程序编制的目的、步骤和方法

2. 数控加工工艺

3. 工件加工程序的格式和代码

4. 手工编程方法

5. 自动编程方法

（二）考核要求

1. 识记层次

1）数控加工程序基本指令，包括常用准备功能指令，辅助功能指令，F、S、T 指令。

2）数控机床坐标轴确定方法；机床坐标系与工件坐标系。

3）程序段格式。

2. 领会层次

1）数控加工程序编写步骤和内容。

2）数控加工工艺。

3）数控机床编程方法（手工编程和自动编程）的特点及应用场合。

4）数控铣削程序的编写方法。

5）简单数控车削程序的编写。

6）自动编程的步骤。

3. 简单应用

1）确定不同数控机床坐标系。

2）能读懂数控加工程序。

4. 综合应用

会进行零件轮廓基点计算，掌握零件轮廓粗、精数控加工程序编写方法。

第三章　计算机数控系统硬件及软件

一、学习目的与要求

通过本章的学习，使考生了解数控机床的 CNC 系统的组成及其功用；了解数控系统硬件结构形式与特点；了解实现数控装置功能的软件模块构成及其特点；了解数控机床用 PLC 的形式、功用与主控系统通信方式；了解 CNC 装置的输入接口与输出接口作用；了解串行通信的基本原理与伺服总线的种类。

二、课程内容

1. CNC 系统硬件组成

2. CNC 系统硬件结构形式

3. CNC 系统软件组成

4. CNC 装置软件结构特点

5. CNC 装置的软件结构

6. CNC 系统的 PLC（形式、实现的功能、与主控系统的通信）
7. 数控机床用通信设备和接口
8. CNC 系统总线
9. 数控机床参数

三、考核知识点和考核要求

（一）考核知识点

1. CNC 系统的组成以及各组成部分的功用
2. CNC 系统硬件结构形式
3. CNC 系统软件组成及结构
4. 数控机床接口
5. CNC 系统的 PLC 形式、功用
6. 伺服总线与串行通信
7. 数控机床参数的作用、分类和设置

（二）考核要求

1. 识记层次

1）CNC 系统的组成及各部分的功用。
2）CNC 系统硬件结构组成。
3）CNC 系统软件组成。
4）光电隔离电路作用。

2. 领会层次

1）CNC 系统硬件结构形式及特点。
2）CNC 系统软件多任务并行处理方法，软件结构模式。
3）CNC 系统的 PLC 的结构形式及其特点。
4）PLC 在数控机床中的功用。
5）计算机串行通信实现原理及串行通信制式。
6）计算机网络通信的体系结构。

3. 简单应用

1）数控系统软件中管理、控制软件的组成及特点。
2）画框图表示 CNC 系统的组成，说明各部分功能。

第四章　计算机数控系统控制原理

一、学习目的与要求

通过本章的学习，使考生了解数控机床的 CNC 系统的控制原理；了解插补基本概念，掌握插补算法实现方法；了解刀补原理；了解速度及加速度控制实现方法。

二、课程内容

1. 插补基本概念、分类及特点
2. 脉冲增量插补算法
3. 数字增量插补算法
4. 刀具补偿原理

5. 速度及加速度控制原理

三、考核知识点和考核要求

（一）考核知识点

1. 插补的基本概念
2. 两大类插补算法的区别及特点
3. 逐点比较插补算法实现的步骤
4. 数字积分插补算法实现原理
5. 数字增量插补的插补周期的选择
6. 刀具补偿基本概念，C 功能刀具补偿实现步骤
7. 速度控制实现方法
8. 前后加减速控制的概念及其特点

（二）考核要求

1. 识记层次

1）插补的概念。

2）刀具补偿的概念。

3）速度及加减速控制意义。

2. 领会层次

1）逐点比较插补算法的步骤及其计算过程。

2）数字积分插补算法的步骤及其计算过程。

3）改进数字积分插补算法质量的措施。

4）数字增量直线插补实现方法。

5）C 功能刀具补偿与 B 功能刀具补偿的区别。

6）进给系统速度控制方法。

7）前后加减速的概念及其特点。

3. 简单应用

1）掌握逐点比较直线、圆弧插补的计算过程。

2）掌握数字积分直线插补的计算过程。

3）数字增量插补的插补周期的选择。

4）数字增量直线插补在一个插补周期内各坐标轴位移增量的计算。

第五章　数控机床位置检测装置

一、学习目的与要求

通过本章的学习，使考生了解位置检测装置在数控系统中的作用；了解位置检测元件的分类方法，了解光栅和编码器的组成、基本工作原理及能应用场合。

二、课程内容

1. 位置检测装置的作用及其分类
2. 光栅的组成及其工作原理
3. 编码器的组成及其工作原理

三、考核知识点和考核要求

（一）考核知识点

1. 位置检测装置的作用及其分类

2. 光栅的组成及工作原理、莫尔条纹的特点

3. 编码器的组成及其工作原理

（二）考核要求

1. 识记层次

1）位置检测装置的作用及分类。

2）光栅的组成。

3）莫尔条纹。

4）编码器的组成。

2. 领会层次

1）光栅工作原理。

2）莫尔条纹的特点。

3）光栅鉴相倍频实现方法。

4）编码器工作原理。

3. 简单应用

1）光栅、编码器辨向的实现方法。

2）提高光栅、编码器分辨率的方法。

4. 综合应用

各种位置检测装置的适用场合及其选用。

第六章　伺服驱动系统

一、学习目的与要求

通过本章的学习，掌握数控机床伺服驱动装置工作原理及速度控制方法，了解其选用方法。本章的基本要求是了解数控机床对驱动装置的要求，了解进给伺服系统及主轴驱动系统中使用的电动机的工作原理，了解典型的电动机性能曲线。

二、课程内容

1. 伺服进给驱动系统的概述

2. 步进电动机的组成、工作原理及其特性

3. 直流伺服电动机的组成、工作原理及其特性

4. 交流伺服电动机的组成、工作原理及其特性

5. 直线电动机的组成及特点

6. 主轴电动机的结构及性能

7. 位置控制方法

8. 转矩及惯量计算

三、考核知识点和考核要求

（一）考核知识点

1. 数控机床对进给驱动装置的要求

2. 步进电动机的组成、工作原理及其特性
3. 直流伺服电动机的组成、工作原理及其特性
4. 交流伺服电动机的组成、工作原理及其特性
5. 直线电动机的组成及特点
6. 主轴电动机的结构及性能
7. 位置控制方法
8. 惯量及转矩计算

（二）考核要求

1. 识记层次

1）数控机床对进给驱动装置的要求。
2）数控机床对主轴驱动装置的要求。
3）步进电动机的结构组成。
4）直流伺服电动机的结构组成。
5）交流伺服电动机的结构组成。
6）直线电动机的结构组成。
7）主轴电动机的结构组成。

2. 领会层次

1）步进电动机的工作原理、速度控制方法，步进电动机的驱动，步进电动机的特性。
2）直流伺服电动机的调速方法、PWM 控制原理，直流伺服电动机的特性。
3）交流伺服电动机调速方法、SPWM 控制原理，交流伺服电动机的特性。
4）直线电动机的工作原理及其特点。
5）主轴电动机的特性。
6）转矩与惯量计算。

3. 简单应用

1）不同电动机的选用。
2）不同电动机的调速方法。
3）不同电动机的特性曲线的使用。

4. 综合应用

用框图表示脉冲比较位置控制系统的组成，该控制系统中驱动元件、位置检测元件的选择，位置控制过程的实现过程。

第七章　数控机床机械结构

一、学习目的与要求

通过本章的学习，使考生了解数控机床机械结构与传统机床的不同，了解电主轴、滚珠丝杠螺母副、导轨、旋转工作台及加工中心用自动换刀位置的结构。

二、课程内容

1. 数控机床机械结构特点
2. 主传动要求及电主轴结构
3. 滚珠丝杠、导轨及回转工作台

4. 自动换刀装置

三、考核知识点和考核要求

（一）考核知识点

1. 数控机床机械结构与传统机床的不同

2. 电主轴的组成及特点

3. 滚珠丝杠螺母副的组成及特点

4. 数控机床用导轨类型及特点

5. 刀库的类型及刀具选用

（二）考核要求

1. 识记层次

1）数控机床机械结构与传统机床的不同。

2）电主轴组成。

3）滚珠丝杠螺母副的组成。

4）刀库类型。

2. 领会层次

1）电主轴特点。

2）滚珠丝杠螺母副的特点。

3）数控机床用导轨类型及特点。

4）刀库选刀方法。

3. 简单应用

计算等效转动惯量和等效转矩。

4. 综合应用

对给定的进给系统进行等效转动惯量和转矩的计算。

第八章　典型数控系统应用实例

一、学习目的与要求

本章介绍几个具有代表性的国内外数控系统及其应用方法。通过本章的学习，使考生了解西门子 840D、华中 8 型数控系统、基于运动控制器的开放式数控系统的特点及其在现实中的应用，综合运用本书前几章内容实现数控机床系统开发。

二、课程内容

1. 西门子 840D 数控系统及其应用

2. 华中 8 型数控系统简介

3. MX-3 型开放式运动控制系统简介

三、考核知识点和考核要求

（一）考核知识点

1. 西门子 840D 系统的组成及应用

2. 华中 8 型数控系统的特点

3. 基于运动控制器的开放式数控系统的实现方法

（二）考核要求

1. 识记层次

1）西门子 840D 数控系统的组成。

2）华中 8 型数控系统的特点。

2. 领会层次

1）基于运动控制器的开放式数控系统的实现方法。

2）西门子 840D 的应用。

3. 简单应用

数控机床数控系统开发选用及伺服参数调整过程。

Ⅳ. 关于大纲的说明与考核实施要求

一、自学考试大纲的目的和作用

课程自学考试大纲是根据专业自学考试计划的要求，结合自学考试的特点而确定的。其目的是对个人自学、社会助学和课程考试命题进行指导和规定。

课程自学考试大纲明确了课程学习的内容以及深广度，规定了课程自学考试的范围和标准。因此，它是编写自学考试教材和辅导书的依据，是社会助学组织进行自学辅导的依据，是自学者学习教材、掌握课程内容知识范围和程度的依据，也是进行自学考试命题的依据。

二、课程自学考试大纲与教材的关系

课程自学考试大纲是进行学习和考核的依据，教材是学习掌握课程知识的基本内容与范围，教材的内容是大纲所规定的课程知识和内容的扩展与发挥。课程内容在教材中可以体现一定的深度或难度，但在大纲中对考核的要求一定要适当。

大纲与教材所体现的课程内容应基本一致；大纲里面的课程内容和考核知识点，教材里一般也要有。但教材里有的内容，大纲里就不一定体现。（注：如果教材是推荐选用的，其中若有与大纲要求不一致的地方，应以大纲规定为准。）

三、关于自学教材

《数控技术及应用》，全国高等教育自学考试指导委员会组编，梅雪松主编，机械工业出版社出版，2014 年版。

四、关于自学要求和自学方法的指导

本大纲的课程基本要求是依据专业考试计划和专业培养目标而确定的。课程基本要求还明确了课程的基本内容，以及对基本内容掌握的程度。基本要求中的知识点构成了课程内容的主体部分。因此，课程基本内容掌握程度、课程考核知识点是高等教育自学考试考核的主要内容。

为有效地指导个人自学和社会助学，本大纲已指明了课程的重点和难点。

本课程共 4 学分，其中理论 3 学分，实验 1 学分。

五、学习方法指导

数控技术及应用是一门既有理论又有实践且实践性很强的课程，因而在自学时需要有良好的学习方法，以便取得良好的学习效果。为此，请考生注意以下事项：

1）在学习每一章之前，先认真了解本自学考试大纲对该章各知识点的考核要求，做到学习时心中有数。

2）重视课程中基本概念、基本方法的学习，要认真学习，反复思考，结合实例、实际机床加深领会。

3）考生最好根据自身实际条件到数控加工生产现场，了解数控机床加工过程，必须十分注重实验，通过动手实验领会本课程中基本概念和基本方法。

六、对社会助学的要求

1）要熟知大纲对本课程总的要求和各章的知识点，准确理解对各知识点要求达到的认知层次和考核要求，并在辅导过程中帮助考生掌握这些要求，不可随意增删内容和提高或降低要求。

2）要结合实际数控机床，讲清楚各章节的基本概念、基本方法，讲清楚各相关知识点的联系；要把重点和难点讲透；要引导考生注意理论联系实际，帮助考生真正达到考核的要求，培养考生的良好学风，提高考生的自学能力。

3）要使考生认识到辅导课只能起到“领进门”的作用，使考生明确对于数控技术知识的掌握关键还在于自己的学习、领会、应用，应要求考生课后抓紧复习，认真完成作业、实验，做到真正掌握。

七、关于命题和考试的若干规定

1）本大纲规定的基本要求和知识点都属于考核知识点。考试命题覆盖到章，并适当突出重点章节。

2）本课程在试卷中对不同能力层次要求的分数比例大致为：识记20%，领会30%，简单应用30%，综合应用20%。

3）试题的难度可分为：易、较易、较难、难四个等级。每份试卷中不同难度试题的分数比例一般为2:3:3:2。试题难度与能力层次不是同一个概念，在各个层次中都存在着不同的难度。

4）考试方法为闭卷笔试。考试时间为150min。考试时只允许带钢笔、签字笔、铅笔、三角板或直尺和计算器。试题数量应以中等水平的考生能在规定的时间内答完为度。评分采用百分制，60分为及格。

5）课程考试命题的主要题型一般为：填空题、单项选择题、计算题、编程题、问答题、综合应用题等。

V．实践性环节（课程实验）

一、实验目的和要求

数控技术是一门实践性很强的课程，实验为本课程的重要环节。本课程的实验目的是：

1）通过实验加深理解和验证所学基本理论和知识。

2）培养考生动手实践能力，使考生受到必要的技能训练。

3）培养考生理论联系实际能力，能利用所学知识解决实际工程问题。

要求考生在考察每个实验后，在规定时间写出合乎要求的实验报告。考生需在通过本课程考试及交齐实验报告后，方能取得本课程学分。

二、实验内容

根据实验室条件，可在如下所列的5个实验中选做3个实验：

（一）数控机床加工程序的编写及上机操作

1. 实验目的

掌握数控铣床、数控车床加工程序的编写方法，加工程序的输入方法及工件数控加工操作。

2. 实验条件

数控铣床、数控车床。

3. 实验内容

1）对一板型零件，采用手工或其他 CAM 软件编写其外轮廓的数控铣削加工程序。

2）将零件程序输入数控铣床中。

3）熟悉数控铣床操作方法，对输入的加工程序进行加工验证。

4）对一轴类零件，采用手工或其他 CAM 软件编写其外轮廓的数控车削加工程序。

5）将零件程序输入数控车床中。

6）熟悉数控车床操作方法，对输入的加工程序进行加工验证。

（二）数控机床伺服参数的调试

1. 实验目的

了解数控机床伺服参数的分类，伺服参数对机床性能的影响，掌握伺服参数调试方法。

2. 实验条件

装有 FANUC 系列、SIEMENS 系列或国产华中数控系统的数控机床。

3. 实验内容

1）阅读机床相关说明书，了解机床伺服参数的分类。

2）在伺服参数允许范围内，调节相关参数，通过示波器或系统自带的软件观察参数的改变对系统性能的影响规律。

3）手动调节相关参数以提高系统性。

（三）插补软件的编写及仿真

1. 实验目的

掌握逐点比较插补、数字积分插补的原理、软件实现方法及插补轨迹仿真方法。

2. 实验条件

PC 及 Windows 操作系统、Turb C 或 Matlab。

3. 实验内容

1）采用 C 语言或 Matlab 编写第一象限直线、圆弧逐点比较插补软件，并编写其插补轨迹仿真软件。

2）采用 C 语言或 Matlab 编写第一象限直线、圆弧数字积分法插补软件，并编写其插补轨迹仿真软件。

（四）数控机床动态性能的测试

1. 实验目的

了解数控机床动态性能的测试方法。

2. 实验条件

球杆仪、机床动态性能测试仪。

3. 实验内容

1）了解数控机床动态性能及其检测方法。

2）了解采用机床动态性能测试仪检测机床内部传感器信息（光栅尺、编码器、电流等信息）的检测方法。

3）采用球杆仪对机床圆运动进行检测，并分析误差产生的原因。

（五）编码器接线及调试实验

1. 实验目的

了解编码器输出信号的组成及其各输出接线物理含义，了解编码器输出与数控系统连接方法。

2. 实验条件

编码器、示波器、数控系统。

3. 实验内容

1）阅读编码器说明书，明确各输出线的物理意义。

2）旋转编码器，用示波器采集各编码器各输出信号，观察信号变化情况。

3）阅读数控系统说明书，了解编码器与数控系统连接方法。

4）数控系统断电情况下，将编码器输出线与数控系统相应端口相连。

5）检查无误情况下，给数控系统上电，旋转编码器并观察数控系统的位置显示状况。

三、实验的实施和考核

要求考生须自己动手独立完成实验，以达到课程实验的目的和要求。

每个实验完成后，考生撰写实验报告交实验导师签字并加盖实验室公章，作为成绩评定依据。必要时，主考学校可在上述所列实验中抽取其中一个实验对考生进行必要复试。

考生只有完成规定的3个实验并合格者，方能取得实践性环节考核学分。

Ⅵ. 题 型 举 例

一、单项选择题

1. 闭环控制系统的位置检测装置装在（　　）。

A. 传动丝杠上　　B. 伺服电动机轴上

C. 机床移动部件上　　D. 数控装置中

2. 步进电动机的转速是通过改变电动机的（　　）而实现。

A. 脉冲频率　　B. 脉冲数量

C. 通电顺序　　D. 电压大小

二、填空题

1. 数控技术中常用的插补算法有______插补法和数字增量插补法两大类。

2. 对于具有40齿的三相步进电动机，若采用双三拍工作方式，其步距角为____。

三、简答题

1. 数控机床对伺服驱动系统有哪些要求？

2. 试说明光栅如何实现运动方向辨识的。

四、编程题

图示为板型零件，其中圆弧 O_1、O_2 为四分之一圆弧，板厚4mm，P 为起刀点，在距该零件上表面 10mm 的安全高度。已知选用的刀具直径为 10mm，主轴转速 500r/min，进给速度 120mm/min。

要求：在图中标出工件坐标系、计算出各点坐标，编写该零件的精加工数控程序。

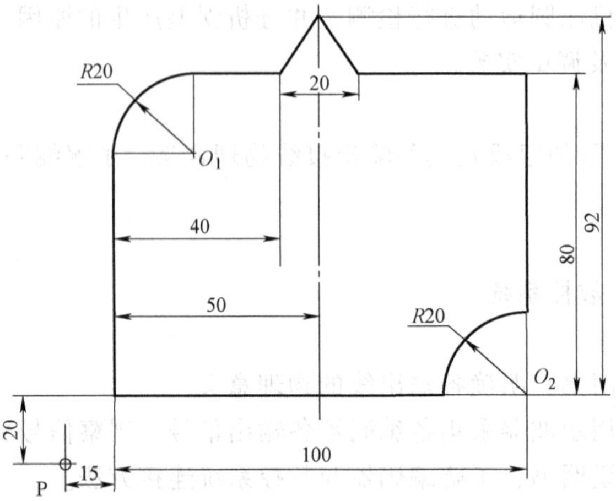

五、插补计算题

1. 对于第一象限插补直线段 OA，其起点为坐标原点 $O(0, 0)$，终点为 $A(3, 4)$。试用逐点比较法进行插补，要求：

1）列表填写插补计算过程。

2）画出插补轨迹图。

2. 对于第一象限插补直线段 OA，其起点为坐标原点 $O(0, 0)$，终点为 $A(3, 4)$。试用数字积分法进行插补，要求：

1）列表填写插补计算过程。

2）画出插补轨迹图。

六、综合题

结合本课程学习，试从所学驱动元件、位置元件中选择合适的元件，构成一半闭环位置控制系统，画出系统的组成框图，并请简述其工作过程。

后　记

《数控技术及应用自学考试大纲》是根据全国高等教育自学考试指导委员会机械及轻纺化工类专业委员会制定的《高等教育自学考试机电一体化工程专业（专科）考试计划》和全国高等教育自学考试指导委员会《关于修订高等教育自学考试课程自学考试大纲的几点意见》的精神制定的。

2014 年 6 月机械及轻纺化工类专业委员会在西安交通大学召开审稿会议，对本大纲进行了评审，根据审稿会意见由编者做了修改，最后由机械及轻纺化工类专业委员会定稿。

本大纲由西安交通大学梅雪松教授负责编写。参加审稿并提出修改意见的有邓文和副教授（西安交通大学）与李斌教授（华中科技大学）。

对参与本大纲编写和审稿的各位专家表示感谢。

全国高等教育自学考试指导委员会
机械及轻纺化工类专业委员会
2014 年 7 月

全国高等教育自学考试指定教材

机电一体化工程专业（专科）

数控技术及应用

全国高等教育自学考试指导委员会　组编

编者的话

本教材是根据全国高等教育自学考试指导委员会制定的机电一体化工程专业（专科）《数控技术及应用自学考试大纲》编写的，是供个人自学使用的教材。

数控机床是综合了计算机、自动控制、电动机与拖动、电子和电力、自动检测及精密机械等方面的技术，是机电一体化的典型产品。数控机床的高速、高精度及高度灵活性使其广泛应用于我国机械制造业，已成为未来工厂自动化发展的基础。随着数控机床的大量使用，在机电一体化专业中普及机床数控技术的基础知识显得尤为重要。通过数控技术基础及其应用技术相关知识的系统学习，使学生最终具有实际数控系统应用、维护和初步的开发能力。

本教材本着与时俱进的理念，结合多年的教学经验和科研成果的积淀，在内容安排、形式体例及行文风格等方面力求符合人的认知习惯和自我学习能力的培养，对基本概念和基本原理的阐述力求精准和具体，以便于自学和应用。

本书共分八章，第一章介绍数控技术与数控机床、数控机床的分类、机床数控系统的工作流程和数控技术的发展；第二章介绍了数控加工程序编制技术；第三、四章介绍了数控系统的软、硬件组成，实现方法及控制基础，包括插补原理、刀具补偿原理及速度控制基本原理；第五、六章介绍了数控机床的位置检测装置、驱动电动机及位置控制；第七章简要介绍了数控机床的机械结构；第八章介绍典型数控系统及其应用实例。

本教材第一章由梅雪松、马振群执笔，第二章由孙挪刚执笔，第三、四章由徐学武、陶涛、孙挪刚执笔，第五章由许睦旬执笔，第六章由马振群、姜歌东执笔，第七章由梅雪松、孙挪刚执笔，第八章由徐学武执笔。本教材由梅雪松主编，孙挪刚、许睦旬任副主编。

本教材由华中科技大学李斌教授和西安交通大学邓文和副教授审阅，根据审稿会的意见以及本书编辑的宝贵意见，编者对相关内容进行了修改。在此向以上人员的辛勤劳动表示衷心的感谢。

由于编者的水平有限，加之时间仓促，书中不足之处，恳请专家、同仁和广大读者批评指正。

编者

2014 年 7 月

第一章 概 述

数控技术广泛应用于机械制造、航空航天、船舶、电子芯片、汽车等领域，对国家的科技进步和制造业发展具有举足轻重的作用。随着航空工业、汽车工业和轻工业消费品生产的高速增长，复杂形状的零件越来越多，精度要求也越来越高。激烈的市场竞争要求产品的研制生产周期越来越短，传统的加工设备和制造方法已经难以适应多样化、柔性化与复杂形状零件的高效、高质量加工要求。发展能有效解决复杂、精密、小批、多变零件加工的数控加工技术日益引起世界各国的重视。数控技术是制造业实现自动化、柔性化、集成化生产的基础，现代的CAD/CAM、柔性制造系统（FMS）、计算机集成制造系统（CIMS）、网络化制造等，都是建立在数控技术基础上的。数控技术已成为体现国家综合国力水平的重要基础性产业的核心因素之一，并成为衡量一个国家制造业现代化程度的核心标志。学习数控技术与数控机床的基本概念、了解数控技术的发展历程及其发展趋势，对于机电一体化工程专业学生学习掌握数控技术相关知识具有重要的意义，也是学习本门课程的基础。本章主要介绍数控技术的定义、机床数控系统的构成、数控技术的发展等内容。

第一节 数控技术与数控机床

一、数控技术定义

数控技术是以计算机技术为核心，以自动控制理论为基础发展起来的应用与实践技术，其目标是实现被控对象的自动控制和最优运行。因此，计算机是数控技术的实现手段，控制理论则是数控技术的实现方法，其内涵是通过对具体控制对象和目标需求进行建模，根据控制理论提出控制决策，利用计算机实现控制过程的计算、分析与处理，并输出所需要的数字控制信号，通过对控制信号的功率放大，驱动执行机构，实现对被控对象所需要的目标控制。可见，数控技术是指用数字、字符等数字信息发出指令，实现自动控制的技术。而采用计算机数控技术的自动控制系统则为计算机数控系统，简称为数控系统。

数控技术广泛应用于现代工业的各个场合，从机械加工中的数控机床、工业机器人、柔性生产线等，到轻工机械中的印刷机、切纸机、包装机械、木工机械，再到集成芯片制造中的光刻机、封装机等，都应用了数控技术。因此，数控技术所涉及的理论、知识非常宽泛。然而，对于机械工程专业科技人员来说，面对的主要是制造产业中的设备应用与研究问题。因此，本课程所述的数控技术仅限于机械设备。

本课程以数控机床为研究对象，这不仅因为机床是所有机械设备的制造设备或基础设备，而且相对其他设备，数控机床的运动控制更复杂、更精确，数控机床集中体现了数控技术发展过程中最核心、最前沿的技术内容，因此，学习机床数控技术对其他机械设备的数控技术具有普遍意义。

二、数控机床的组成

数控机床就是采用了数控技术的机床，或者说装备了数控系统的机床，它采用数字化程序控制、能完成零件的自动化加工。作为一种典型的光机电一体化的加工设备，它集现代机械制造技术、自动控制技术及计算机信息技术于一体，采用数控装置或计算机来全部或部分地取代一般通用机床加工零件时的各种人工控制动作——启停、改变切削用量、主轴变速、刀具选择、切削液开关等，是高效，高精度、高柔性和高自动化的光机电一体化的加工设备。数控机床主要由数控系统（虚线框）和机床本体（双点画线框）两大部分组成，如图1-1所示。

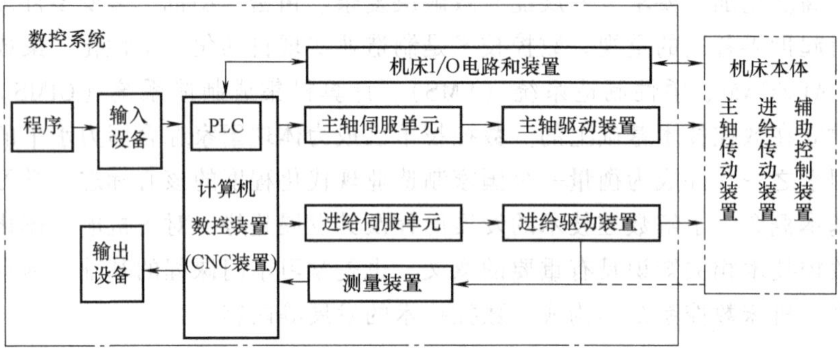

图1-1　数控机床的构成框图

（一）数控系统

机床数控系统一般由零件加工程序、输入设备、输出设备、数控装置、主轴和进给驱动装置以及位置检测装置等构成。数控系统的核心是数控装置，目前数控装置大多采用计算机作为控制部件，故称为 CNC（Computer Numerical Control）装置，它由中央处理单元（CPU）、存储器、各种 I/O 接口及外围逻辑电路等组成，其主要作用是对输入的数控程序及有关数据进行存储与处理，通过插补运算等，形成运动轨迹指令，控制伺服单元和驱动装置，实现刀具与工件的相对运动。CNC 系统中计算机主要处理机床运动轨迹的数字量的控制，PLC 主要处理开关量的逻辑控制。

1. 输入、输出设备

输入、输出设备是数控系统与外部设备进行交互的装置。交互的信息通常为程序，对于数控机床一般为零件加工程序。通过输入设备将编制好并记录在控制介质上的零件加工程序输入到 CNC 系统，通过输出设备将调试好的零件加工程序存放或记录在相应的控制介质上。

2. 计算机

数控系统中的计算机通常作为一种专用的计算机，由硬件和软件构成。其中硬件包括CPU、存储器、总线、键盘、显示器、接口电路及位置控制电路等。而软件由管理软件和控制软件两部分构成。管理软件主要完成输入、I/O 处理、显示、诊断等任务；控制软件完成译码、刀具补偿、速度处理、插补计算、位置控制等任务。计算机的基本功能是对输入的零件加工程序进行相应的处理（如运动轨迹处理、机床输入/输出处理等），然后输出控制命令到相应的执行部件（伺服单元、驱动装置和 PLC 等）。所有这些工作都是在硬件和软件协调配合下共同完成的。

3. PLC

PLC 用以接收来自零件加工程序的开关功能信息（M、S、T 指令）、机床操作面板上的开关量信号以及机床侧的其他开关量信号，进行逻辑处理，输出并实现机床开关量的控制。它按照预先规定的逻辑顺序对诸如机床电气设备的启停，主轴转速、转向及启停，刀具的更换，工件的夹紧、松开，液压、气动、冷却、润滑系统的运行，并实现各种状态指示，故障报警以及通信，附加轴控制等。

4. 接口

接口是 CNC 装置与外部设备之间联系的桥梁和通道。通过接口获取和传送控制指令、控制信息和数据。接口包括与上位机的通信接口，主要是网络和串行通信接口，常用的标准有 EIA RS-232C、EIA RS-422、EIA RS-485 等；各种输入、输出设备（如键盘、显示器、手摇脉冲发生器、光盘驱动器、电传机等）的接口；与机床侧信号往来的 I/O 接口等。

5. 伺服驱动装置

机床加工需要实现对加工刀具的轨迹和速度控制，数控机床的伺服驱动装置主要实现机床轨迹和速度控制。数控系统的伺服驱动装置通常由伺服驱动单元和伺服电动机组成，包括主轴伺服驱动装置和进给伺服驱动装置两部分。其中主轴驱动装置用于控制主轴的旋转运动，实现速度的宽范围内连续可调，并能提供切削所需要的功率。进给驱动装置用于控制机床各坐标轴的切削进给运动，提供切削过程所需要的转矩，且根据加工需要可以任意调节进给速度，配合位置检测和控制系统实现对工作台（或刀具）位置的精确控制。

6. 位置检测装置

位置检测装置可实现机床移动的实际位置和速度的检测，并将它们转换成电信号，反馈到 CNC 装置中，与指令位移和速度相比较，并发出相应指令驱动机床坐标轴运动以减少两者的差值，直至两者相同。开环控制的数控系统通常没有设置检测元件，在闭环控制的数控系统中，位置检测装置用于检测出机床的实际位置，并将其反馈给数控系统，以实现对系统的精确的位置控制。根据位置检测元件安装位置及检测对象的不同，闭环控制数控系统又可分为闭环和半闭环数控系统。闭环数控系统的定位精度和加工精度主要取决于位置检测装置的精度。

（二）机床本体（主机）

机床本体主要指机床的机械结构，包括主轴传动装置、进给传动装置和辅助控制装置。大多数数控机床都采用了高性能的主轴及伺服传动系统，大大简化了机床的机械传动结构。在数控机床中更多地采用了如滚珠丝杠、直线滚动导轨等高效传动部件，提高了机床的传动效率和灵敏度。

第二节　数控机床的分类

数控机床作为一种灵活、高效的自动化装备，较好地解决了复杂、精密、多变的零件加工问题，在机械加工中得到了广泛应用。数控机床种类很多，规格不一，可从不同的角度对其进行分类。

一、按刀具与工件的相对运动轨迹分类

数控机床按其控制刀具与工件相对运动的方式不同，可以分为点位控制和轮廓控制两

大类。

1. 点位控制数控机床

这类数控机床的特点是只要求控制刀具从一点移到另一点的准确位置，而对于两点之间的运动轨迹及各点的运动速度不作严格要求，刀具在移动过程中不进行切削加工。例如，用于孔加工的数控机床多属于点位控制，常只要求保证精确的孔间位置。图 1-2 所示为点位控制钻孔加工示意图。

数控钻床、数控镗床、数控压力机、印制电路板钻床等都属于此类数控机床。

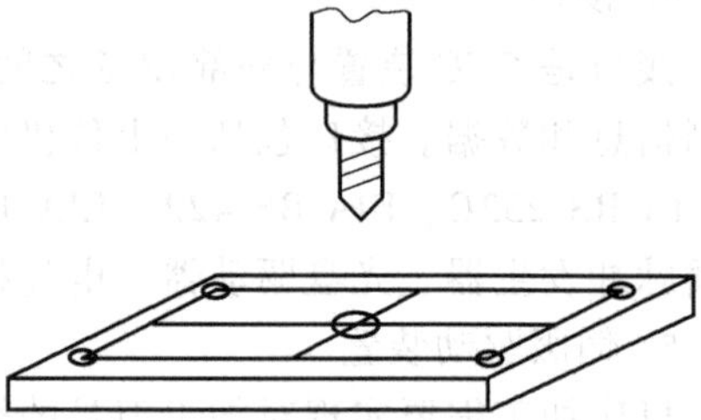

图 1-2 点位控制钻孔加工示意图

2. 轮廓控制数控机床

轮廓控制数控机床又称连续控制数控机床，这类数控机床的特点是不仅要控制轮廓的起点和终点位置，还要对两点之间的运动轨迹上每一点的速度和位置进行精确控制，即能够对两个或两个以上运动坐标的位移和速度同时进行连续相关控制，使刀具与工件间的相对运动符合工件加工轮廓的型面要求。图 1-3 所示为轮廓控制铣削加工示意图。

现代数控机床绝大部分都属于这类数控机床，例如，数控铣床、数控车床、数控磨床和加工中心等。

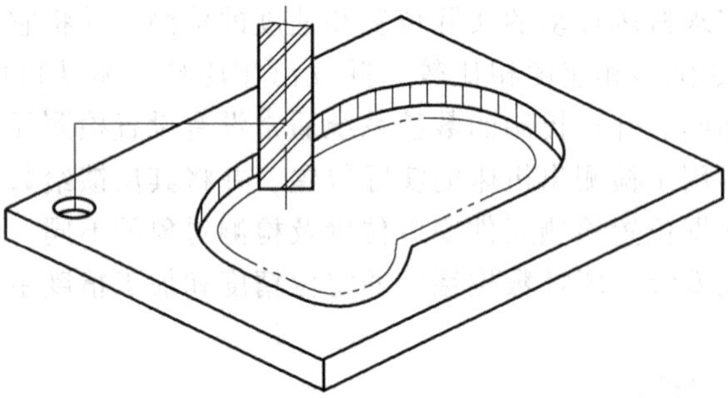

图 1-3 轮廓控制铣削加工示意图

二、按伺服驱动系统的控制方式分类

数控机床按其伺服驱动系统的控制方式不同，可以分为开环控制、闭环控制和半闭环控制三大类。

1. 开环控制数控机床

这类数控机床没有位置检测装置。数控装置将零件数控加工程序处理后，输出数字指令信号给伺服系统，驱动步进电动机转动，再经传动机构带动工作台（或刀具）移动，如图 1-4 所示。

由于无位置检测及反馈装置，其精度完全取决于驱动及传动装置的精度，驱动装置多采用步进电动机等，因此其精度和速度一般都不高。这类数控机床的特点是工作比较稳定，结构简单，调整维修方便，成本低，适用于精度要求不高的经济型数控机床。

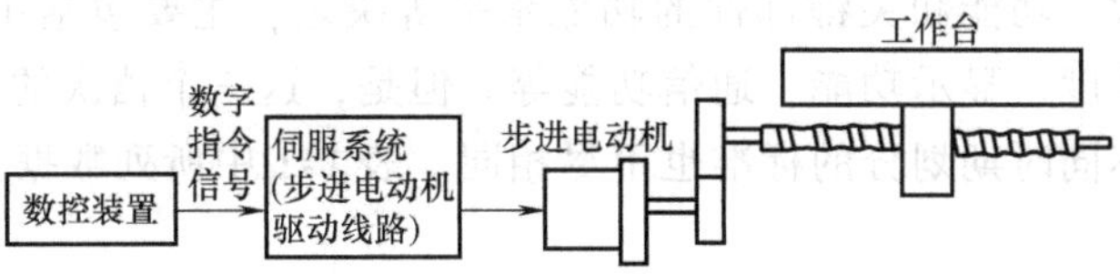

图 1-4 开环控制数控机床框图

2. 闭环控制数控机床

这类数控机床带有位置检测装置，位置检测装置安装在机床工作台上，直接对工作台的位移量进行检测，并将其反馈给数控装置，与指令位移进行比较，其差值作为速度指令信号，驱动工作台移动，直到差值等于零为止。闭环控制数控机床框图如图 1-5 所示。

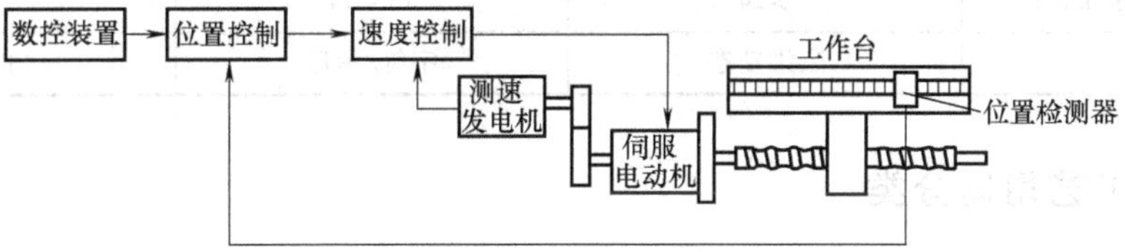

图 1-5 闭环控制数控机床框图

这类数控机床可以消除传动部件精度误差对零件加工带来的影响，可以获得很高的加工精度。但是由于很多机械传动环节包括在闭环控制的环路内，各部件的摩擦特性、刚度以及间隙等都是非线性量，直接影响到伺服系统的稳定性。该类机床设计和调整困难、结构复杂、成本高，主要用于一些精度要求很高的镗铣床、超精密车床、超精密铣床、加工中心等。

3. 半闭环控制数控机床

这类数控机床将检测装置安装在进给丝杠或电动机端头，通过测量丝杠旋转角度，来间接获得工作台位移信息。图 1-6 所示为半闭环控制数控机床框图。

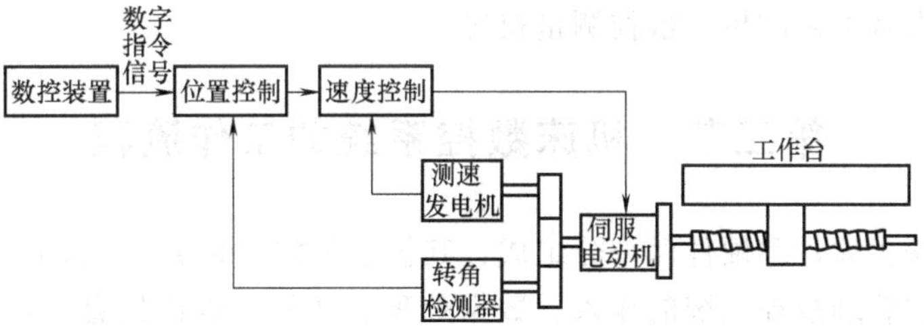

图 1-6 半闭环控制数控机床框图

对这类数控机床，丝杠、螺母副及工作台等机械环节并不包含在闭环控制环路内，因此可以获得稳定的控制特性，调整、控制较之全闭环控制系统来说也较为容易，但精度也相对较低些。由于采用了高分辨率的测量装置，可以获得比较满意的精度及速度。大多数数控机床都采用这种半闭环的伺服控制方式，如数控车床、数控铣床、加工中心等。

三、按功能水平分类

数控机床按其功能水平的高低分为高、中、低档三类。数控机床功能水平的高低主要由它们的主要技术参数、功能和关键部件的功能水平等决定，主要包括主 CPU 位数、联动轴数、分辨率、进给速度、显示功能、通信功能等。但是，这三个档次的数控机床之间并没有严格的界限，而且不同时期划分的标准也不尽相同。表 1-1 中所列数据为目前普遍认可的分类指标，可供参考。

表 1-1　数控机床按功能水平分类表

功　　能	高　　档	中　　档	低　　档
CPU 位数	32 位、64 位	16 位、32 位	8 位、16 位
联动轴数	3～5	3～5	2～3
分辨率/μm	<0.1	0.1～10	>10
进给速度/(m/min)	>24	15～24	<15
显示	三维动态	字符/图形	LED/字符

四、按工艺用途分类

数控机床按其工艺用途的不同，可以分为以下几类。

1. 金属切削类

属于此类的有数控车床、数控钻床、数控磨床、数控铣床、数控齿轮加工机床、加工中心、并联机床等。

2. 金属成型类

属于此类的有数控折弯机、数控弯管机、数控压力机、数控回转头压力机等。

3. 特种加工类

属于此类的有数控线切割机床、数控电火花加工机、数控激光切割机、数控火焰切割机等。

4. 其他类

属于此类的有数控装配机、数控测量机等。

第三节　机床数控系统的工作流程

机床数控系统由软件和硬件两部分组成，其核心是数控装置，它通过系统软件配合系统硬件，合理地组织管理数控系统的输入、数据处理、插补和输出信息，控制执行部件运动，使数控机床进行自动加工。CNC 系统采用了计算机作为控制部件，由常驻在其内部的软件实现部分或全部数控功能，以实现对机床运动的实时控制。

CNC 系统的一般工作流程如图 1-7 所示。首先，根据零件图样编制零件加工程序，再将零件程序输入到 CNC 装置，由 CNC 装置对输入的信息进行处理和运算，并控制伺服驱动系统，使机床各坐标协调运动，从而实现刀具和工件的相对运动，完成零件的加工。

CNC 装置的工作过程如下。

1. 输入

CNC 装置开始工作时，首先要通过输入设备完成加工零件各种数据信息的输入工作。输入给 CNC 装置的各种数据信息包括零件加工程序、控制参数和补偿数据。输入的方式包

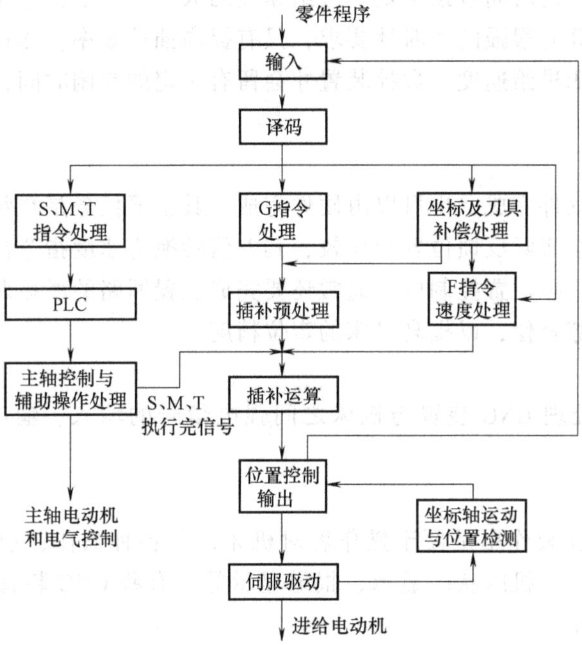

图 1-7　CNC 系统的工作流程

括光电阅读及键盘输入、软盘输入、通信接口输入和与上级计算机连接的 DNC 接口输入等多种输入方式。在输入过程中，CNC 装置还要完成输入代码校验和代码转换。输入的全部数据信息都存放在 CNC 装置的内存储器中。

2. 译码

输入完成后，CNC 装置就要对输入信息进行译码，它以程序段为单位对零件加工程序进行处理，把其中的零件轮廓信息、加工速度信息及其他辅助信息，按照一定的语法规则解释成计算机能识别的数据形式，并以一定的数据格式存放在指定的内存专用区内。在译码过程中还要完成对程序段的语法检查等工作，若发现语法错误便报警显示。

3. 刀具补偿

通常是按照零件轮廓轨迹来编写零件加工程序，但是 CNC 装置实际控制的是刀具中心轨迹（刀架中心点或刀具中心点），而不是刀尖轨迹。刀具补偿的作用是把零件轮廓轨迹转换为刀具中心轨迹。刀具补偿是 CNC 装置在实时插补前要完成的一项插补准备工作。刀具补偿包括刀具半径补偿和刀具长度补偿（刀具偏置）。

4. 进给速度处理

CNC 装置在进行插补前要完成的另一项插补准备工作是进给速度处理。由于编程指令给出的进给速度是各坐标的合成速度，进给速度处理要根据程序给出的合成速度计算出各坐标方向的分速度。此外，还要对机床允许的最低速度和最高速度的限制进行判别处理，并且对进给速度进行自动加速、减速处理。

5. 插补

插补就是利用插补程序在一条已知曲线的起点和终点之间进行“数据点的密化”工作。CNC 装置每隔一定的时间，即插补周期，利用插补程序计算出各坐标轴的位移增量作为位置指令。插补程序执行的时间直接决定了进给速度的大小，由于机床位移控制直接来源于插补结果，因此插补计算有很强的实时性要求，只有提高插补效率，尽量缩短每一次插补运算的时间，才能提高机床进给速度。数控装置才会留有一定的空闲时间，以便更好地处理其他工作。

6. 位置控制

位置控制可以由软件完成，也可以由硬件完成。其主要任务是在每个采样周期内，将插补计算出的指令位置与实际反馈位置相比较，其差值转换为速度指令控制进给伺服电动机向减少偏差的方向运动。在位置控制中，通常还要完成位置回路的增益调整、各坐标方向的螺距误差补偿和反向间隙补偿，以提高机床的定位精度。

7. I/O 接口

I/O 接口主要是处理 CNC 装置与机床之间强电信号的输入、输出和控制，例如换刀、换挡、冷却等。

8. 显示

CNC 装置显示的主要作用是便于操作者对机床进行各种操作，包括零件程序显示、参数显示、刀具位置显示、机床状态显示、报警显示等。有些 CNC 装置中还有刀具加工轨迹的静态和动态图形显示。

9. 诊断

现代 CNC 机床都具有联机和脱机诊断功能。联机诊断是指 CNC 装置中的自诊断程序随时运行以检查机床运行过程中的异常事件。脱机诊断是指系统在空运转条件下的诊断。一般 CNC 装置都配备脱机诊断程序，用以检查存储器、外围设备和 I/O 接口等的运行状况，还可以采用远程通信方式实现机床状态诊断，即把用户的 CNC 装置与远程通信诊断中心的计算机相连，由诊断中心计算机对 CNC 机床进行诊断、故障定位和修复。

第四节　数控技术的发展

一、数控技术的发展历程

数控技术发展的原动力是第二次世界大战后的军备竞赛。1948 年，美国帕森斯（Parsons）公司在研制加工直升机螺旋桨叶片轮廓用检查样板的机床时，由于样板形状复杂多样，精度要求高，一般加工设备难以适应，于是首先提出计算机控制机床的设想。1949 年在麻省理工学院（MIT）伺服机构研究室的协助下，开始数控机床的研究，于 1952 年研制成功了世界上第一台三坐标直线插补且连续控制的立式数控铣床，成为第一代数控系统，即电子管时代，其控制装置由大约 2000 个电子管组成，体积约有一间普通实验室那么大。从那时起，随着自动控制技术、微电子技术、计算机技术、精密测量技术及机械制造技术的发展，数控技术得到了迅速发展，且不断更新换代。

1959 年，晶体管器件的出现使电子设备的体积大大减小，数控系统广泛采用晶体管和印制电路板，数控技术的发展进入第二代，即晶体管时代。美国克耐·杜列克公司（Keaney&Trecker）首次成功开发了带有自动换刀装置的数控机床，称为“加工中心”（Machining Center）。从 1960 年开始，数控技术进入实用阶段，工业发达国家如美国、德国、日本等开始开发、生产和使用数控机床。

1965 年，出现了小规模集成电路。由于其体积小，功耗低，使数控系统可靠性得到进一步提高，数控系统从而发展到第三代，即集成电路时代。

以上三代数控机床的控制系统，所有功能都是靠硬件实现的，通常称之为普通数控系统（NC）或硬件数控系统。

随着计算机技术的发展，1970 年小型计算机开始用于数控系统，数控技术的发展进入计算机数控（CNC）阶段，一般称之为第四代数控系统，其突出的特点是许多数控功能可以由软件来实现，系统变得灵活、通用性好。

1974 年，微处理器开始用于数控系统，数控技术发展到第五代，即微型机数控（MNC）系统。由于中、大规模集成电路的可靠性高、价格低廉，自 20 世纪 70 年代末到 80 年代，数控技术在全世界得到了广泛的发展和应用。

从 20 世纪 90 年代开始，个人计算机（PC）的发展日新月异，基于 PC 平台的数控系统应运而生，数控技术的发展进入第六代，即 PC 数控系统。现在企业普遍使用的大多仍然是第五代数控系统，其典型代表是日本的 FANUC-0 系列和德国的 SINUMERIK 810 系列数控系统。

我国的数控技术研究起步于 1958 年，由清华大学和北京第一机床厂合作研制我国第一台数控铣床。1966 年研制成功晶体管并用于数控系统，1972 年研制成功集成电路数控系统，并出现了线切割机、数控铣床等代表性产品。但由于历史的原因，一直没有取得实质性成果。数控机床的品质较差和数量很少，稳定性和可靠性也比较差，只在一些复杂的、特殊的零件加工中使用。

20 世纪 80 年代初，我国先后从日本、德国、美国等国引进了一些 CNC 装置及主轴、进给伺服系统的生产技术，并陆续投入了生产。这些数控系统具有较为完善的性能，比较好的稳定性和可靠性，并应用于国产数控机床上，使我国数控机床有了飞跃的发展。到 20 世纪 90 年代初，国内的数控机床及数控系统的生产已具有一定规模。

近年来我国数控机床无论从产量、消费量还是进口量上都加快了增长速度。但与工业发达国家相比，我国数控机床的发展水平还有较大差距，尤其是数控系统的控制可靠性还较差，数控产业尚未真正形成，核心技术严重缺乏。关键数控功能部件与国际先进水平的差距也是制约我国高档数控机床发展的一个重要因素。

二、数控技术的发展趋势

数控技术的应用不但给传统制造业带来了革命性的变化，而且随着数控技术的不断发展和应用领域的扩大，其对国计民生的一些重要行业（IT、汽车、轻工、医疗等）的发展起着越来越重要的作用。从目前世界上数控技术及其装备发展的趋势来看，数控系统主要发展方向包括以下几个方面。

1. 开放式体系结构

开放式体系结构使数控系统有更好的通用性、柔性、适应性、可扩展性，并可以较容易地实现智能化、网络化。近几年许多国家纷纷研究开发这种系统，如美国科学制造中心（NCMS）与空军共同领导的“下一代工作站/机床控制器体系结构”NGC，欧盟的“自动化系统中开放式体系结构”OSACA，日本的 OSEC 计划等。开放式体系结构的硬件、软件和总线规范都是对外开放的，它为用户根据实际需要灵活配置数控系统带来极大方便，促进了数控系统多档次、多品种的开发和应用，大大缩短了开发生产周期。并且在保持结构不变的条件下，开放式数控系统性能可随 CPU 升级而不断提高。

2. 软数控

近年来，数控系统有从硬件数控向软数控方向发展的趋势。例如，SOFT 型开放式数控系统，其 CNC 软件全部装在计算机中，而硬件部分仅是计算机与伺服驱动和外部 I/O 之间的标准化通用接口。它提供给用户最大的选择性和灵活性，用户可以在 WINDOWS NT 平台上，利用开放的 CNC 内核，开发所需的各种功能，构成各种类型的高性能数控系统。这种 SOFT 型开放式数控系统具有最高的性价比。其典型产品有美国 MDSI 公司的 Open CNC、德国 Power Automation 公司的 PA8000 NT 等。

3. 智能化

随着人工智能在计算机领域应用的深入，数控系统引入了自适应控制、模糊控制和神经网络等控制技术，自动编程、前馈控制、模糊控制、学习控制、自适应控制、工艺参数自动生成、三维刀具补偿、运动参数动态补偿等功能的增加，大大提高了数控系统的智能化水平，故障诊断专家系统使数控系统的自诊断和故障监控功能更趋完善。智能化的主轴交流驱动和智能化进给伺服装置，数控系统能自动识别负载并自动优化调整参数，以达到系统性能的最优。

4. 数控系统功能的复合化

复杂形状零件在现代工业中日趋增多，为了尽可能提高零件加工效率，降低加工的无用时间，复合功能的机床已成为近年来发展很快的机种，它将不同的加工功能整合在同一台机床上，如兼具铣削功能、车削功能的铣车复合加工中心。目前，主流的数控系统开发商都能提供高性能的复合机床数控系统。

5. 高速高精度

为适应高速高精度加工需求，高速高精度控制功能已成为现代数控系统的重要特征。从数控系统的硬件发展来看，大量采用了具有高速数据处理能力的芯片和开关器件，将实时控制要求特别高的软件进行硬件化处理，采用高速总线技术实现与伺服驱动的数据通信等；多种误差补偿技术的采用极大地提高了数控系统的精度；另一方面，新的控制算法，如纳米插补、适应高加减速的速度预处理、高增益控制等软硬件技术都体现了数控系统向着高速高精度方向的发展趋势。

6. 网络化

随着网络化技术和信息化技术的不断成熟和发展，越来越多的数控系统已具有了与外部其他控制系统或上位计算机进行网络连接、网络控制以及远程通信服务等功能。数控系统的网络化进一步促进了柔性自动化制造技术的发展，现代柔性制造系统从点（数控单机、加工中心和数控复合加工机床）、线（FMC、FMS、FML）向面（工段车间独立制造岛、FA）、体（CIMS、分布式网络集成制造系统）的方向发展。柔性自动化技术以易于联网和集成为目标，同时注重加强单元技术的开拓、完善，由数控机床构成的柔性制造系统能方便地与 CAD、CAM、CAPP 等联接，并向信息集成、开放化、智能化、网络化方向发展。

习题

1. 数控技术的定义是什么？
2. 简述数控机床的种类。
3. 简述机床数控系统各构成部分及其功用。
4. 简述机床数控系统的一般工作流程。
5. 简述开环、闭环、半闭环控制数控机床的区别。
6. 简述数控技术的发展趋势。

第二章　数控加工程序编制技术

作为一种高效自动化加工设备，数控机床必须按照数控加工程序，实现对工件的自动加工。从数控系统外部输入的直接用于数控机床加工的程序称为数控加工程序，它采用规定格式的指令集，根据零件的加工工艺路线，对机床的动作和刀具的运动进行描述。数控装置根据数控程序的指令，指挥伺服系统驱动机床动作，完成相应零件的加工。不同数控系统，其数控加工程序语言规则和格式也不尽相同。由于数控机床是按照零件数控加工程序实现零件的自动加工的，因此要求数控加工程序不仅应保证加工出的零件要符合零件图样要求，而且应能合理与充分应用数控机床的功能，保证数控机床安全、可靠工作，以实现高效、高质量加工。

第一节　数控编程概述

一、数控程序编制的定义

数控机床需要根据零件数控加工程序实现对零件的加工。数控程序的编制是指在分析零件图样的基础上，根据确定的零件的加工工艺，将零件的加工顺序、刀具运动的轨迹、位移量等信息，和主轴转速、进给速度等工艺参数，以及加工过程中涉及的换刀、变速、切削液开关等辅助动作，用数控机床规定的代码和程序格式编制成加工程序单，并将其记录在控制介质上的整个过程。数控加工程序经输入装置输送给数控系统，控制数控机床实现零件的自动加工。

二、数控加工程序编制的内容及步骤

数控机床编程的主要内容有：分析零件图样、制定工艺方案、数学处理、编写零件加工程序、程序输入、程序检验与试切加工等，如图 2-1 所示。

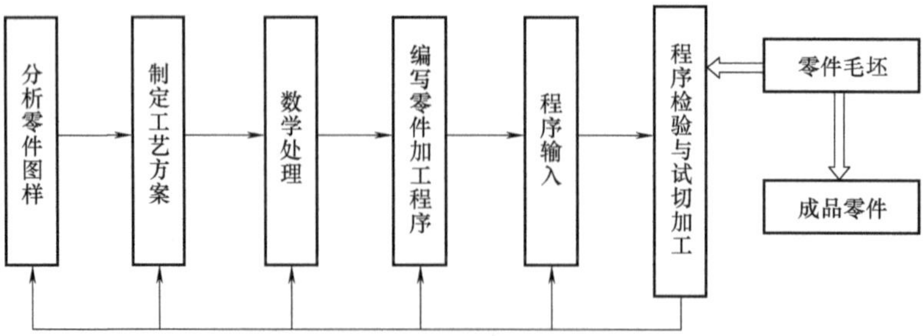

图 2-1　数控程序编制的内容及步骤

1. 分析零件图样和制定工艺方案

零件图样是零件数控加工的基础，在编写数控加工程序时，编程人员首先应根据零件图

样，分析零件的材料、形状、尺寸、精度、毛坯形状及热处理要求等，明确零件的加工内容和要求，由此确定合适的加工方案，选择适合的数控机床，并确定合理的加工顺序、加工路线和工件装夹方式，选用合适的刀具和夹具，并选择适当的切削用量等。确定的基本原则是要充分发挥数控机床的效能，加工路线要尽量短，要正确选择对刀点、换刀点，以减少换刀次数。

2. 数学处理

在工艺方案确定后，要根据确定的工艺路线、零件的几何尺寸等及所设定的坐标系，计算加工过程中刀具中心的运动轨迹。由于一般的数控机床都具有直线插补与圆弧插补功能，对于仅由圆弧和直线组成的较简单的平面零件的加工，只需计算出组成该零件轮廓的相邻几何元素的交点或切点（称为基点）的坐标值，获得各几何元素的起点、终点、圆弧的圆心坐标值等。若所加工的零件轮廓的几何形状与所使用的数控系统所具备的插补功能不一致时，如零件轮廓为一般曲线，则需进行必要的数值计算，在允许的逼近误差范围内，用数控系统已具备的直线、圆弧或其他插补功能轮廓（如有些数控系统具有抛物线、螺旋线或非有理B样条曲线等插补功能）来逼近所要加工的零件轮廓，以实现对其他曲线轮廓零件的加工。对一般曲线进行逼近通常需要通过计算机辅助计算才能完成。

3. 编写零件加工程序

在完成工艺处理及必要的数值计算工作后，编程人员将零件加工路线、已计算出的刀具运动轨迹坐标值和确定的切削用量以及加工过程中涉及的所有辅助动作等，按照数控机床规定的指令代码及程序段格式，逐段编写零件加工程序。由于不同数控机床生产厂家，不同的数控系统，其数控加工程序格式可能不同，要求编程人员在编写零件数控加工程序时，应充分掌握所使用的数控机床的功能、程序指令及代码，并按照机床所配编程手册规定的程序指令和程序格式，正确编写出数控加工程序。

4. 程序输入

通常将存储数控加工程序的载体称为控制介质。早期数控机床多采用穿孔纸带记录数控加工程序。由于制作穿孔纸带周期长且十分不方便，现在穿孔纸带已很少采用。目前数控加工程序多存放在CF卡或U盘上，也可通过计算机通信接口直接传送到机床数控系统中。对于一些简单的加工程序，可通过手动数据输入方式（MDI）在数控系统操作面板上直接编写、编辑并传送到数控系统中。

5. 程序检验与试加工

为确保零件加工程序正确可靠，即不仅要保证数控机床能按预定的轨迹运动，刀具与夹具或工件在工件加工过程中不会发生干涉等情况，而且还要保证零件的最终加工质量，在零件正式加工之前，需要对编写好的数控加工程序进行检验。通常有以下几种检验数控程序的正确性的方法：（1）使机床空运转，观察机床动作和运动轨迹是否正确；（2）在具有图形模拟显示功能的数控机床上，在屏幕上显示加工过程的走刀轨迹或模拟刀具对工件的切削过程，来检查程序正确性；（3）对于形状复杂和要求高的零件，也可采用塑料、铝件或蜡模等易切削材料进行试切削来检验程序的正确性；（4）对于加工精度要求高的零件，可在以上检验的基础上，进一步使用与被加工零件相同的材料进行首件试切，该方法不仅可检验实际加工刀具运动轨迹的正确性，而且通过对已加工好的零件的检测以检验零件的实际加工精度，经检验若发现与要求的加工精度、表面质量等技术要求不符时，可进一步修改程序或采取必要的误差补偿措施，以满足零件的加工要求。只有当零件数控加工程序通过了检验，并能满足加工要求后，才可利用该数控加工程序对零件进行数控自动加工。

三、数控程序编制的方法

数控加工程序的编制方法主要有两种：手工编程和计算机自动编程。

1. 手工编程

手工编程指编制零件数控加工程序的各个步骤，即从零件图样分析，工艺规划，加工路线确定和工艺参数选择，数值计算，编写零件的加工程序及程序的检验等，整个编程过程的各个阶段的工作均由人工来完成，如图 2-2 所示。手工编程通常适用于几何形状比较简单、加工程序比较短、编程工作量也不大的加工程序的编写。手工编程对编程人员技术水平要求较高，要求其不仅熟悉所用数控机床规定的数控代码和编程规则，而且还必须具备机械加工工艺知识和数值计算能力，以及必要的数控设备相关知识。手工编程通常耗时较长，且容易出现错误，对于形状复杂的零件，如一些复杂曲线或曲面等，有时通过手工编程则根本无法完成。据国外资料统计，采用手工编程时，编写一段程序的时间与其在机床上实际加工的时间之比，平均约为30:1，而 20% ~30% 的数控机床不能开动均由加工程序编制困难、效率低所造成的。

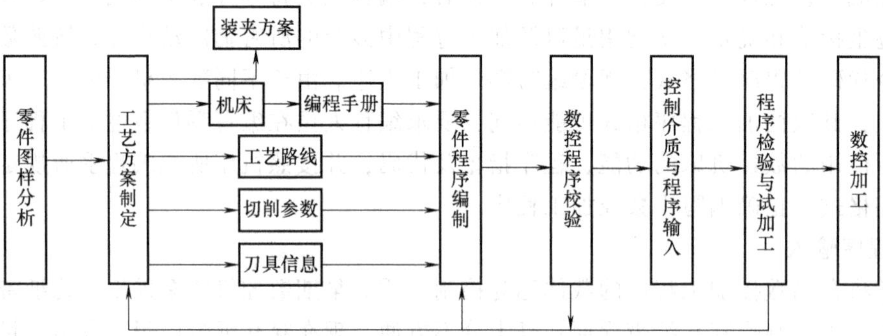

图 2-2　手工编程

2. 计算机自动编程

对于形状复杂或编程工作量大的零件，通常采用自动编程方法进行零件数控加工程序的编写。自动编程指在编程过程中，除了分析零件图样、制定工艺方案和确定工艺参数以及零件信息输入由人工进行外，其余工作包括数学处理、编写程序、检验程序等工作均由计算机自动完成。计算机自动编程可代替程序编制人员完成大量繁琐的数值计算，并解决了手工编程无法实现的许多复杂形状零件的编程难题，同时计算机可自动仿真并绘制出刀具中心运动轨迹，便于编程人员及时检查程序的正确性，并能及时修改，以获得正确的数控加工程序，由此大大提高了编程效率。

根据输入方式的不同，自动编程可分为语言式自动编程、语音式自动编程和图形交互式自动编程等。语言式自动编程指用规定的数控语言将描述加工零件的几何尺寸、工艺要求、切削参数、刀具参数及辅助信息等编写成零件源程序后，输入到计算机中，再由计算机进行自动处理经转化后得到零件数控加工程序。语音式自动编程是采用语音识别器，将编程人员发出的加工指令声音信息转变为加工程序。图形交互式自动编程则是利用某一 CAD/CAM 软件或 CAM 软件，通过人机交互方式将零件的图形信息、工艺参数设定信息等输入计算机，或将由其他 CAD 软件建立的零件几何模型信息通过数据格式转换后输入到计算机中，并由自动编程软件处理自动生成刀具轨迹，再经过后置处理后得到零件的数控加工程序。目前，图形交互式自动编程是使用最为广泛的自动编程方式。

第二节　数控机床坐标系

数控机床是严格按照数控加工程序自动进行加工的。为了描述机床的运动方向及位移，简化程序编制，保证数控加工程序一定的通用性，通常要建立坐标系，且要求数控机床的设计者、编程人员、操作者和维修人员对数控机床的坐标轴的命名和运动方向的规定有统一的标准，否则会引起混乱，甚至造成事故。我国国家标准 GB/T 19660—2005 对数控机床的坐标系和运动方向均已进行了标准化规定，并拟定了相应的命名标准。

一、机床坐标系

1. 机床相对运动的规定

数控机床有多种结构形式，有的是刀具移动而工件固定，有的则是刀具固定而工件运动。为了便于编程人员编程，在未知加工零件时是刀具移动还是工件移动的情况下，仅根据零件图样确定机床的加工过程，一律规定机床运动是刀具相对于静止的工件而运动。

2. 机床标准坐标系的规定

在数控机床上加工零件，机床的动作是由数控系统发出的。为了确定机床的运动方向、移动距离，需在机床上建立一个坐标系，该坐标系称为机床坐标系。通常使用直角坐标系来描述刀具与工件的相对运动。标准机床坐标系是一个标准的右手笛卡儿坐标系，其各坐标轴相互垂直，命名方法如图 2-3 所示，其中拇指代表 X 轴、食指代表 Y 轴、中指为 Z 轴，各指尖所指的方向为各坐标轴的正方向。

运动方向的规定：增大刀具与工件距离的方向即为各坐标轴的正方向。

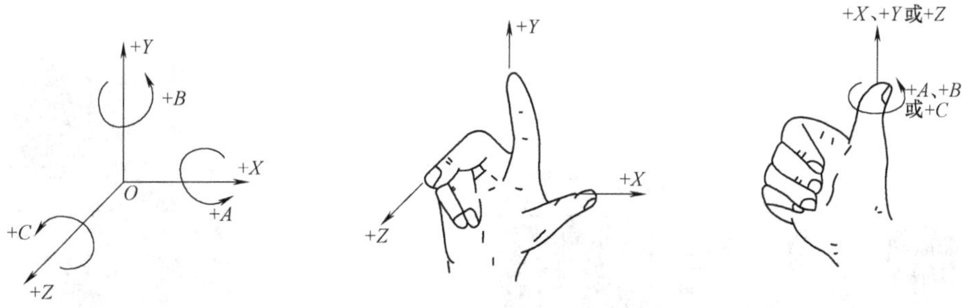

图 2-3　右手直角坐标系

围绕平行于 X、Y、Z 轴线旋转的坐标分别用 A、B、C 表示，根据右手螺旋定则，大拇指的指向为 X、Y、Z 坐标中任一轴的正向，则其余四指的旋转方向即为相应旋转坐标 A、B、C 的正向。

规定分别平行于 X、Y、Z 轴的第一组附加轴为 U、V、W 轴，第二组附加轴为 P、Q、R

轴。

用 $+X'$、$+Y'$、$+Z'$、$+A'$、$+B'$、$+C'$ 表示工件相对于刀具运动的正方向，与 $+X$、$+Y$、$+Z$、$+A$、$+B$、$+C$ 方向正好相反。

3. 数控机床坐标轴方向的确定

在确定机床坐标系时，首先确定 Z 坐标，再确定 X 坐标，最后 Y 坐标则可以根据右手定则唯一确定。

（1）Z 坐标　Z 坐标由传递切削力的主轴所决定，与主轴轴线平行的坐标轴即为 Z 坐标，Z 坐标正向为刀具离开工件的方向即增大刀具与工件距离的方向。图 2-4 所示为数控车床的 Z 坐标。如果机床上有多个主轴，则选垂直于工件装夹平面的主轴方向为 Z 坐标方向；如果主轴能够摆动，则选垂直于工件装夹平面的方向为 Z 坐标方向。

对于无主轴的机床，如刨床、插床等，则选垂直于工件装夹平面的方向为 Z 坐标方向，图 2-9 所示为数控刨床的 Z 坐标。

（2）X 坐标　X 坐标平行于工件的装夹平面，一般在水平面内。X 轴正方向的定义如下：

1）在工件旋转的机床上（如车床、磨床），刀具离开工件旋转中心的方向是 X 坐标的正方向。

2）在刀具旋转的机床上（如铣床、钻床、镗床），则分为两种情况：

Z 坐标水平布置时（卧式机床），沿刀具主轴向工件看时，$+X$ 运动方向指向右方。

Z 坐标垂直布置时（立式机床），对于单立柱机床，从刀具主轴向立柱看时，$+X$ 运动方向指向右方；对于双立柱机床（如龙门机床），从刀具主轴向左侧立柱看去，$+X$ 运动方向指向右方，如图 2-6 所示。

3）对刀具和工件均不旋转的机床（如刨床、拉床等），X 坐标平行于主要切削方向，并以该方向为正方向。

（3）Y 坐标　在确定了 X、Z 坐标的正方向后，则可以根据 X 和 Z 坐标的方向，按照右手定则来确定 Y 坐标的方向。

图 2-4 ~ 图 2-10 所示是一些典型数控机床及其坐标系统。

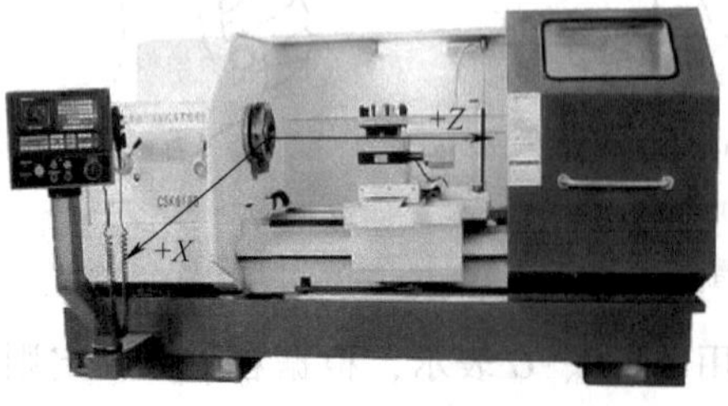

图 2-4　数控车床

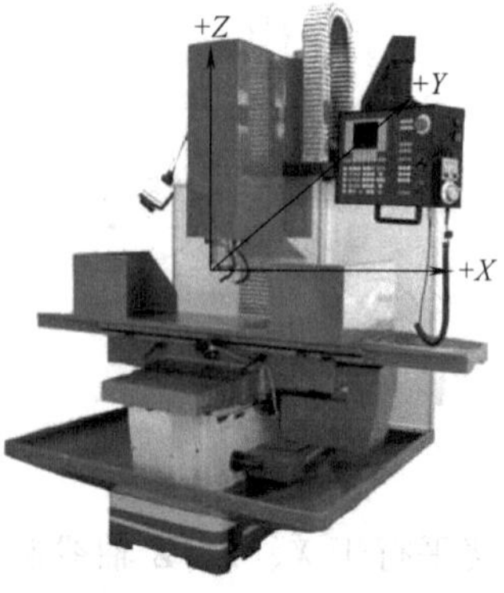

图 2-5　数控立铣床

（4）主轴旋转正方向的规定　从主轴尾端向前端看，顺时针方向旋转为主轴正旋转方向。

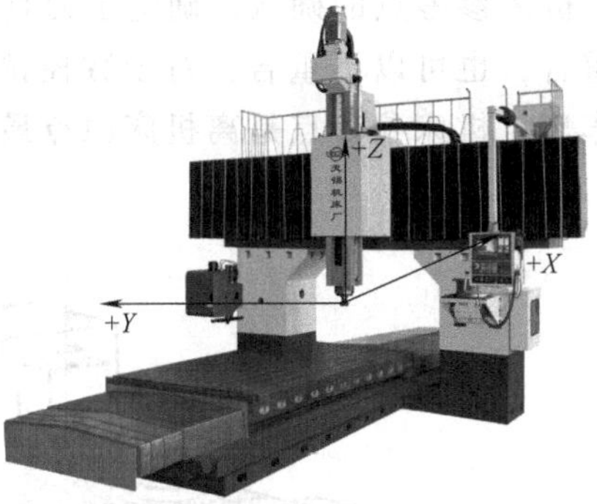

图 2-6　双立柱立式铣床

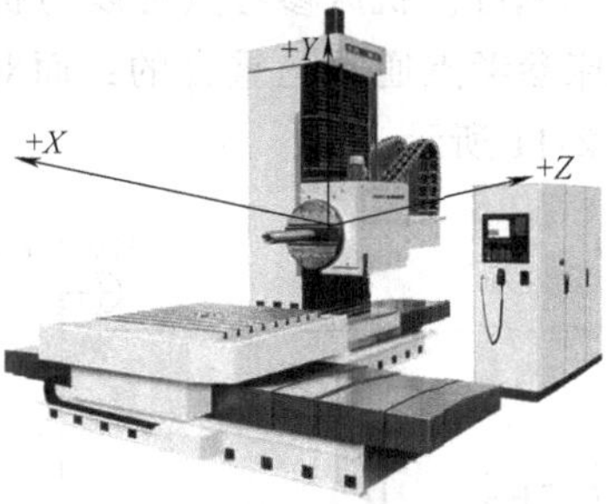

图 2-7　数控卧式镗铣床

图 2-8　数控端面磨床

图 2-9　数控刨床

二、数控机床相关的点

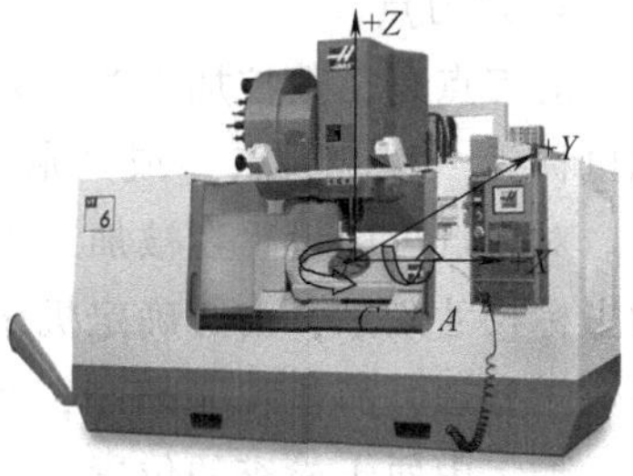

图 2-10　五坐标立式加工中心

1. 机床原点

机床原点为机床上的一个固定点，也称机床零点或机床零位，是机床制造厂家设置在机床上的一个物理位置，它在机床装配、调试完出厂时就已确定下来，不能随意改变。它作为数控机床进行加工运动的基准参考点，也是机床运动坐标的测量基准，是其他所有坐标系，如工件坐标系、编程坐标系以及机床参考点的基准点。机床坐标系的原点在机床出厂时在说明书中已作了明确规定，一般利用机床机械结构的基准线来确定。

数控车床的原点：数控车床的机床原点一般取在卡盘端面与主轴中心线的交点处，如图 2-11 所示。有些数控机床也将机床原点设定在 X、Z 坐标的正方向极限位置上。

数控铣床的原点：数控铣床的机床原点一般取在 X、Y、Z 坐标的正方向极限位置上，如图 2-12 所示。

2. 机床参考点

为了使机床工作时能正确地建立机床坐标系，机床制造商预先精确地在机床上的每个进给轴上均设置了一个物理位置，作为测量起点，即机床参考点。机床参考点与机床原点具有固定的相对位置关系。数控机床每次上电开机后，都要先进行手动或自动返回机床参考点操作，由各轴的行程开关进行粗定位，然后用光栅尺零点或编码器零点精定位来确定机床参考点。各轴参考点一旦确定后，可根据机床参考点与机床原点之间固定的位置关系，由此唯一确定了机床原点，并唯一地建立了机床坐标系。机床参考点的确认，确定了刀具（或工作台）的移动基准。机床参考点可以与机床原点重合，也可以不重合，对于数控铣床，机床原点和机床参考点通常是重合的；而对于数控车床，机床参考点是离机床原点最远的极限点，如图 2-11 所示。

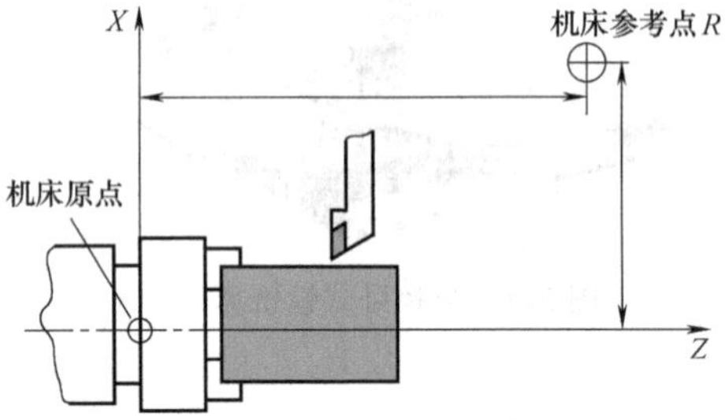

图 2-11　数控车床原点及参考点

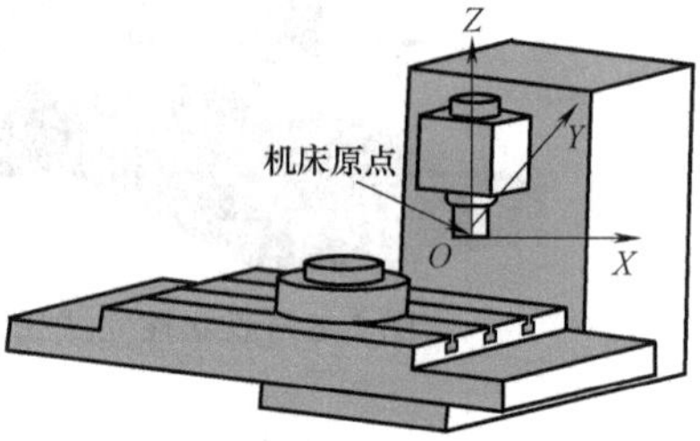

图 2-12　数控铣床原点

3. 刀位点

数控机床实际上是通过对刀具“刀位点”位置的控制实现刀具控制的。所谓“刀位点”是刀具上用于确定刀具位置的参照点，它是程序编制中用于表示刀具特征的点，也是对刀和加工时的刀具基准点。不同刀具其刀位点不相同。一般来说，圆柱铣刀和端面铣刀的刀位点是刀具轴线与刀具底面的交点；球头铣刀刀位点为球心，镗刀、车刀刀位点为刀尖或刀尖圆弧中心，钻头是钻尖或钻头底面。

4. 对刀点

对刀点是在数控加工时，刀具相对于工件运动的起点，程序常常就是从这一点开始，因此也称为“程序起点”或“起刀点”。对刀点可与程序原点重合，也可在任何便于对刀之处。对刀点可以设置在被加工零件上，也可以设在夹具上，但必须与零件的定位基准有一定的坐标尺寸联系，由此确定机床坐标系与工件坐标系的相互关系。在选择对刀点位置时应便于数学处理，简化程序编制，且由对刀引起的加工误差要小，并且应选择在机床上易于找正、加工中便于检查的位置。

使刀位点与对刀点重合的操作称为对刀，可通过对刀测出程序起点处刀具刀位点相对于机床原点以及工件原点的坐标位置，由此确定工件原点在机床坐标系中的位置。

5. 换刀点

对于加工中心等数控加工设备，在加工过程中需要更换不同的刀具实现不同工序的加工。数控机床通常在某一固定位置进行换刀操作，该固定位置被称为换刀点。为防止换刀时碰伤零件、刀具或夹具，换刀点通常设在被加工零件的外部。

三、工件坐标系（编程坐标系）

为便于编程，而不需考虑工件在机床上的实际装夹位置，编程人员常选择工件或夹具上的某一已知点为原点建立一个平行于机床坐标系的坐标系，该坐标系即为工件坐标系，又称编程坐标系。编程时，所有的尺寸都基于该坐标系进行计算。虽然工件原点的位置可任意设置，但为了保证零件加工精度，工件原点应尽量选择在零件的设计基准或工艺基准上。当工件随夹具在机床上安装后，工件原点与机床原点间的距离，称为工件原点偏置。

第三节　数控程序编制中的工艺

一、数控加工工艺的基本特点

虽然数控加工工艺设计的原则和内容在很多方面与普通机床加工工艺相同或相似，但由于数控机床的整个加工过程都要完全按数控加工程序指令自动进行，要求数控加工程序包括整个加工过程中所有运动及辅助操作，由此决定数控加工工艺与普通机床加工工艺规程有较大差别，前者的工艺内容更广、更具体，工艺设计更严密和复杂，这因为那些在普通机床加工时通常由操作工人在加工中灵活掌握并可通过适时调整来处理的具体工艺问题和细节内容，在数控加工中都要求编程人员必须认真考虑、事先设计和安排，并将其编入加工程序中。数控加工工艺设计是否合理、正确、周密，不但影响编程工作量，还极大地影响工件的加工质量、加工效率和设备的运行安全。

数控加工程序既包括了零件加工工艺过程，还包括加工过程中机床的运动过程规划、刀具的走刀路线、切削用量等内容。因此，编程人员要编写出正确、高效的数控加工程序，要求其不仅熟悉加工程序的编写方法和格式要求，而且熟悉数控加工工艺，即对数控机床的性能、特点、运动方式、刀具系统以及工件的装夹方法等都应十分熟悉。

二、数控加工工艺分析的主要内容

数控加工工艺分析主要包括如下内容：

1）分析被加工零件的图样，明确加工内容及技术要求。

2）确定所要加工的零件是否适合在数控机床上加工，选择合适的数控机床类型及其能实现的加工，并确定工序内容。

3）确定零件的加工方案，制定数控加工工艺路线，包括工序划分、加工顺序安排以及处理与非数控加工工序的衔接等。

4）加工工序详细设计，包括零件定位基准的选取、夹具方案的确定、工步的划分、刀具和辅具的选取、确定切削用量等。

5）处理特殊的工艺问题，选取对刀点和换刀点，确定刀具补偿量，分配数控加工公差。

6）处理数控机床上的部分工艺指令，编制工艺文件。

三、数控加工工艺分析的一般步骤与方法

1. 选择数控加工内容

对于一个零件，其全部加工并非都适合在数控机床上完成，常常仅是其中的一部分适合数控加工。因此需要仔细地对零件图样进行工艺分析，选择加工过程中最适合、最需要进行数控加工的内容和工序，包括在普通机床上难以实现的加工，如形状复杂的、用数学模型描述的复杂曲线或曲面轮廓等的加工；普通机床难加工、质量难以保证的内容，如加工精度要求高，虽可用通用加工设备完成加工但很难保证加工质量的内容；具有难测量、难控制进

给、难控制尺寸的不开敞内腔的壳体零件的加工；采用普通机床加工时效率低、工人操作劳动强度大的加工，可考虑在数控机床上进行加工。

2. 数控加工方法的选择

加工方法的选择原则首先要保证加工精度和表面粗糙度的要求，其次要考虑加工效率。在实际加工中，对于同样的精度等级和表面粗糙度要求，常存在多种加工方法可满足，因此需要从零件的形状、尺寸和热处理、加工经济性等多方面综合考虑，选择合适的加工方法。对于不同类型的零件，可分别采用如下加工方法：

1）旋转体零件的加工。对于旋转体零件，如轴类零件、圆盘类零件等，通常采用数控车床进行加工。

2）孔系零件的加工。该类零件孔数较多，孔间位置精度要求较高，宜选用点位控制的数控钻镗床或数控加工中心进行加工。

3）平面和曲面轮廓零件的加工。对于简单的平面轮廓零件，由于其轮廓多由直线和圆弧组成，因此一般在两坐标联动的数控铣床上即可加工。而对于复杂曲面轮廓零件，则应采用三轴或三轴以上联动的数控铣床或加工中心才能加工。

4）模具型腔的加工。模具型腔表面一般比较复杂、不规则，表面质量及尺寸要求也较高，而材料也多是高硬度、韧性的材料，因此可考虑选用铣削加工并结合数控电火花成型加工方法。

3. 数控加工工艺路线设计

（1）加工工序的划分　数控加工工序划分的原则是保证零件的加工精度和提高数控加工效率，合理安排工序顺序。在数控机床上加工零件，工序应尽可能集中，在一次装夹中尽可能完成大部分或全部工序。为了减少加工过程中的热变形和切削力引起的变形对工件形状精度、位置精度、尺寸精度和表面粗糙度等的影响，粗、精加工应分开进行。通常在一次安装中，不允许将零件某一部分表面加工完毕后，再加工零件的其他表面。如对于内外表面都需要加工的零件，应在对全部内、外表面粗加工完成之后，再进行内、外表面的精加工，而不是先粗、精加工完某部分表面后，再粗加工其他表面，以避免在粗加工后者时较大的切削变形及热变形影响到已加工完成的表面质量。对于箱体类零件，通常是加工完面之后再进行孔加工以保证孔的加工质量。

为提高加工效率，减少换刀次数，节省换刀时间，并减少刀具的空行程，宜将用同一把刀加工的内容全部集中加工完成后，再换另一把刀加工其他部位。在用同一把刀加工工件的多个部位时，应合理规划刀具的走刀路线，选择最短的走刀路线到达各加工部位，以减少刀具无效加工时间。

（2）走刀路线的选择　在数控加工中，刀具从对刀点开始运动，直至加工程序结束所经过的全部路径，称为走刀路线。走刀路线不仅包括刀具实际参与切削加工的路径，还包括刀具快速接近加工部位、刀具切入、退出以及快速返回起刀点等非切削空行程。选择与确定走刀路线时应遵循如下原则：

① 首先保证被加工零件的精度和表面质量，再提高加工效率。

② 走刀路线应有利于简化数值计算，减少程序段的数目和程序编制的工作量。

③ 应尽量缩短走刀路线，减少空走刀行程。

④ 应尽可能减少换刀次数。

1）点位控制走刀路线的确定。对点位控制加工，通常要求具有较高定位精度，且要求定位过程尽可能快，但对刀具相对工件的运动轨迹则不作要求，因此对于点位控制加工，在不发生干涉的情况下，走刀路线的安排原则是空行程应尽可能短。加工图 2-13a 所示零件的孔系，可以有图 2-13b 和图 2-13c 两种加工路线方案。但较之图 2-13b，图 2-13c 的空走刀行程更少，节省了加工时间，能获得较高的加工效率，因此对该孔系的加工可选用图 2-13c 所示的走刀路线。对于位置精度要求较高的孔系加工，应合理安排孔加工顺序。若孔的加工顺序安排不当，则会影响孔之间的位置精度。

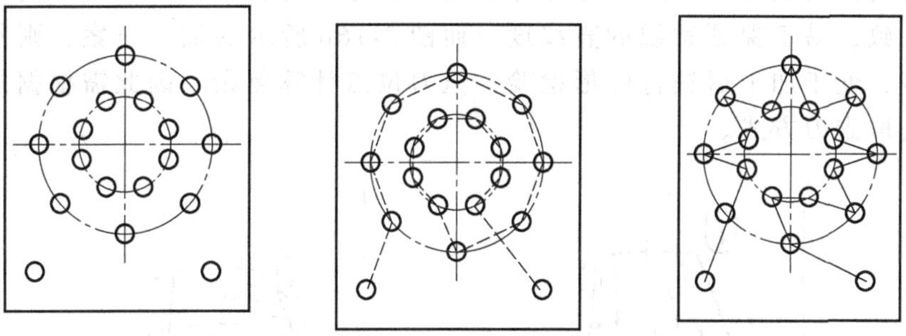

a)　　b)　　c)

图 2-13　孔系加工路线的选择

2）平面铣削加工路线。对于平面轮廓零件的加工，通常采用立铣刀侧刃进行切削，为避免沿法向直接切入零件时，在加工表面换向点处产生进刀停顿，从而在零件表面留下凹痕（图 2-14a），应尽量沿零件轮廓切向切入工件。铣削外轮廓时，应使铣刀的进刀和退刀点沿零件轮廓曲线的延长线上切入和切出零件表面（图 2-14b），从而确保零件轮廓光滑。

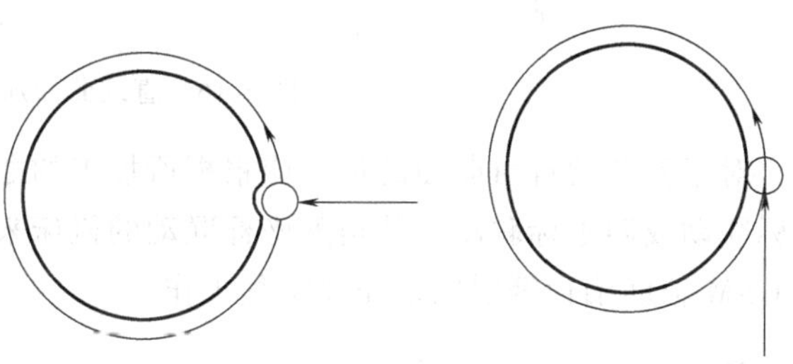

a)　　b)

图 2-14　外轮廓加工路线

a）法向切入　b）切向切入

铣削内轮廓表面时，铣刀也应尽可能沿零件轮廓切向切入，若因空间限制，切入和切出无法外延，铣刀沿零件轮廓的法线方向切入和切出时，切入、切出点应选在零件轮廓两相邻几何元素的交点处，以保证零件表面质量。

对于凹槽加工，通常有行切法（图 2-15a）和环切法（图 2-15b）两种走刀路线。采用行切法加工时，走刀路线的计算比较简单，但缺点是轮廓表面质量较差。而环切法的优点是轮廓表面加工质量较光整，但加工过程中刀具轨迹的计算比较复杂，尤其是轮廓为曲线组合时其刀位计算将十分复杂，程序长度也将很长。为

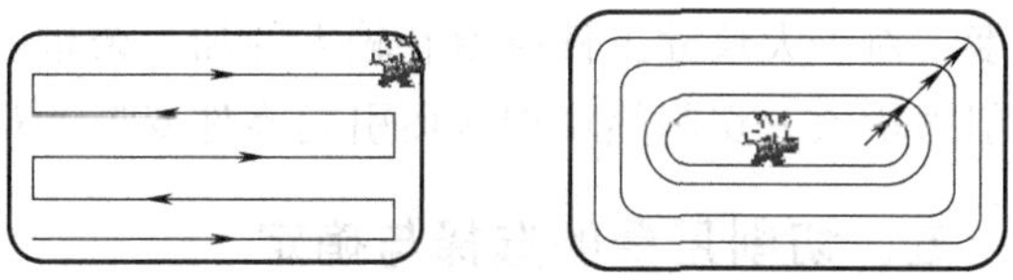

a)　　b)

图 2-15　凹槽加工

a）行切法　b）环切法

避免上述不足，通常是将两者相结合，先采用行切法去掉槽内大部分材料，再采用环切法对槽壁轮廓表面进行光整加工。

3）曲面铣削加工路线的选择。在机械加工中，常会遇到各种曲面轮廓零件，如凸轮、模具表面、飞机叶片、汽车外形等，对于这类复杂型面零件，通常必须采用两轴半以上多坐标联动的数控铣床、数控加工中心进行加工。

对于边界敞开的直纹曲面，常采用球头刀进行行切法加工，其行间距按零件加工精度要求而定。对于图 2-16 所示的零件，可采用两种加工路线。图 2-16a 所示的加工方案，其进给均沿直线加工，刀位点计算较简单，程序也较少，且加工方向与直纹面的形成过程一致，易于保证素线的直线度。而图 2-16b 所示的加工方案，则易于保证叶形的准确度，便于加工后进行叶形检验，但刀位点计算复杂。因此需根据加工技术要求，合理选取走刀方式。

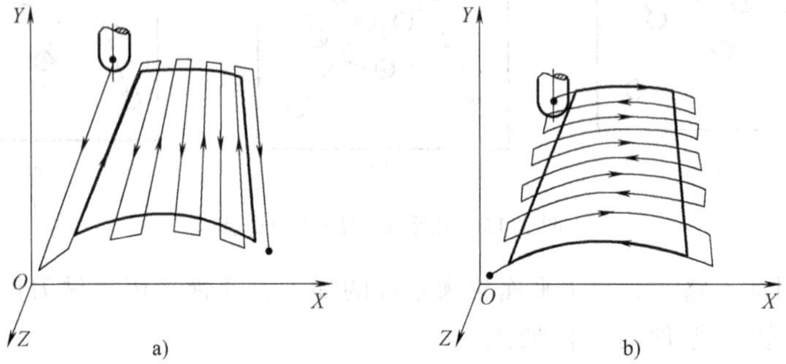

图 2-16　直纹曲面加工路线比较

对于复杂的自由曲面的加工应根据所加工的曲面形状、刀具形状以及精度要求需采用三坐标联动或四坐标联动，甚至五坐标联动的机床来加工，而且编程计算相当复杂，一般需采用 CAM 辅助编程等手段来完成编程工作。

四、加工余量的确定

加工余量选择得当与否对零件的加工质量和制造的经济性具有较大影响。余量过大不但浪费原材料且增加加工工时，但余量也不能过小，否则不能消除上道工序留下的各种误差、表面缺陷和本工序的装夹误差等，易造成废品。一般零件的加工通常要经过粗加工、半精加工、精加工才能达到最终的精度要求，为提高加工效率，缩短加工时间，在保证加工余量的前提下，应尽量减少加工余量。对于大尺寸工件，热处理时变形大，加工过程中加工方式、装夹方式、工艺装备刚性以及切削力、切削热等都会引起零件的变形，为保证零件最终加工精度，对于大尺寸工件应留有较大的加工余量。但加工余量也不宜过大，否则会使后续加工切削力增大、切削热增加从而引起零件变形，难以保证零件的加工质量。

五、切削用量的选择与确定

切削用量包括主轴转速、进给量及切削深度等，不同的加工方法，其切削用量也不同。作为数控加工程序的重要组成部分，在数控加工程序中通过 S、F 等指令明确指定。切削用量的大小对切削力、切削功率、刀具寿命、加工效率、加工成本及加工质量均有影响。应在保证加工质量和刀具寿命的前提下，根据机床功率及刀具使用寿命选择较大的切削用量，以较低的加工成本，获得最高的加工效率。

对于粗、精加工，切削用量有不同选择原则。粗加工时，一般应保证较高的生产率，并要考虑经济性和加工成本，首先选取尽可能大的切削深度，再根据机床动力和刚性的限制条件等，选取尽可能大的进给量，最后根据刀具寿命确定最佳的切削速度；半精加工和精加工时，则应先保证加工质量，再兼顾切削效率、经济性和加工成本，根据粗加工后的余量确定切削深度，再根据加工表面的粗糙度要求，选取较小的进给量，并在保证刀具寿命的前提下，尽可能选取较高的切削速度。

切削用量选择的原则是：为保证加工精度和提高加工效率，在粗加工时，优先选择较大的切削深度 a_p，再选择较大的进给量 f，最后再确定合理的切削速度 v_c；精加工时，选择较小的切削深度 a_p 和进给量 f，并尽可能选择较高的切削速度 v_c。

六、定位与夹紧方案和夹具的选择

在选择定位与夹紧方案时尽可能做到设计、工艺、编程计算的基准统一。为了提高加工效率，保证定位精度，减少重复装夹带来的定位误差，应使工序尽量集中，以减少装夹次数，尽量避免占机人工调整装夹方案。可根据下述原则选择夹具：

1）夹具结构力求简单，尽可能采用组合夹具。

2）装卸零件要迅速、方便、可靠，以缩短机床的停顿时间。

3）加工部位要敞开，定位、夹紧机构元件不能影响走刀。

4）夹具在机床上安装要准确可靠，以保证工件在正确的位置上按程序操作。

5）夹紧力应靠近支点附近，以减小零件变形。

第四节　数控加工程序编制基本指令及格式

一、程序编制基本指令

1. 指令

在数控加工程序中，将一套可以作为一个信息单元存储、传递和操作，按规定排列的字符称为指令，又称字，它通常由一个称为地址符的英文字母与其随后的符号和若干位数字组成。如：“X-98.2”是一个尺寸指令，其中 X 为地址符，数字“-98.2”为地址中的内容。组成程序段的每一个指令都有其特定的功能含义，不同数控系统对程序指令都做了相应的规定，因此在实际数控加工中，应按照所使用的数控机床的编程说明书来使用各个功能指令或字。

2. 尺寸指令

尺寸指令也称为尺寸字，由地址符 X、Y、Z、A、B、C 等和代表其具体数值的十进制数字组成，前者代表了机床各坐标轴。尺寸字中数字前面的符号表示坐标轴的运动方向，若为正向运动其符号可省略掉。用 X、Y、Z、U、V、W、P、Q、R 表示直线坐标尺寸，其中 X、Y、Z 表示直角坐标的 X、Y 和 Z 轴坐标值，U、V、W 用于表示平行于 X、Y 和 Z 轴的第二坐标的值，P、Q、R 用于表示平行于 X、Y 和 Z 轴的第三坐标的值，在数控车床编程中

U、W 也用于表示 X 和 Z 轴坐标增量。用 A、B、C 等表示角度坐标尺寸，分别表示绕平行于 X、Y 和 Z 轴旋转的角度值。通常用 I、J、K 表示圆弧轮廓的圆心坐标相对于圆弧起点坐标的增量值。需要注意的是在一些数控系统中，P 用于表示暂停时间，R 用于表示圆弧的半径等。

3. 顺序号字 N

顺序号又称程序段号或程序段序号。顺序号字一般位于程序段开头，由地址符 N 和后续 1 ~4 位的正整数组成。设置程序段顺序号字的主要目的是方便程序的检索、校对和修改，它可作为条件转向的目标，即可作为要转向的目的程序段的名称。应该注意的是顺序号字的前后顺序并不代表程序执行的先后次序，数控加工程序的执行是按照程序段编写时的排列顺序逐段执行的而并非根据顺序号的次序来执行的。由于顺序号字并不代表程序执行顺序，顺序号字的数字可以不连续使用，也可以不从小到大使用。顺序号字也不作为程序段必用字，因此有些数控系统允许程序段可以有顺序号字，也可以没有顺序号字。编程时为了方便，建议按程序段前后顺序编排程序段号，以方便程序检索，采用不连续的程序段号来编排相邻程序段，如 N10、N20、N30…等，以便于在调试程序时或修改程序时，根据需要在相邻程序段间插入程序段。

4. 准备功能指令 G

准备功能指令是用于建立机床坐标系统或指定控制系统工作方式的一种指令，通常为数控系统的插补运算做准备，因此称为准备功能指令。准备功能指令的地址符是“G”，又称为 G 功能或 G 指令。准备功能指令由地址符 G 和后续 1 ~2 位数字组成，在一些数控系统中，G 指令中数字前置“0”可省略，如 G02 与 G2 是等效的。有些数控系统对 G 功能字进行了扩展，采用了 G 字符后加带一位小数点的数字格式，如 G5.2。在程序段中 G 指令通常位于尺寸字的前面。

G 功能指令有模态和非模态之分。所谓模态指令，也称作续效指令，是指该指令代码的功能在一程序段中一经指定便一直保持有效，直到后续程序段出现相应的取消代码或被同组代码所取代。而非模态代码（非续效代码）是指代码仅在所在的程序段有效。我国标准 JB 3208—1983 制定了 00 ~99 共 100 个 G 功能代码，并将其功能进行了分组，如表 2-1 中第二个栏目中用字母 a、b、c、d、f、h、i、k，j 就表示了属于不同组的 G 功能指令，具有相同字母标识的 G 指令字属于一个组。同一功能组的指令代码不允许同时出现在同一个程序段中，但同一程序段中可以包括多个不同组的 G 功能代码。在标准中，有一些 G 指令为不指定或永不指定等情况，对于这些指令其功能可由数控机床设计者根据需要自行规定。需要注意的是不同数控系统的 G 指令可能会存在差异，即同一 G 指令代码对于不同数控系统则可能代表不同功能，因此编程中必须注意，必须按照所使用数控机床的规定来使用 G 指令代码。

5. 辅助功能指令 M

辅助功能指令 M 也称 M 功能字或 M 指令，由地址符 M 和后续两位数字组成，用以表示数控机床工作中的有关辅助动作或状态，如：程序停止、结束，主轴启停，主轴正转，反转、切削液通、断，刀具更换等。我国标准 JB 3208—1983 规定了从 M00 ~ M99 共 100 个辅助功能指令，见表 2-2。辅助功能 M 指令也有模态和非模态之分，对于模态 M 指令，在程序段中一旦指定之后就一直起作用直到被取消或被适当指令所代替为止，非模态 M 指令则

表 2-1　JB 3208—1983 规定的准备功能 G 代码

代码	功能保持到被取消或被同样字母表示的程序指令所代替	功能仅在所出现的程序段内有作用	功　能	代码	功能保持到被取消或被同样字母表示的程序指令所代替	功能仅在所出现的程序段内有作用	功　能
G00	a		点定位	G50	#(d)	#	刀具偏置 0/ -
G01	a		直线插补	G51	#(d)	#	刀具偏置 + /0
G02	a		顺时针方向圆弧插补	G52	#(d)	#	刀具偏置 - /0
G03	a		逆时针方向圆弧插补	G53	f		直线偏移,注销
G04		*	暂停	G54	f		直线偏移 X
G05	#	#	不指定	G55	f		直线偏移 Y
G06	a		抛物线插补	G56	f		直线偏移 Z
G07	#	#	不指定	G57	f		直线偏移 XY
G08		*	加速	G58	f		直线偏移 YZ
G09		*	减速	G59	f		直线偏移 YZ
G10 ~ G16	#	#	不指定	G60	h		准确定位 1(精)
G17	c		XY 平面选择	G61	h		准确定位 1(中)
G18	c		ZX 平面选择	G62	h		快速定位(粗)
G19	c		YZ 平面选择	G63		*	攻螺纹
G20 ~ G32	#	#	不指定	G64 ~ G67	#	#	不指定
G33	a		螺纹切削,等螺距	G68	#(d)	#	内角刀具偏置
G34	a		螺纹切削,增螺距	G69	#(d)	#	外角刀具偏置
G35	a		螺纹切削,减螺距	G70 ~ G79	#	#	不指定
G36 ~ G39	#	#	不指定	G80	e		取消固定循环
G40	d		刀具补偿/刀具偏置注销	G81 ~ G89	e		固定循环指令
G41	d		刀具补偿—左	G90	j		绝对值输入
G42	d		刀具补偿—右	G91	j		相对值输入
G43	#(d)	#	刀具偏置—正	G92		*	预值寄存
G44	#(d)	#	刀具偏置—负	G93	k		时间倒数进给率
G45	#(d)	#	刀具偏置 + / +	G94	k		每分钟进给
G46	#(d)	#	刀具偏置 + / -	G95	k		主轴每转进给
G47	#(d)	#	刀具偏置 - / -	G96	i		主轴恒线速度
G48	#(d)	#	刀具偏置 - / +	G97	i		主轴每分钟转数
G49	#(d)	#	刀具偏置 0/ +	G98 ~ G99	#	#	不指定

注：1. * 表示功能仅在所出现的程序段起作用。

2. #表示如果选作特殊用途，必须在程序格式中说明。

3. 表中左栏括号中字母（d）表示可以被同栏中无括号的字母 d 所注销或代替，也可被有括号的字母（d）所注销或代替。

仅在所出现的程序段起作用。需要注意的是不同数控系统其 M 功能字的含义可能会不同。下面对数控加工程序中经常用到的辅助功能 M 指令作以简单介绍。

M00：程序停止。在完成编有 M00 指令的程序段功能后，主轴停转，进给停止，切削液关闭，程序暂停。该指令可用于加工过程中的停机检查、尺寸检测或手工换刀等功能。可利用机床操作面板上的“循环启动”按钮再次启动运转，并执行下一个程序段。

M01：计划停止。该指令与 M00 相似，所不同的是必须在机床操作面板上的“计划停止”按钮被按下时，M01 指令功能才有效。它用于工件关键尺寸的停机抽样检查等有关功能。

M02：程序结束。表示结束程序执行并使数控系统处于复位状态，命令主轴停转，进给停止，切削液关闭，系统复位。M02 指令通常出现在最后一个程序段中，是非模态 M 指令。

M30：也表示程序结束。过去用于表示纸带结束并返回至纸带起始处，现在表示程序结束并返回程序开始位置。M30 表示在完成程序所有指令后，主轴停转，进给停止，切削液关闭。与 M02 不同的是，执行 M30 后程序指针将返回到第一个程序段。

M03：主轴顺时针方向转动。起动主轴按右旋螺纹进入工件的方向转动。

M04：主轴逆时针方向转动。起动主轴按左旋螺纹离开工件的方向转动。

M05：主轴停止。

M06：换刀指令。手动或自动换刀指令，要换上的刀具用 T 指令指定，该指令同时使切削液自动关闭和使主轴停转。

M07：2#切削液开，如雾状切削液开。

M08：1#切削液开，如液状切削液开。

M09：切削液关。

6. 进给功能指令 F

进给功能也称 F 功能，由地址符 F 及其后续的数值组成，用于指定刀具的合成进给速度。进给速度的指定方法有直接法和代码法两种。

用代码法指定进给速度时，F 后面的数值表示进给速度代码，该代码按一定规律与进给速度相对应。常用的有进给速率数（FRN）法及 1、2、3、4、5 位代码法等，如对于 2 位代码法，用 0 ~ 99 对应 100 种进给速度，编程时只指定代码值，需要通过查表或计算才能得出实际进给速度值，其缺点是不够直观。直接指定法是 F 后面所跟数值直接代表了指定的进给速度，其一般单位为 mm/min，例如 F500 表示进给速度为 500mm/min。对于车床，F 可分为每分钟进给和主轴每转进给两种，对于其他数控机床，一般只用每分钟进给，F 指令在螺纹切削程序段中用来表示螺纹的导程，即 mm/r。有些数控系统可能采用英制单位。由于直接指定法直观便于编程，目前的数控系统大多数采用直接指定法。

7. 主轴转速功能指令 S

主轴转速功能字的地址符是 S，又称为 S 功能或 S 指令，用于指定主轴转速。一般直接用 S 后边的数字表示单位为 r/min 的主轴转速。对于数控车床，在车削端面时，为了保证端面加工质量的一致性，要求整个加工过程中保持恒定的线速度，可用 G96 指令指定恒线速切削功能，此时 S 功能指令的单位是 m/min，如“G96　S150”表示主轴以 150m/min 进行恒线速切削。通常用 G97 取消 G96 恒线速切削功能，如“G97　S3000”表示主轴转速为 3000r/min。

表 2-2 辅助功能 M 代码

代码	功能开始时间		功能保持到被注销或被适当指令所代替	功能仅在所出现的程序段起作用	功能	代码	功能开始时间		功能保持到被注销或被适当指令所代替	功能仅在所出现的程序段起作用	功能
	与程序段指令运动同时开始	在程序段指令运动完成后开始					与程序段指令运动同时开始	在程序段指令运动完成后开始			
M00		*		*	程序停止	M36	*			#	进给范围 1
M01		*		*	计划停止	M37	*			#	进给范围 2
M02		*		*	程序结束	M38	*			#	主轴速度范围 1
M03	*		*		主轴正向运转	M39	*			#	主轴速度范围 2
M04	*		*		主轴逆向运转	M40 ~ M45	#	#	#	#	如有需要作为齿轮换挡；此外不指定
M05		*	*		主轴停止	M46 ~ M47	#	#	#	#	不指定
M06	#	#		*	换刀	M48		*	*		注销 M49
M07	*		*		2 号切削液开	M49	*		#		进给率修正旁路
M08	*		*		1 号切削液开	M50	*		#		3 号切削液开
M09		*	*		切削液关	M51	*		#		4 号切削液开
M10	#	#	*		夹紧	M52 ~ M54	#	#	#	#	不指定
M11	#	#	*		松开	M55	*		#		刀具直线位移，位置 1
M12	#	#	#	#	不指定	M56	*		#		刀具直线位移，位置 2
M13	*		*		主轴正向运转及切削液开	M57 ~ M59	#	#	#	#	不指定
M14	*		*		主轴逆向运转及切削液开	M60		*		*	更换工件
M15	*			*	正运动	M61	*		*		工件直线位移，位置 1
M16	*			*	负运动	M62	*		*		工件直线位移，位置 2
M17 ~ M18	#	#	#	#	不指定	M63 ~ M70	#	#	#	#	不指定
M19		*	*		主轴正向停止	M71	*		*		工件角度位移，位置 1
M20 ~ M29	#	#	#	#	永不指定	M72	*		*		工件角度位移，位置 2
M30		*		*	程序结束	M73 ~ M89	#	#	#	#	不指定
M31	#	#		*	互锁旁路	M90 ~ M99	#	#	#	#	不指定
M32 ~ M35	#	#	#	#	不指定						

注：1. #号表示：如选作特殊用途，必须在程序说明中说明。

2. * 号表示：属本栏所指。

3. M90 ~ M99 可指定为特殊用途。

8. 刀具功能指令 T

刀具功能指令的地址符是 T，又称为 T 功能或 T 指令，它由地址字符 T 和其后的几位数字组成，一般用于表示被选择刀具的编号和存储该刀具半径或长度的补偿值的存储器代号。不同数控系统对刀具功能字 T 的规定也不同，一般用于指定加工时所用刀具的编号，如 T10，表示选择第 10 号刀具。对于数控车床，其后的数字除了指定刀具号外还兼作指定刀具长度补偿和刀尖半径补偿用，如用四位数码指定时，通常前两位数字表示刀号，后两位数字表示存储刀具长度补偿存储器编号，例如 T0102 表示第 01 号刀具，其刀具补偿值是 02 号寄存器存储的值。刀具补偿号“00”，表示取消刀具补偿，如 T0100 表示取消 01 号刀具的刀具补偿。对于镗铣加工中心，T 后的 2～4 位数，则指刀具在刀库中对应的刀具号。

二、数控加工程序组成及格式

1. 程序段格式

一个数控加工程序通常由若干个程序段组成。程序段是数控加工程序中的一条语句，由一个或多个指令组成，表示数控机床要完成的一种操作。程序段格式是指程序段中的指令、字符和数据的排列形式。不同的数控系统，其程序段格式不一定相同。若编写的数控程序不符合所用数控机床的格式规定，则数控装置将会发出出错报警。因此编写数控程序时应严格按照所使用的数控系统规定的格式来编写。程序段格式主要有固定顺序程序段格式，带分隔符的程序段格式，以及字地址可变程序段格式等三种。但前两者灵活性较差，现在已很少使用。目前常用的是字地址可变程序段格式，所谓可变程序段是程序段的长度和功能字的个数可变，每个字长也不固定。它具有如下特点：

1）程序段中，每个字都是由代表字地址符的英文字母开头，后面跟数字。

2）在程序段中对各字的排列顺序不作严格规定，但为了阅读及检查方便，习惯上仍按一定顺序排列各功能字。

3）尺寸数字可只写有效数字，如“X48.10”可只写成“X48.1”。

4）不需要的字及上段程序段相同的模态指令可以不写。

一个程序段以程序段号开始，后接功能指令并由程序段结束符结束。字地址可变程序段的格式如下所示：

N__	G__	X__Y__Z__	F__	S__	T__	M__	LF
顺序号	准备功能	尺寸字	进给功能	主轴转速	刀具	辅助功能	程序段结束符

程序段结束符，不同数控系统采用不同格式，EIA 代码采用“CR”作为结束符，ISO 代码采用“LF”、“;”和“NL”等作为程序段结束符，也有数控系统以回车作为程序段结束符。具体采用哪种符号，需根据具体的数控系统而定。

程序段格式举例：

N30　G01　X50　Y30　F200　S1000　T02　LF

N40　X100　LF

2. 数控加工程序的组成及一般格式

数控加工程序通常由程序名、程序主体和程序结束符组成。由于数控装置中不仅存储一个加工程序，为了区分各个加工程序，常给加工程序赋予不同的名称。程序主体用于描述零件加工的所有内容，程序结束指令用来表示零件加工程序的结束。

(1) 程序开始符、结束符　程序开始符、结束符是同一个字符，ISO 代码中是%，EIA 代码中是 EP，书写时要单列一行。

(2) 程序名　程序名有两种形式：一种是英文字母 O 或 P 后加 1 ~4 位正整数组成；另一种是由英文字母开头，字母数字混合组成的，一般要求单列一行。

(3) 程序主体　程序主体由若干个程序段组成。每个程序段一般占一行。

(4) 程序结束指令　程序结束指令可以用 M02 或 M30。

加工程序的一般格式举例：

```
%                                        // 开始符
O1000                                    // 程序名
N10 G90 G00 X20.0 Y90.5 M03 S1000 LF  ┐
N20 G01 X60.0 Y50.2 F250 T01 LF       │
N30 X90 LF                            ├  // 程序主体
…                                     ┘
N200 M30 LF                              //程序结束
%                                        // 结束符
```

3. 子程序结构

在一个零件的加工程序中，常常在多处出现完全相同的一定量的连续程序段，为便于编程，可将这些重复的程序段单独列出，并按一定的格式编成一个程序，该程序被称为子程序。在执行主程序的过程中，可按需要调用子程序，并可以被多次重复调用。对于某些数控系统，子程序在执行的过程中又可再调用其他的子程序，即子程序的“多层嵌套”，一般最大可达 4 级嵌套。采用子程序可大大简化编程工作，缩短程序长度，节约程序存储器的容量。主程序通常用 M98 指令来调用子程序，子程序用 M99 指令返回主程序。

主程序调用子程序的格式为：M98　P__　L__　LF

其中，P 后为被调用的子程序号，L 后的数值为调用子程序的次数。

若采用“M99　P__”格式的返回指令，则在执行完子程序后返回到主程序的 P 后面所指定程序段，如“M99　P80”表示从子程序返回，继续执行主程序的 N80 程序段。

调用子程序例子如下：

```
P005  （主程序号）                                    ┌→P200  （子程序号）
N10  …                                                │ N10  G91  G01  X30  F100  LF
N20  …                                                │ N20  X40  LF
N30  …                                                │ …
N40  M98  P200  L3  LF  调用子程序 P200 共 3 次 ──────┘ ┌─N100  M99  LF（返回主程序）
N50  …  返回继续执行主程序下个程序段  ←─────────────────┘
```

三、常用 G 功能指令及编程格式

1. 与坐标相关的 G 指令

(1) 绝对坐标编程和相对坐标编程指令 G90 与 G91　G90 指令用于指定采用绝对坐标编程方式，G90 是模态指令，即在使用 G90 的程序段及后续程序段中的编程尺寸一律按绝对坐标值给定，也就是说所有坐标尺寸值均以一个共同的基点作为基准，该基点通常是工件坐标系原点。一般数控系统的坐标编程方式的默认状态是G90，即绝对坐标编程状态。

相对坐标又称为增量坐标，用G91指令指定。G91也是模态指令，即在使用G91的程序段及其后续程序段中，编程尺寸均按相对坐标给定，即每一程序段的坐标运动的终点坐标是相对该程序段的起点的坐标增量，即相对于上一程序段的终点坐标或程序开始时的刀具起点坐标。

（2）工件坐标系设定的预置寄存指令G92　在使用工件坐标系编制程序时，若使用绝对坐标编程，由G92指令将刀具的起刀点在工件坐标系中的位置告知数控系统。由于起刀点在机床坐标系的位置可通过对刀获得，起刀点在工件坐标系的位置通过G92指令又得到了规定，因此通过该指令实质上设置了工件坐标系原点在机床坐标系的位置。

G92指令的编程格式：G92　X__　Y__　Z__　LF

需注意的是，G92程序段并不产生任何坐标运动，G92后的尺寸指令表示了刀具起刀点在工件坐标系中的坐标值，由此建立了工件坐标系。G92为模态指令，只有在重新设定时，先前的设定才无效。程序运行中，如果发现因工件在机床上的安装位置不准确而产生某种加工误差时，也可通过修改G92的后续尺寸指令，实现安装位置的准确定位，而不必移动工件位置。对于图2-17，其工件坐标系的设置可用下述程序段实现：

G92　X30　Y25　Z20　LF

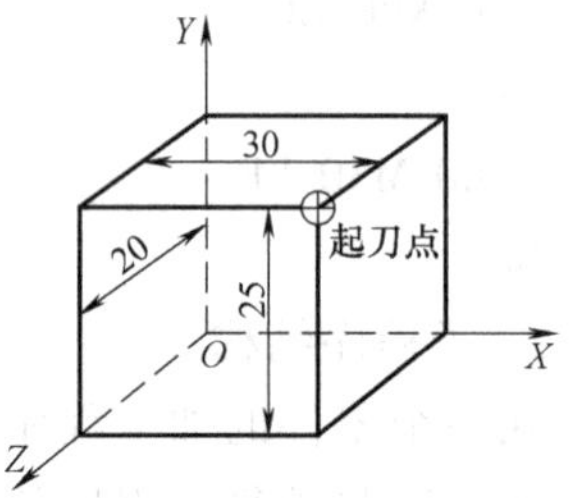

图2-17　工件坐标系

（3）工件坐标系零点偏置指令G53～G59　在一些零件的编程过程中，为了简化编程，避免尺寸换算，常采用了多个不同的平移工件坐标系。一般数控机床可以用G54～G59指令设定六个工件坐标系，在程序中可以根据需要任意使用设定的G54～G59指令，这些坐标系的坐标原点在机床坐标系中的位置，即工件坐标原点与机床坐标系原点的偏移量，须预先用手动数据输入方式输入并存储在机床参数存储器内。在程序中一旦指定了G54～G59之一，则该工件坐标系起作用，其后续程序段中的工件坐标均以该工件坐标系为基准。使用G53取消G54～G59指令功能而恢复到机床坐标系。

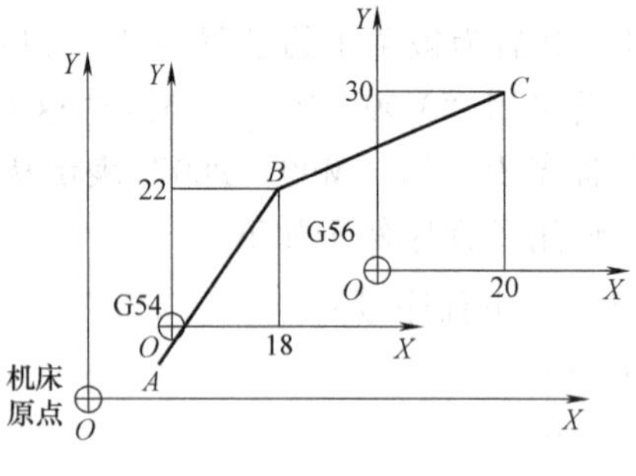

图2-18　工件坐标系零点偏置指令应用

如图2-18所示，要从当前A点直线加工到B点再直线加工到C点，在编程中建立了两个工件坐标系，其中B点以G54坐标系为基准，C点则以G56坐标系为基准，而G54、G56所确立的工件坐标系零点偏置量已预先存储在机床相应参数中，其对应的数控程序如下：

```
N30　G54　G01　X18　Y22　F250　LF　　　//从A点直线加工到B点
N40　G56　X20　Y30　LF　　　　　　　　 //从B点直线加工到C点
```

需注意的是，虽然G92和G54～G59都可用来建立工件坐标系，但它们使用方法不同，对于G92指令，需在其后面明确指明起刀点在工件坐标中的位置，并用一独立的程序段来指定该位置。而使用 G54～G59 建立工件坐标系时，该指令可单独使用，也可在同一程序段中与其他指令一起使用，工件坐标系原点相对于机床坐标系原点的偏置量作为参数预先输入到数控系统中，若 G54～G59 后带有位置指令，则刀具要进行实际运动到达以该指令所设置坐标系统为基准的相应的指令位置处。

（4）插补坐标平面选择指令 G17、G18 和 G19　对于三坐标以上的数控机床，需要用 G17、G18 或 G19 指令来设定插补平面。其中 G17 表示 *XY* 平面，G18 为 *ZX* 平面、G19 为 *YZ* 平面，如图 2-19 所示。一般数控系统默认的插补平面是 *XY* 平面。

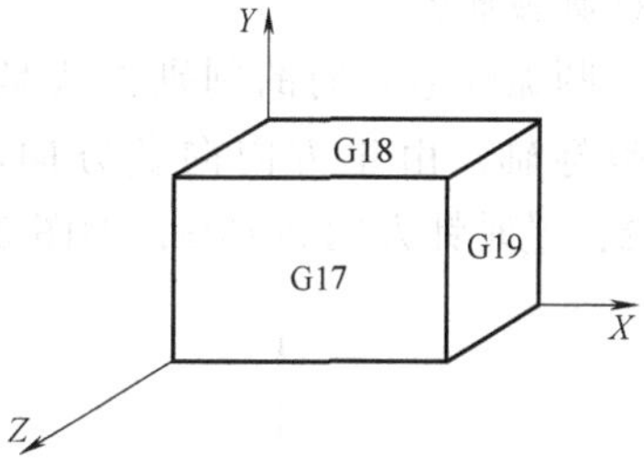

图 2-19　插补平面选择指令

（5）英制和米制单位转换指令 G70、G71　坐标尺寸使用英制单位时用 G70 指定，使用米制单位用 G71 指定，而我国一般多使用米制单位，因此一般将 G71 设为系统的默认状态。

2. 与运动方式相关的指令

（1）快速点定位指令 G00　快速点定位指令 G00 控制刀具以系统默认给定的最快速度、以点位控制的方式快速移动到目标位置。该指令执行开始后，刀具沿着各个坐标方向按参数设定的最快速度移动，最后减速到达终点位置。

编程格式为：G00　X__　Y__　Z__　LF

其中，地址符 X、Y、Z 之后的数字分别表示目标点的 X、Y 和 Z 坐标值。需注意该指令的功能是使数控系统以系统设定的快速移动速度从当前位置快速移动到目标位置，但对其中间走刀轨迹并未作限制。不同的数控系统具体走刀轨迹可能并不同，如图 2-20 所示，各坐标方向上有可能不是同时到达终点，刀具移动轨迹可能是几条线段的组合，而不是一条直线。如对于 FANUC 数控系统，快速点定位指令的执行动作是先沿 45°直线移动，再沿某一轴单向移动至目标点位置，如图 2-20b 所示。因此要求编程人员应了解所使用的数控系统的刀具移动轨迹情况，以避免加工中可能出现的干涉和碰撞。

如图 2-20 所示，从 *A* 点快速移动到 *B* 的程序段为：

绝对式编程：G90　G00　X40　Y40　LF

相对式编程：G91　G00　X20　Y30　LF

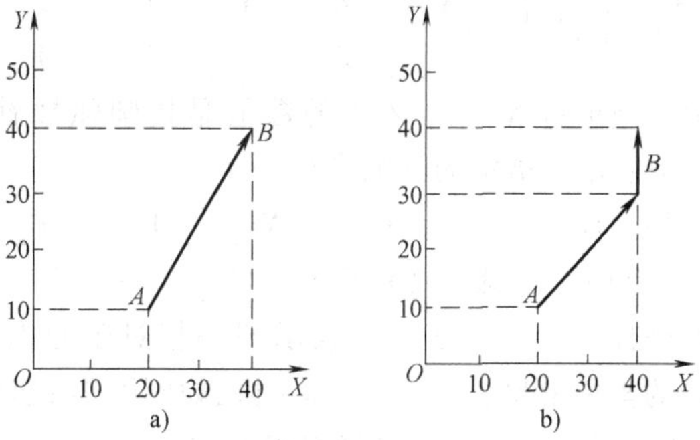

图 2-20　快速定位指令

a）两轴同步定位　b）单轴定位

（2）直线插补指令 G01　直线插补指令 G01 用于使系统从当前位置按指定的进给速度 F 沿直线运动到目标位置。G01 指令不仅控制运动中轨迹，还控制运动过程中各点的速度。

程序格式：G01　X__　Y__　Z__　F__　LF

其中，X、Y、Z 后的数值是直线插补的终点坐标值，F 后的数值是给定的进给速度。

如图 2-21 所示，从 *A* 点到 *B* 点的直线插补运动的程序段为：

绝对方式编程：G90　G01　X19　Y20　F200　LF

增量方式编程：G91　G01　X8　Y12　F200　LF

(3) 圆弧插补指令 G02、G03　G02 为以程序指定的进给速度进行顺时针圆弧插补，G03 为以指定的进给速度进行逆时针圆弧插补。

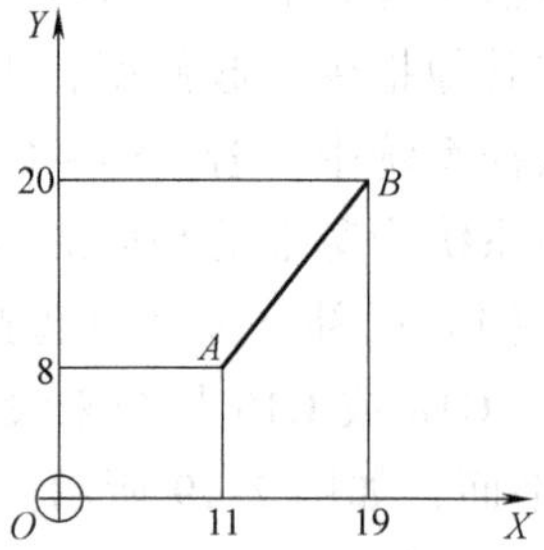

图 2-21　直线插补运动

圆弧顺逆方向的判别方法是沿着垂直于圆弧所在的平面的坐标轴，由正方向向负方向看去，若是顺时针方向则为 G02，逆时针方向为 G03，如图 2-22 所示。

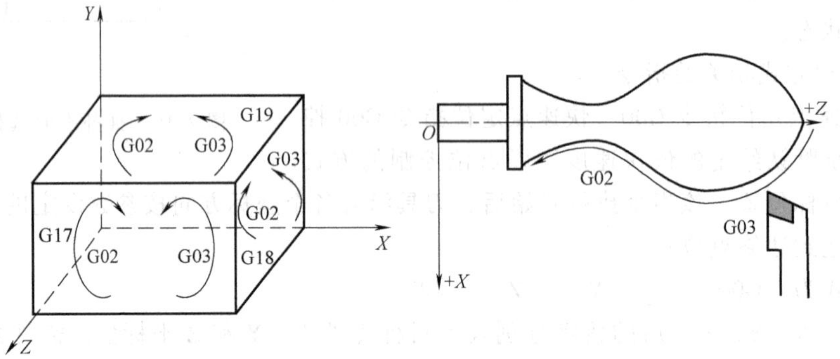

图 2-22　不同平面圆弧方向判别

程序格式：

1) 采用起点与圆心坐标增量编程方式（图 2-23）：

$$\left\{\begin{matrix}G17\\G18\\G19\end{matrix}\right\}\left\{\begin{matrix}G02\\G03\end{matrix}\right\}\left\{\begin{matrix}X\_ & Y\_ & I\_ & J\_ & F\_\\X\_ & Z\_ & I\_ & K\_ & F\_\\Y\_ & Z\_ & J\_ & K\_ & F\_\end{matrix}\right\}LF$$

其中，地址符 X、Y、Z 后的数值是指圆弧插补的终点坐标值；*R* 是指定的圆弧半径。

如“G17　G02　X＿　Y＿　I＿　J＿　F＿　LF”，其中 G17 表示 *XY* 平面，“X＿　Y＿”表示圆弧终点坐标，“I＿　J＿”表示圆心相对于起点在 *X*、*Y* 方向的坐标增量，“F＿”加工圆弧所用进给速度。

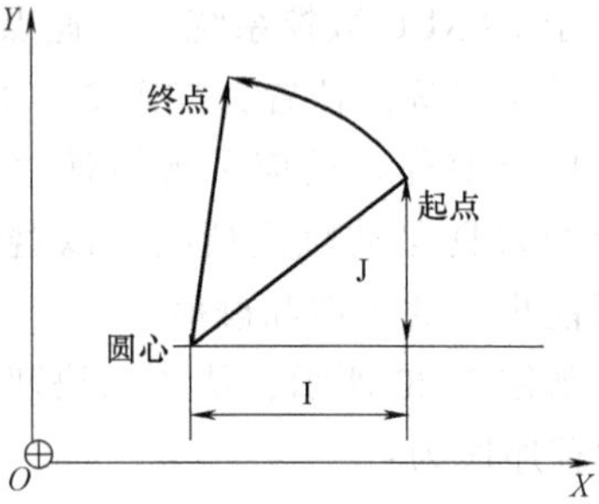

图 2-23　采用圆心坐标增量圆弧插补

2) 采用给定圆弧半径编程方式：

$$\left\{\begin{matrix}G17\\G18\\G19\end{matrix}\right\}\left\{\begin{matrix}G02\\G03\end{matrix}\right\}\left\{\begin{matrix}X\_ & Y\_ & R\_ & F\_\\X\_ & Z\_ & R\_ & F\_\\Y\_ & Z\_ & R\_ & F\_\end{matrix}\right\}LF$$

其中，地址符 X、Y、Z 后的数值是指圆弧插补的终点坐标值；R 为指定的圆弧半径。

如图 2-24 所示，对于同样的圆弧转向、圆弧起点和终点坐标以及圆弧半径，往往存在两段圆弧都满足上述条件，为保证圆弧的唯一性，规定当圆弧的圆心角≤180°时，R 值为正；当圆弧的圆心角＞180°时，R 值为负。注意采用指定半径编程方式时，对于全圆，由于起点坐标与终点坐标是同一点，由一点和半径值无法确定一具体圆，即其圆心坐标无法唯一确定，因此对于全圆不能采用指定半径编程方式。

如图 2-25 所示，圆弧 *C* 的起点为 *A*，终点为 *B*，半径 R = 74.33，圆弧插补程序段为：

N30　G90　G02　X180　Y60　I50　J55　F150　LF

或 N30　G91　G02　X100　Y0　I50　J55　F150　LF

或 N30　G90　G02　X180　Y60　R-74.33　F150　LF

或 N30　G91　G02　X100　Y0　R-74.33　F150　LF

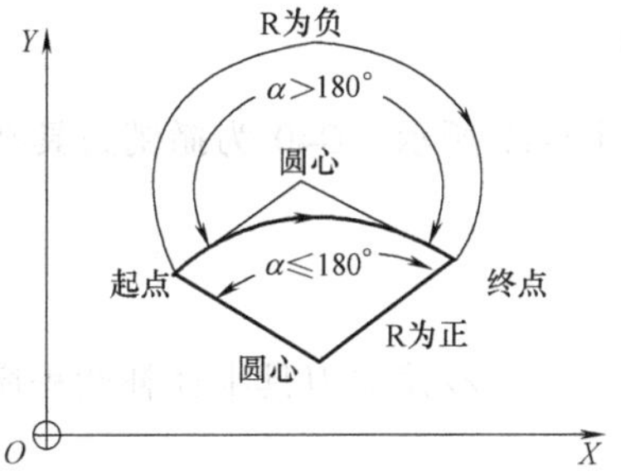

图 2-24　采用半径 R 圆弧插补指令

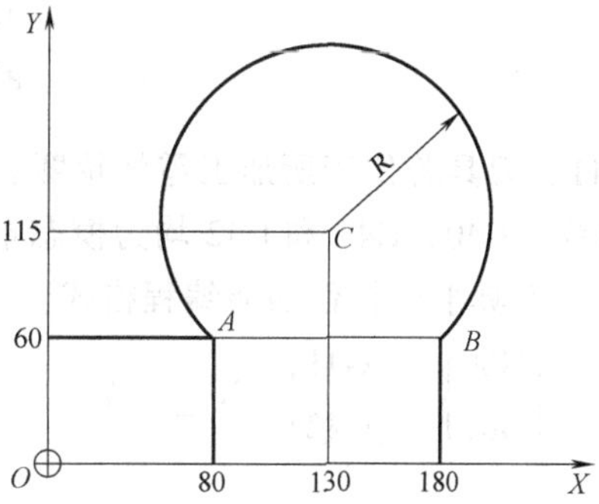

图 2-25　圆弧插补编程

（4）暂停指令 G04　暂停指令 G04 的功能是使刀具作短时间的停留（或延时），可用于无进给光整加工，如车槽加工时为保证槽底光整，在加工到槽底时往往要无进给停留一定时间。镗孔或钻不通孔时为保证孔底表面质量，在加工到孔尺寸时，刀具在孔底也要停留一段时间。可使用 G04 指令来实现。

程序格式：G04　P__　LF

其中，P 为暂停时间，单位为 s 或 ms，具体由所采用的数控系统决定，该指令在上一程序段运动结束后开始执行，该指令为非模态指令，仅在本程序段有效。

如：N50　G04　P3000　LF　　　　　　　　//暂停 3s

3. 与刀具补偿相关的指令

（1）刀具半径补偿指令 G41、G42、G40　当进行零件轮廓加工时，由于刀具半径尺寸影响，刀具中心轨迹与所要加工的零件轮廓并不重合，而往往要偏离零件轮廓一定的距离，如图 2-26 所示。由于数控机床实际控制的是刀具的中心轨迹，因此需要知道加工中刀具中心实际走刀轨迹，但根据所要加工的零件轮廓计算刀具中心轨迹十分困难，尤其对于比较复杂的零件轮廓，所选用的刀具半径不同，其刀具中心轨迹也不同。为了避免计算刀具中心轨迹，便于程序编写，使编程人员能够直接按零件图样上的轮廓尺寸编程，一般数控系统都提供了刀具半径补偿功能。刀具半径补偿指令包括 G40、G41 和 G42。

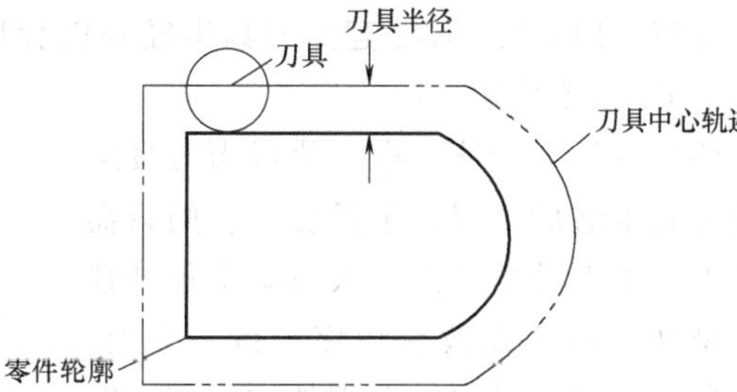

图 2-26　实际加工中零件轮廓与刀具中心轨迹

G41 为左刀具半径补偿指令，G42 为右刀具半径补偿指令。G41、G42 定义为假设工件不动，在加工过程中沿刀具运动方向向前看，刀具若位于所加工零件轮廓左侧为左刀补

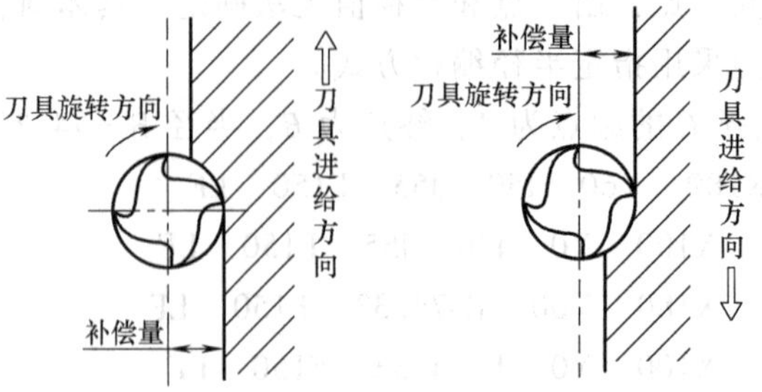

图 2-27　左、右刀补示意图

G41，刀具若位于所加工零件轮廓右侧为右刀补 G42，如图 2-27 所示。G40 为撤销刀具补偿指令。G40、G41 和 G42 均为模态指令。

刀具半径补偿功能编程格式：

$\begin{Bmatrix} G00 \\ G01 \end{Bmatrix}$ $\begin{Bmatrix} G41 \\ G42 \end{Bmatrix}$ X__ Y__ H（D）__ LF　　//建立刀具半径补偿程序段

$\left.\begin{matrix} \cdots \\ \cdots \end{matrix}\right\}$　　//轮廓加工程序段

$\begin{Bmatrix} G00 \\ G01 \end{Bmatrix}$ G40 X__ Y__ LF　　//撤销刀具半径补偿程序段

其中，G41/G42 程序段中的地址符 X、Y 后的数值是建立刀具补偿直线段的终点坐标值；G40 程序段中的地址符 X、Y 后的数值是撤销补偿直线段的终点坐标；H 为刀具半径补偿存储器代码，有的数控系统也用 D 作为刀具半径补偿存储器代码，后面一般用两位数字表示存储刀具半径补偿值的寄存器代号。补偿值由键盘（MDI）或程序事先输入到刀补存储器中。D（或 H）代码是模态的，当刀具磨损或重磨后，刀具半径发生变化，这时只需改变刀具半径补偿存储器中的补偿值，而不必修改已编好的程序。

刀具半径补偿包括三个阶段，即刀具补偿建立的切入程序段，对零件轮廓进行切削的程序段和刀具补偿撤销程序段。

注意，用 G41、G42 建立刀具半径补偿程序段和用 G40 撤销刀具补偿程序段必须配合 G00、G01 指令使用。

应用刀具半径补偿指令使得当刀具磨损或刀具重磨后，刀具半径变小，则只需将改变后的刀具半径值输入刀具半径补偿寄存器中，而不需改变程序。另一方面，在用同一把刀具对同一个零件进行粗、精加工时，也只需修改刀具半径补偿值，即可用同一个数控加工程序实现零件的粗、精加工，其方法是设刀具半径为 R，留给精加工余量为 Δ，通过将粗加工时的刀具

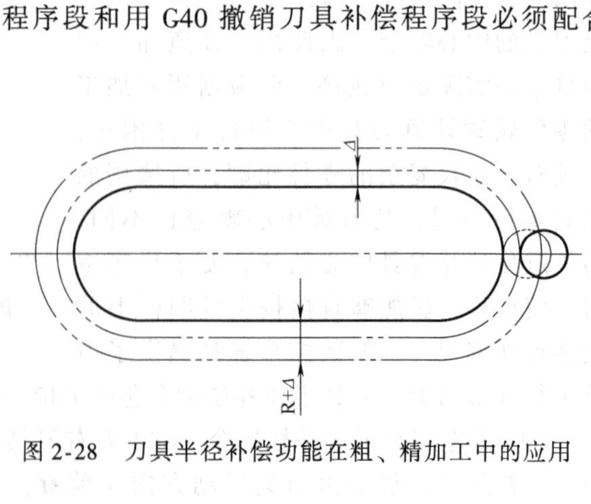

图 2-28　刀具半径补偿功能在粗、精加工中的应用

半径补偿量设置为 $R+\Delta$，精加工时的刀具半径补偿量设置为 R，就能在粗加工后留下精加工余量 Δ，并在精加工时完成切削，如图 2-28 所示。

（2）刀具长度补偿指令 G43、G44 和 G49　刀具长度补偿也称刀具长度偏置，用于补偿编程刀具和实际刀具长度之差。该功能使补偿轴的实际终点坐标值（或位移量）等于程序给定值加上或减去补偿值。使用刀具长度补偿指令，编程者在编程时可不考虑刀具的实际长度尺寸，以便于编程。在刀具磨损、更换刀具等原因引起刀具长度尺寸变化时，可通过采用刀具长度补偿功能修正刀具长度补偿量，而不必调整程序或刀具。加工时，只需将刀具的实际长度值输入到相应的补偿寄存器中，即可实现对工件的正确加工。

G43 为正补偿，即将 Z 坐标尺寸字与 H 寄存器中长度补偿的量相加，按其结果进行 *Z* 轴运动。G44 为负补偿，即将 Z 坐标尺寸字与 H 寄存器中长度补偿的量相减，按其结果进行 *Z* 轴运动。G49 为撤销刀具长度补偿。

编程格式为：

$\begin{Bmatrix} G00 \\ G01 \end{Bmatrix} \begin{Bmatrix} G43 \\ G44 \end{Bmatrix}$ Z__　H__　LF　　　//建立刀具长度补偿程序段

…　　　//切削加工程序段

G49　　　//撤销刀具长度补偿程序段

H 为刀具长度补偿代号地址字，后面一般用两位数字表示存储长度补偿量的存储器代码。刀具长度补偿量可用 CRT/MDI 方式输入。可采用 G49 撤销刀具长度补偿或用 H00 取消刀具长度补偿。

1）图 2-29a 所对应的程序段为“G01　G43　Z*l*　H__　LF”，其实际 Z 坐标为：$l+\Delta$（H__存储值）。

2）图 2-29b 所对应的程序段为“G01　G44　Z*l*　H__　LF”，其实际 Z 坐标为：$l-\Delta$（H__存储值）。

其中，*l* 为轴向（Z 向）程序指令点；H__存储值为长度补偿量，即 H__ $=\Delta$。

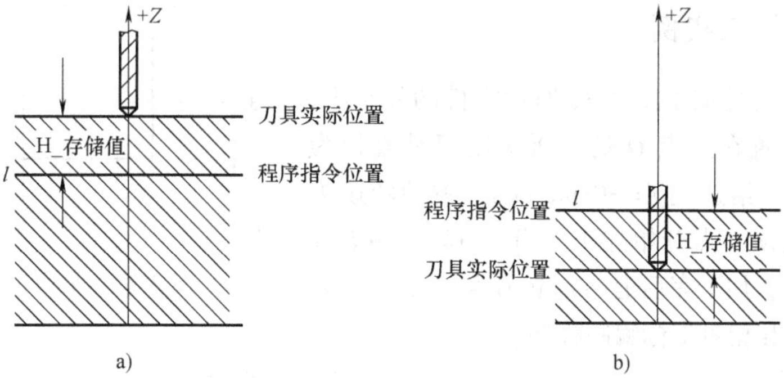

图 2-29　刀具长度补偿

a）G43　正补偿　b）G44　负补偿

4. 固定循环指令

在数控机床上进行镗孔、钻孔、攻螺纹、车螺纹等加工时，常常需要重复执行一系列固定的加工动作，且这些动作已典型化，为简化编程常将这些典型的动作顺序可以预先编好程序并存储在内存中，并将其综合为一个 G 指令，称之为固定循环指令。固定循环中的一个 G

代码指令代表了机床的多个动作顺序，因此使用固定循环功能，可以大大简化程序编制。如对于镗孔、钻孔、深孔加工等典型的孔加工工艺，如图 2-30 所示，通常包括以下六个基本固定动作。

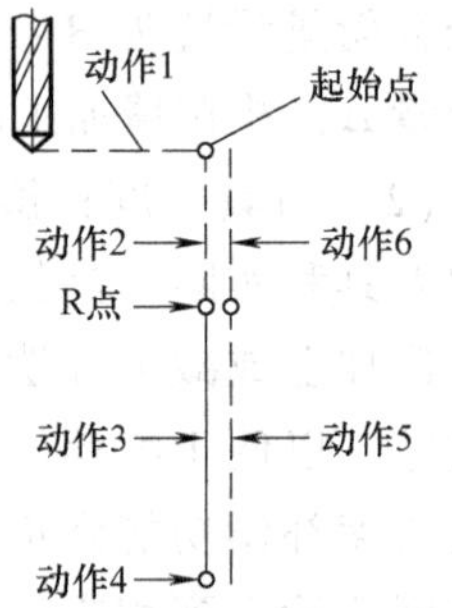

图 2-30　孔加工固定循环

动作 1：快速在 *XY* 平面定位→动作 2：快速移动到 *R* 点→动作 3：进行孔加工→动作 4：孔底位置的动作，如暂停加工→动作 5：返回到 *R* 点→动作 6：快速返回到起始点。

若每一个动作用一个程序段来表示，完成一个完整的孔加工，至少需要六个程序段，而采用固定循环指令，则只需一个指令即可表示。FANUC 系统规定了 G73、G74、G76，G81 ~ G89 等与孔加工相关的固定循环指令，其统一格式可表示为：

G90/G91　G98/G99　G __　X __　Y __　Z __　R __　Q __　P __　F __　L __　LF

其中，G90/G91 表示采用绝对坐标还是相对坐标编程，G98 表示返回初始平面，G99 表示返回 R 点所指参考平面。“G __”为 G73、G74、G76、G81 ~ G89 中任一个，表示孔加工方式。X、Y 值表示孔中心所在位置，Z 值在增量编程（G91）时表示从 R 点到孔底的增量值，在绝对编程（G90）时表示孔底的坐标值。R 在增量编程（G91）时表示从初始平面（调用固定循环时，刀具所定位的平面）到 R 点的增量值，在绝对编程（G90）时表示参考平面的坐标值。Q 表示每次进给深度，P 表示在孔底的暂停时间，在孔底进给停止，使主轴转动一定时间可以获得较好的孔底加工质量，F 表示加工孔的轴向进给速度，L 表示重复次数。G80 指令表示撤销孔加工固定循环指令。

需注意的是不同数控系统所具有的固定循环指令不尽相同，其固定循环指令格式也不同，因此编程时应严格按照使用说明书的要求编写。

以上介绍了镗铣加工中经常用到的指令，下面结合实例介绍其应用。

四、镗铣加工实例

【例 2-1】　要精加工图 2-31 所示零件的外轮廓，假设刀具起始位置在原点 *O* 处，所采用刀具直径为 $d=10\text{mm}$，加工进给速度 $f=80\text{mm/min}$，主轴转速为 3000r/min，刀具从 *a* 点开始加工，沿 *a*→*b*→*c*→*d*→*e*→*f*→*a* 顺序加工，加工完后返回到起刀点 *O* 处。请分别采用绝对坐标和相对坐标编制程序。

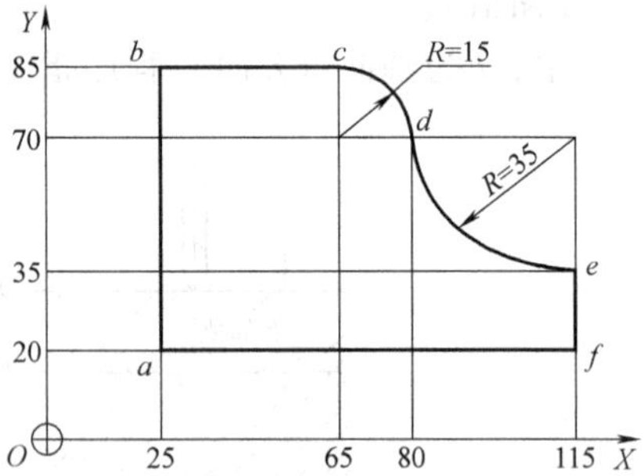

图 2-31　平面轮廓数控铣削

用绝对坐标：	用相对坐标：
%	%
P0001	P0002
G92　X0　Y0　LF	
N10　G90　G41　G00　X25　Y20 S3000　M03　H02　LF	N10　G91　G41　G00　X25　Y20　S3000 M03　H02　LF
N20　G01　Y85　F80　LF	N20　G01　Y65　F80　LF

N30 X65 LF
N40 G02 X80 Y70 I0 J-15 LF
N50 G03 X115 Y35 I35 J0 LF
N60 G01 Y20 LF
N70 X25 LF
N80 G00 G40 X0 Y0 LF
N90 M02 LF
%
注：H02 存储值为 5。

N30 X40 LF
N40 G02 X15 Y-15 I0 J-15 LF
N50 G03 X35 Y-35 I35 J0 LF
N60 G01 Y-15 LF
N70 X-90 LF
N80 G00 G40 X-25 Y-20 LF
N90 M02 LF
%
注：H02 存储值为 5。

【例 2-2】 编写图 2-32 所示平面轮廓零件的加工程序。该零件毛坯的余量为 5mm，板厚为 12mm，要求分粗、精加工，留给精加工的余量为 2mm，要求铣削成图中粗实线所示的外形。

（1）工艺分析 以底面为定位基准，两侧用螺栓压板将工件压紧。如图 2-32 所示，以工件毛坯左下角 *O* 点为原点建立工件坐标系，孔加工用 ϕ18mm 钻头 T1，轮廓加工选用 ϕ10mm 立铣刀 T2，设置刀具安全面距工件上表面的距离为 20mm，对刀点在工件坐标系中的位置为（－10，0，20），换刀点的位置为 *P*（－100，0，50），刀具从 *O′*点切入，刀具中心走刀轨迹为：

1）钻削 ϕ18mm 孔。

2）对刀点→下刀→*A*→*B*→*C*→*D*→*E*→*F*→*G*→*O′*→提刀→对刀点。

（2）节点计算 分析零件图，进行相关数值计算，计算得到各基点及圆心点坐标如下：*O′*（5，5），*A*（5，35），*B*（15，45），*C*（26.8，45），*D*（57.3，40），*E*（74.6，30），*F*（85，30），*G*（85，5）；对刀点（－10，0，20），ϕ18mm 的圆心 C′（40，30）。

（3）编程 利用刀具半径补偿功能，通过改变刀偏量，用同样一个程序实现粗、精加工。

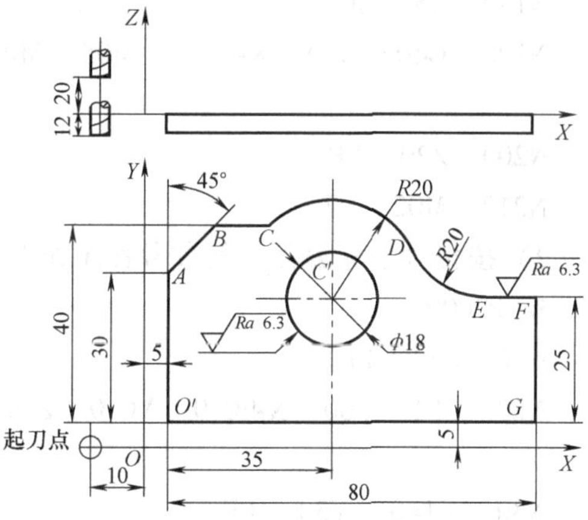

图 2-32 平面轮廓零件加工

1）按绝对坐标编程，其参考程序如下：

% P1000	//程序名
N10 G92 X-10 Y0 Z20 LF	//建立工件坐标系
N20 G90 G00 X-100.0 Y0.0 Z50.0 T1 M06 LF	//绝对坐标编程，将刀具快速移到换刀点换上钻头
N30 X40 Y30 LF	//刀具快速移动到 ϕ18mm 孔中心位置
N40 G43 Z20 H01 S100 M03 LF	//刀具下降到安全面高度，建立长度补偿，主轴旋转
N50 G01 Z-15.0 F120 LF	//钻孔加工到距下板面 3mm 处

```
N60  G49  G00  Z20  M05  LF                          //刀具快速返回到安全面，取消长度补偿
N70  X-100.0  Y0.0  Z50.0  T2  M06  LF               //快速返回到换刀点换上立铣刀
N80  X-10.0  Z20.0  S1000  M03  LF                   //快速到达起刀点位置，主轴旋转
N90  Z-15.0  LF                                      //沿 Z 向下刀到距下板面 3mm 处，以保证切透
N100  G41  G01  X5.0  Y5.0  F150  H02  M08  LF       //从起刀点运动到 O′点，并建立左刀补，切削液开启
N110  Y35  LF                                        //铣直线 O′A
N120  X15  Y45  LF                                   //铣直线 AB
N130  X26.8  LF                                      //铣直线 BC
N140  G02  X57.3  Y40.0  R20  LF                     //铣圆弧 CD
N150  G03  X74.6  Y30  R20  LF                       //铣圆弧 DE
N160  G01  X85  LF                                   //铣直线 EF
N170  Y5  LF                                         //铣直线 FG
N180  X5  LF                                         //铣直线 GO′
N190  G40  G00  X-10.0  M05  M09  LF                 //取消刀补，关闭切削液，快速返回起刀点位置
N200  Z20  LF                                        //提刀
N210  M02  LF                                        //程序结束
```

2）按相对坐标编程，其参考程序如下：

```
% P2000                                              //程序名
N10  G54  LF                                         //选择工件坐标系 G54
N20  G91  G00  X-90.0  Y0.0  Z30.0  T1  M06  LF      //相对坐标编程，将刀具快速移到换刀点换上钻头
N30  X140  Y30  LF                                   //刀具快速移动到 φ18mm 孔中心位置
N40  G43  Z-30  H01  S100  M03  LF                   //刀具下降到安全面高度，建立长度补偿，主轴旋转
N50  G01  Z-35.0  F120  LF                           //钻孔加工到距下板面 3mm 处
N60  G49  G00  Z35  M05  LF                          //刀具快速返回到安全面，取消长度补偿
N70  X-140.0  Y-30  Z30  T2  M06  LF                 //快速返回到换刀点换上立铣刀
N80  X90.0  Y0  Z-30.0  S1000  M03  LF               //快速到达起刀点位置，主轴旋转
N90  Z-35.0  LF                                      //沿 Z 向下刀到距下板面 3mm 处，以保证切透
```

```
N100  G41  G01  X15.0  Y5.0  F150  H02  M08  LF  //从起刀点运动到O'点，并建立左刀补，切削液开启
N110  Y30  LF                                    //铣直线O'A
N120  X10  Y10  LF                               //铣直线AB
N130  X11.8  Y0  LF                              //铣直线BC
N140  G02  X30.5  Y-5  R20  LF                   //铣圆弧CD
N150  G03  X17.3  Y-10  R20  LF                  //铣圆弧DE
N160  G01  X10.4  Y0  LF                         //铣直线EF
N170  X0  Y-25  LF                               //铣直线FG
N180  X-80  Y0  LF                               //铣直线GO'
N190  G40  G00  X-15.0  M05  M09  LF             //取消刀补，关闭切削液，快速返回起刀点位置
N200  Z35  LF                                    //提刀
N210  M02  LF                                    //程序结束
```

上述程序中，零件轮廓的粗、精加工时，H02存储值分别为7mm和5mm。

第五节　数控车床编程简介

对于轴类、套类和盘类等回转体零件通常采用数控车床、车削中心进行加工。车削中心是在普通数控车床基础上，增加了C轴和动力刀架，并配有刀库和换刀机械手，可实现X、Z和C三坐标两联动控制，使车削中心除可以进行一般车削加工外，还可以进行凸轮槽、曲线槽的铣削和中心线不在零件回转中心的孔以及径向孔的钻削加工。较之数控镗铣加工编程，数控车床编程具有如下特点：

1）数控车床编程时，可以采用绝对坐标编程、相对坐标编程和混合编程三种方式。当按绝对坐标编程时用绝对坐标指令X和Z进行编程。按相对坐标编程时用相对坐标指令U（X的增量）和W（Z的增量）进行编程。在零件的一个程序段中，可以混合使用绝对坐标指令（X或Z）和相对坐标指令（U或W）进行编程。有的数控车床数控系统，允许采用G90绝对坐标编程指令和G91相对坐标编程指令，实现零件的绝对坐标编程和相对坐标编程。

2）由于零件的径向尺寸，无论是图样尺寸还是测量尺寸都是以直径值来表示，因此数控车床一般采用直径编程方式，即用绝对坐标编程时，X为直径值，用相对坐标编程时，则以刀具径向实际位移量的二倍值作为编程值。由于有的数控系统也提供了半径值编程方式，以及直径值/半径值转换指令，因此要求编程人员编程时须按所使用的数控车床的说明书规定来编程。

3）车削加工常用的毛坯多为棒料或锻件，加工余量较大，需经过多次切除，并且加工过程常常需要多次重复几种固定典型的动作顺序。为简化编程，数控车床控制系统提供了多种不同形式的固定循环功能，在编制车削加工数控程序时，应充分利用这些固定循环功能。

4）编程时，常将车刀刀尖看作一个点，而实际加工中，为提高刀具寿命和工件表面加工质量，精加工时车刀刀尖常被磨成小半径的圆弧。现代数控车床中都有刀具长度和半径补

偿功能。

一、数控车床基本指令

1. 快速移动指令 G00

该指令用于以系统给定的快速速度快速将刀具定位到指定位置。

编程格式：G00 X（U）__ Z（W）__ LF

其中，X、Z 为刀具移动的目标点位置，U、W 表示目标点相对于起点在 *X*、*Z* 轴方向的增量值。

2. 直线插补指令 G01

该指令用于以程序所给定的进给速度 F，以两轴联动方式从当前位置直线插补到目标点位置。

编程格式：G01 X（U）__ Z（W）__ F__ LF

其中，X、Z 为刀具移动的目标点位置，U、W 表示目标点相对于起点在 *X*、*Z* 轴方向的增量值。F 为合成进给速度。车削图 2-33 所示的锥面，其程序为：

用绝对坐标编程：G01 X30 Z10 F30 LF

用相对坐标编程：G01 U20 W-35 F30 LF

用混合坐标编程：G01 X30 W-35 F30 LF

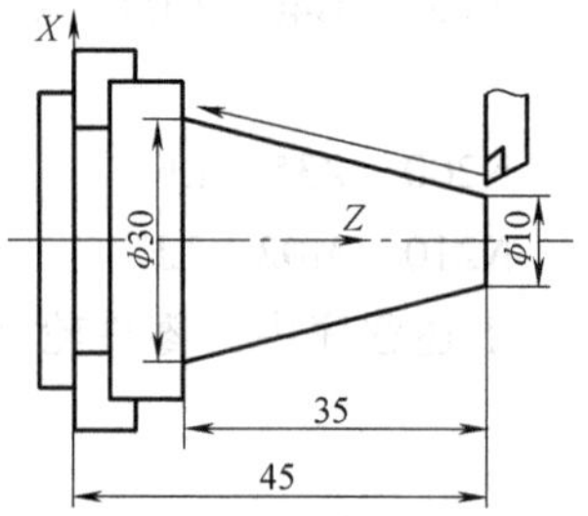

图 2-33 直线插补指令应用

3. 圆弧插补指令 G02、G03

该两指令表示以给定的进给速度 F，顺时针（G02）或逆时针（G03）加工一段圆弧。有以下两种编程格式：

G02/G03 X（U）__ Z（W）__ I__ K__ F__ LF

G02/G03 X（U）__ Z（W）__ R__ F__ LF

其中，I、K 表示圆弧圆心相对于起点坐标在 *X*、*Z* 轴方向的增量值，注意这里 I、K 取实际增量值，R 表示圆弧半径，X、Z 表示圆弧终点坐标，U、W 表示圆弧终点相对于起点在 *X*、*Z* 轴方向的增量值，F 表示加工圆弧的合成进给速度。

二、固定循环指令

对数控车床而言，常以棒料为毛坯，具有较大的加工余量，轮廓表面非一刀加工可完成，数控车削动作固定，因此数控车削提供了多种固定循环指令，以方便编程，缩短程序段的长度。不同数控系统固定循环的代码、形式和使用方法相差甚大，尤其是复合循环。下面以 FANUC 系统为例介绍车削固定循环。FANUC 数控车削系统固定循环分为简单固定循环、复合固定循环和钻孔固定循环三类，这里主要介绍简单固定循环。

1. 外圆面车削固定循环指令 G90

该指令可分为圆柱面车削固定循环和圆锥面车削固定循环。外圆柱面车削固定循环的动作顺序如图 2-34 所示。刀具从循环起刀点开始按矩形循环，最终回到起刀点位置。图中 R 为快速运动，F 为以给定的进给速度工作进给。

圆柱面车削固定循环编程格式为：G90 X（U）__ Z（W）__ F__ LF

其中，X、Z 为圆柱面循环终点坐标值，U、W 为圆柱面终点相对于循环起点的坐标增量值。

外圆锥面车削固定循环动作顺序如图 2-35 所示。圆锥面车削固定循环编程格式为：

G90 X（U）__ Z（W）__ I__ F__ LF

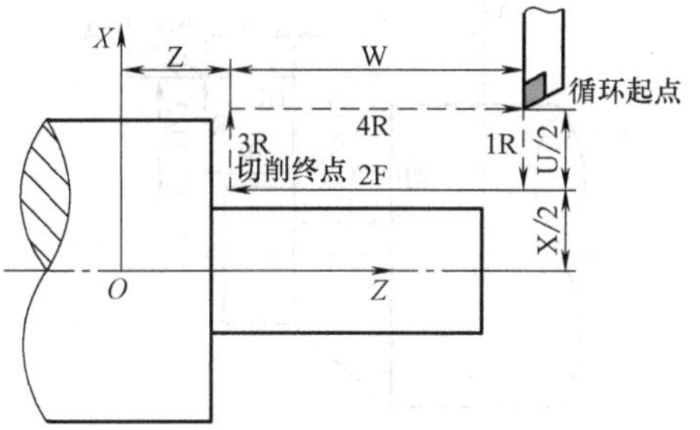

图 2-34　外圆柱面车削固定循环

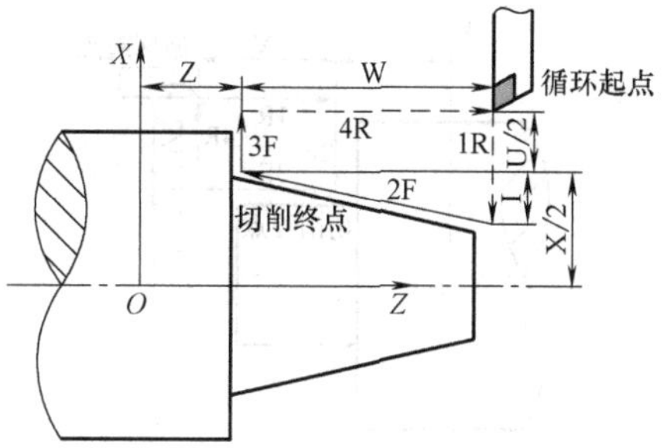

图 2-35　外圆锥面车削固定循环

其中，X、Z 为圆锥面循环终点坐标值，U、W 为圆锥面终点相对于循环起点的坐标增量值，I 为切削起点与圆锥面切削终点的半径差。

2. 螺纹车削固定循环指令 G92

该指令可车削圆柱螺纹和锥螺纹，刀具从循环起点开始按矩形或梯形循环，最后又回到循环起点。外圆柱、外圆锥螺纹车削循环分别如图 2-36、图 2-37 所示，图中刀具路径中 R 为快速移动，F 为工作进给速度运动。

圆柱螺纹编程格式为：G92　X（U）__ Z（W）__　F __　LF

其中，X、Z 为圆柱螺纹循环终点坐标值，U、W 为圆柱螺纹终点相对于循环起点的坐标增量值，F 为进给速度。

圆锥螺纹编程格式为：G92　X（U）__　Z（W）__　I __　F __　LF

其中，X、Z 为圆锥螺纹循环终点坐标值，U、W 为圆锥螺纹终点相对于循环起点的坐标增量值，I 为切削起点与圆锥螺纹切削终点的半径差。

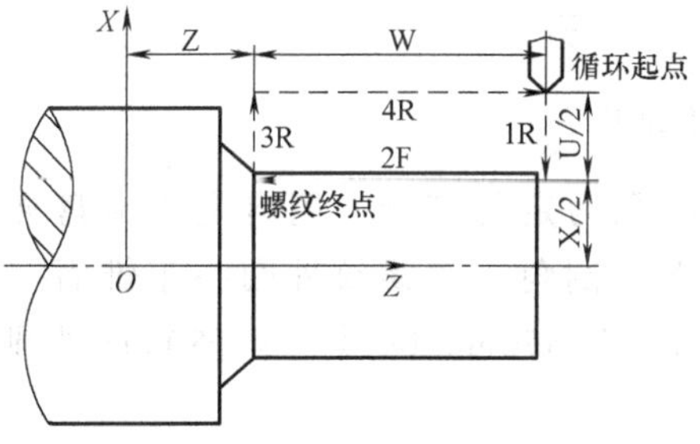

图 2-36　外圆柱螺纹车削循环

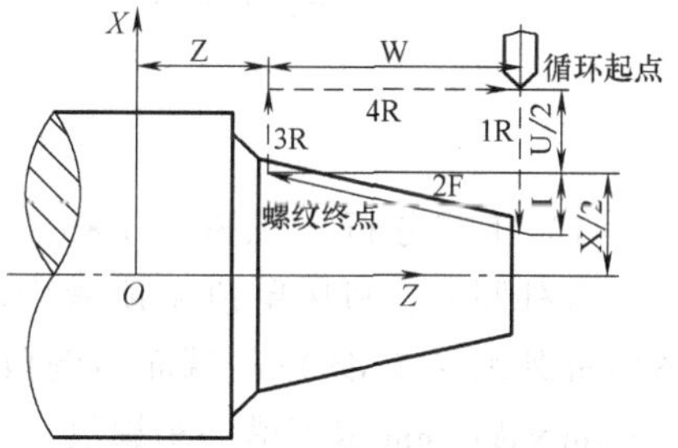

图 2-37　外圆锥螺纹车削循环

3. 端面车削固定循环指令 G94

该指令可分为平端面和锥形端面固定循环指令。可车削平端面和锥形端面，刀具从循环起点开始按矩形或梯形循环，最后又回到循环起点。平端面、锥形端面车削循环分别如图 2-38、图 2-39 所示，图中刀具路径中 R 为快速移动；F 为工作进给速度运动。

平端面固定循环编程格式为：G94　X（U）__　Z（W）__　F __　LF

其中，X、Z 为平端面循环终点坐标值，U、W 为平端面终点相对于循环起点的坐标增量值，F 为进给率。

锥形端面编程格式为：G94　X（U）__　Z（W）__　K __　F __　LF

其中，X、Z 为圆锥端面循环终点坐标值，U、W 为圆锥端面终点相对于循环起点的坐标增量值，K 为切削起点与圆锥端面切削终点在 *Z* 向的距离。

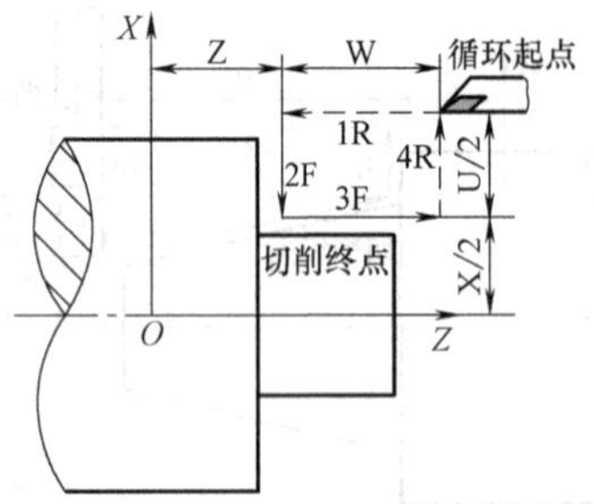

图 2-38　平面端面车削循环

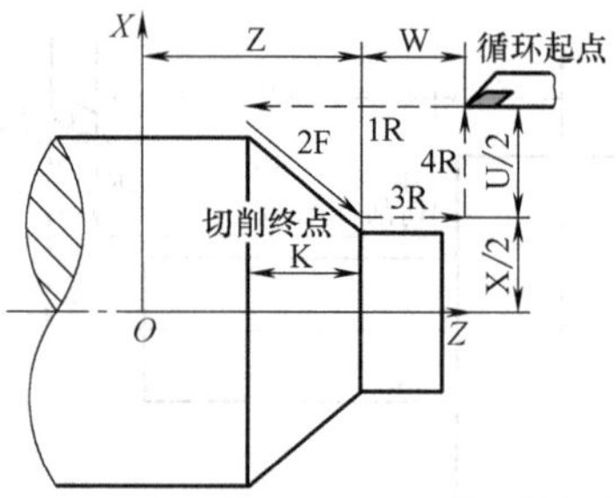

图 2-39　锥形端面车削循环

三、编程实例

【例 2-3】 在 FANUC 数控系统数控车床上加工图 2-40 所示的工件。该工件已进行过粗加工，本工序只需进行精加工，其中 ϕ85mm 外圆不加工，工件材料为 45 钢。

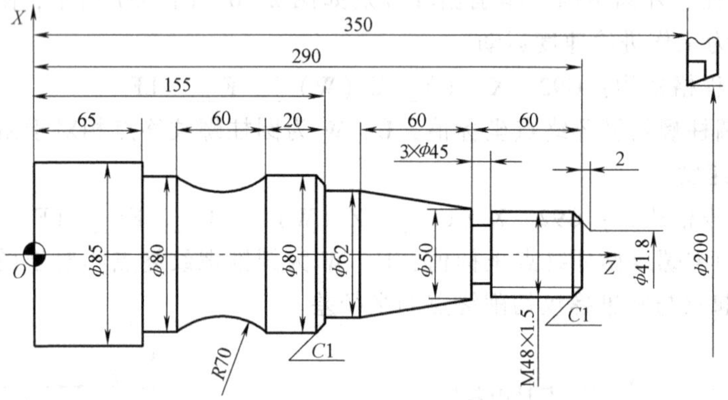

图 2-40　轴类零件车削加工

(1) 工艺分析　工件以 ϕ85mm 外圆及右端中心孔为定位基准，用自定心卡盘夹紧 ϕ85mm 外圆面，机床尾顶尖顶紧中心孔。走刀路线为：倒角→车螺纹外圆→车锥面→车 ϕ62mm 外圆→车 ϕ80mm 端面→倒角→车 ϕ80mm 外圆→车 R70mm 圆弧→车 ϕ80mm 外圆→车 3mm × ϕ45mm 退刀槽→车螺纹。

选用 3 把刀具：T01 车刀车外圆；T02 为宽 3mm 的切槽刀，用于车 3mm × ϕ45mm 退刀槽；T03 为 60° 螺纹车刀，用于车螺纹。

切削用量见表 2-3。

表 2-3　切削用量

切削用量 / 切削表面	主轴转速 S/(r/min)	进给速度 F/(mm/r)
外圆	630	0.15
退刀槽	315	0.16
螺纹	200	1.5

(2) 数学处理　通过对图样进行分析，该零件的数学计算较为简单，可由图样尺寸直接进行编程。在螺纹加工中，若螺距为 P，螺纹基本大径外圆面实际车削尺寸为 $d = D -$

$0.13P=(48-0.13\times1.5)$ mm $=47.8$mm，螺纹基本小径尺寸为 $d_3=D-1.0825P=(48-1.0825\times1.5)$mm $=46.38$mm，分 4 次车削，各次背吃刀量按递减顺序分配，分别为 0.5mm、0.4mm、0.35mm 和 0.17mm。

建立如图 2-40 所示的工件坐标系。

(3) 数控加工程序

```
%  P0001                                           //程序名
N010  G50  X200.0  Z350.0  T01  LF                 //设定工件坐标系
N020  G00  X41.8  Z292.0  M08  S630  M03  LF       //快进至加工起点，并起动主轴
N030  G01  X47.8  Z289.0  F0.15  LF                //倒角
N040  Z230.0  LF                                   //车螺纹大径
N050  X50.0  LF                                    //退刀
N060  X62.0  Z170.0  LF                            //车锥面
N070  Z155.0  LF                                   //车 φ62mm 外圆
N080  X78.0  LF                                    //退刀
N090  X80.0  Z154.0  LF                            //倒角
N100  W-19.0  LF                                   //车 φ80mm 外圆
N110  G02  W-60.0  R70.0  LF                       //车 R70mm 圆弧
N120  G01  Z65.0  LF                               //车 φ80mm 外圆
N130  X90.0  LF                                    //退刀
N140  G00  X200  Z350.0  M05  LF                   //返回起刀点，停止主轴
N150  T02  M06  LF                                 //换 2 号刀
N160  G00  X51.0  Z230.0  S315  M03  LF            //快进至车槽起点，起动主轴
N170  G01  X45.0  F0.16  LF                        //车 3mm×φ45mm 退刀槽
N180  G04  P5.0  LF                                //暂停进给 5s
N190  G00  X51.0  LF                               //退刀
N200  X200.0  Z350.0  M05  LF                      //返回起刀点，停止主轴
N210  T03  M06  LF                                 //换 3 号刀
N220  G00  X55.0  Z296.0  S200  M03  LF            //快进至车螺纹起点，起动主轴
N230  G92  X47.3  Z231.5  F1.5  LF                 //第 1 次螺纹切削循环
N240  X46.9  LF                                    //第 2 次螺纹切削循环
N250  X46.55  LF                                   //第 3 次螺纹切削循环
N260  X46.38  LF                                   //第 4 次螺纹切削循环
N270  G00  X200.0  Z350.0  M09  M05  LF            //返回起刀点，关切削液
N280  M02  LF                                      //程序结束
```

第六节　自动编程简介

数控加工程序的编制是进行数控加工的关键，传统手工编程方法复杂、烦琐，易出错，难于检查，效率低，不能充分发挥数控加工的优势。对一些形状复杂的零件，如自由曲面零

件等，采用手工编程更是根本无法实现，因此手工编程一般仅限于形状简单，编程工作量不大的零件加工程序的编写。采用计算机对形状复杂的零件进行辅助处理和计算，从而实现零件加工程序的自动编写，提高编程效率和程序的正确性。早期主要采用基于自动编程语言的自动编程技术，它将所要加工的零件的几何元素、刀具参数、刀具中心轨迹、加工参数等信息编写成零件源程序输入到数控装置中，经过译码、计算和处理生成刀具路径文件，再经过后置处理后，自动生成零件加工程序，其缺点是编写零件源程序的工作量比较大，并且不够直观。随着计算机技术的发展及大量面向机械工程的CAD/CAM软件的出现，数控编程工作得到了极大简化，数控编程效率大为提高，尤其是针对编程工作量大和复杂形状的零件。

数控编程经历了手工编程、APT语言编程和交互式图形编程三个阶段。交互式图形编程以CAD/CAM软件为基础，CAM软件自动编程具有速度快、直观性好、使用简便、便于检查和修改等优点，已成为目前国内外数控加工中普遍采用的数控编程方法。在CAD/CAM中，零件几何模型是交互式图形编程实现的基础。数控编程的核心是刀位点计算，而对于复杂形状零件的加工，用人工计算数控加工刀位点十分困难。CAD/CAM技术的发展为解决这一问题提供了有力的工具，利用CAD技术生成的产品模型包含了数控编程所需要的完整的产品表面几何信息，CAM软件可针对这些几何信息进行数控加工刀位的自动计算，并通过合适的后置处理程序生成针对某个数控系统某台具体机床的数控加工程序。

现有的商品化的CAD/CAM软件种类较多，功能也十分丰富，均具备了较好的交互式图形编程功能，具有相似的操作过程和编程能力，交互式图形数控编程基本过程及内容如图2-41所示。

1. CAD几何建模

CAD模型是自动编程的前提和基础，CAM是在CAD模型基础上实现的，因此建立零件的CAD模型对于交互式图形自动编程具有重要作用。可通过以下两种方法获取零件CAD模型：

1）利用CAD软件对零件直接建模的方式。比较流行的CAD/CAM一体化软件，如UG、Pro/E、Mastercam都具有功能完善的几何建模能力，它们大都提供了线框建模、表面建模和实体建模等建模功能和方法，利用这些建模工具通过人机交互可以很方便地建立零件的几何模型。

2）数据转换的方式。将使用其他的CAD软件已建立的零件几何模型文件，转换为广为接受的通用文件格式，如IGES、STEP等文件格式，或转化为当前所使用的CAD/CAM可接受的文件格式，并通过标准数据接口读进当前系统中，转化为当前系统的CAD几何模型。

2. 零件加工工艺分析

通过对零件模型的分析，确定工件的数控加工部位，并按其形状特征、功能特征及精度、表面粗糙度要求等将加工对象进行加工分区，在此基础上，对加工工艺路线进行规划，确定加工工艺和加工方式，选择加工刀具、加工工艺参数。

3. 加工参数设置

上述工艺分析和规划结果要通过参数设置来进行具体实施，是利用CAD/CAM软件进行交互式数控编程的主要操作内容，直接影响生成的数控程序的质量。主要参数设置包括：设置切削方式，指定刀具轨迹类型及相关参数；设置加工对象，通过人机对话方式选择要加工

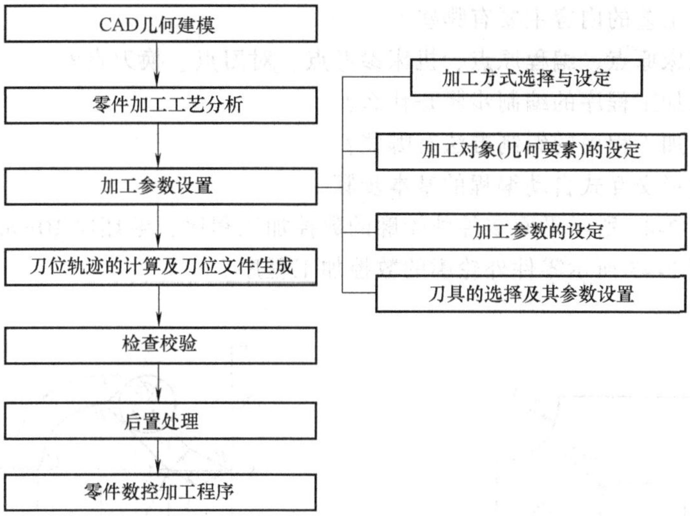

图 2-41　交互式图形数控编程基本过程及内容

的几何体或要加工的区域，指定要避开的区域；刀具选择及设置切削参数，为每个加工工序选择合适的加工刀具及刀具参数，确定合适的切削参数，包括进给速度、主轴转速等；设定加工程序参数，包括进退刀方式、行间距、切削用量、加工余量、安全高度等。

4. 刀位轨迹的计算及刀位文件生成

在选定好所要加工的几何要素或加工区域以及完成加工程序相关参数设置后，由 CAD/CAM 软件自动进行零件的加工轨迹计算，并对加工过程进行仿真，生成刀位文件（CL 文件）。

5. 检查校验

为确保程序的安全性及其正确性，必须对生成的刀具轨迹进行检查校验，包括检查刀具与工件及夹具是否会发生干涉，检查刀具路径有无过切或者欠切。在已建立的计算机几何模型上，通过对视角的不同转换、旋转、放大、平移等操作查看生成的刀具路径，或在零件三维实体模型上模拟实体切削，仿真加工过程，观察加工效果。对发现问题的程序，通过调整加工程序参数，计算并生成新的刀具中心轨迹。

6. 后置处理

后置处理实际上是一个文本编辑处理过程，通过后置处理，可将刀位文件转化为符合所使用机床规定的格式和代码的数控加工程序。针对市场上普遍应用的一些数控机床，CAD/CAM 软件系统都提供了丰富的后置处理程序，用户也可根据自己的使用要求开发自己的后置处理程序。通过选择合适的后置处理程序，可将生成的刀位文件转化为满足特定的数控机床规定的标准程序格式的数控加工程序并输出保存。在后置处理生成数控加工程序之后，需对其进行检查，特别是要对程序头及程序尾部分的语句进行检查，必要时可对其修改，以适应所使用的数控机床。

在上述过程中，编程人员主要完成 CAD 几何建模、零件工艺分析及加工参数设置等工作，其余工作则由计算机自动完成。

习题

1. 数控加工工艺的内容主要有哪些？
2. 什么是机床原点、编程原点、机床参考点、对刀点、换刀点？
3. 数控机床加工程序的编制步骤是什么？
4. 数控机床加工程序的编制方法有哪些？
5. 试简述图形交互式自动编程的基本步骤。
6. 试编写图 2-42 所示平面零件外轮廓的数控加工程序，毛坯厚 10mm，材料为 45 钢。
7. 试编写图 2-43 所示零件外轮廓的数控加工程序。

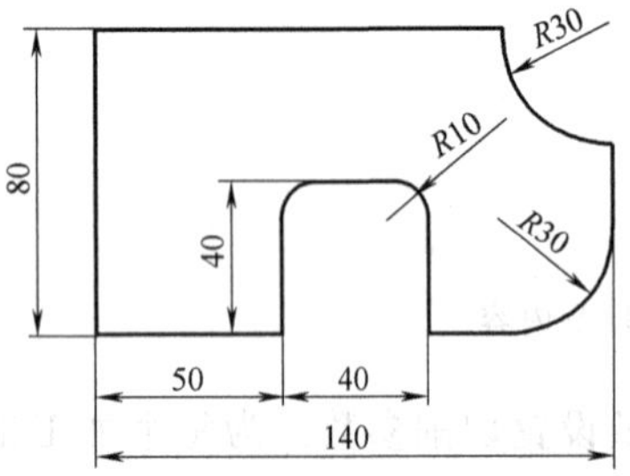

图 2-42　平面零件（一）

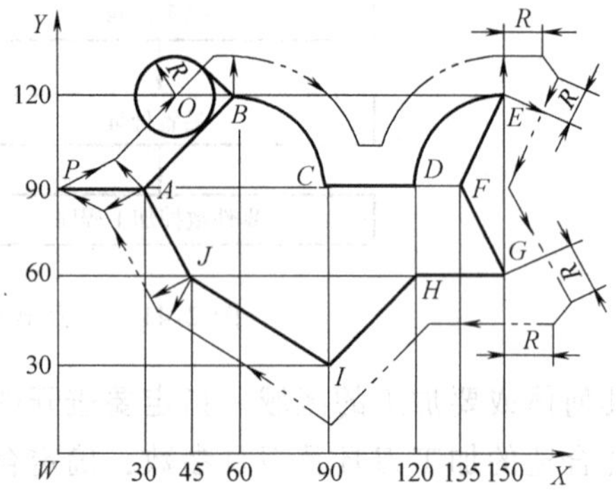

图 2-43　平面零件（二）

8. 试编制精加工图 2-44 所示轴类零件的数控车削程序。

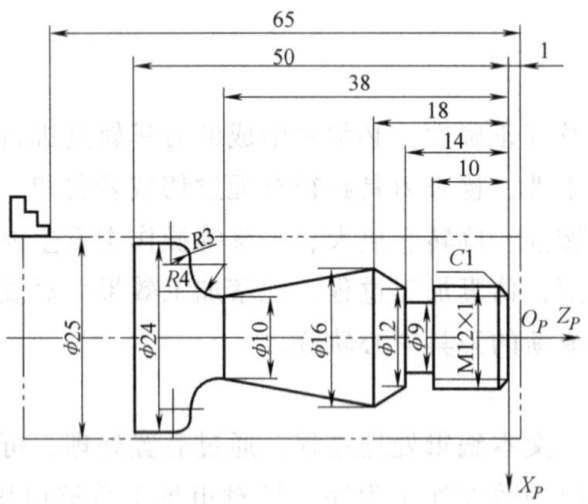

图 2-44　轴类零件

第三章 计算机数控系统硬件及软件

数控系统是数控机床最重要的组成部分，能够在硬件和软件的协同作用下，完成对数控机床的控制、协调、诊断等任务。计算机数控系统（CNC）是在硬件数控（NC）基础之上，随着计算机技术的发展而发展起来的，由软件来实现其部分或全部控制功能。CNC 系统由数控程序、输入装置、输出装置、计算机数控装置（CNC 装置）、可编程序控制器（PLC）、主轴驱动装置和进给（伺服）驱动装置（包括检测装置）等组成，这几部分之间通过 I/O 接口互连。CNC 系统通过系统控制软件配合系统硬件，合理地组织、管理数控系统的输入、数据处理、插补和输出等信息，控制执行部件，使数控机床按照操作者的要求进行自动加工。

CNC 装置作为数控系统的核心，实质上是一种专用计算机，它除了具有一般计算机的结构外，还有和数控机床功能有关的功能模块结构和接口单元。CNC 装置由硬件和软件组成，软、硬件相互依赖，软件在硬件的支持下运行，离开软件，硬件便无法工作，两者缺一不可。

第一节 数控系统硬件构成

一、CNC 硬件组成

数控系统以硬件为基础，在系统软件和控制软件的支持下进行工作。随着电子技术、伺服驱动技术、通信技术等相关支撑技术的不断发展，根据机床控制、安装要求和经济性要求等的不同，出现了多种结构形式的数控系统。但 CNC 装置一般都包括人机接口部分、运动控制部分、I/O 控制（PLC）部分、程序输入/输出接口、数据通信接口等部分，如图 3-1 所示。

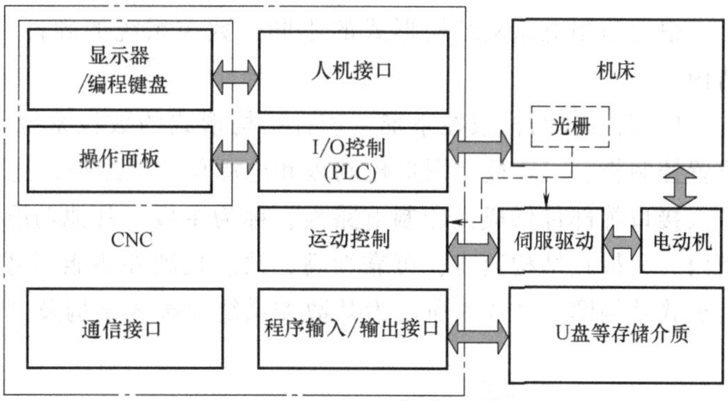

图 3-1 CNC 数控系统硬件组成及连接

二、CNC 系统硬件结构形式

迄今为止，出现了多种结构形式的数控系统，按照硬件结构不同，可将其分为以下几类。

1. 一体式结构和分体式结构

从数控系统的总体安装结构来分有一体式结构和分体式结构。

一体式结构的数控系统是将显示和数据输入、输出面板，机床控制面板以及功能模块板等集中安装在同一机箱内，其优点是结构紧凑、便于安装，但有时可能造成某些信号连线过长。分体式结构通常把显示和数据输入、输出面板以及操作面板等集成为一个部件，而把各功能模块安装在另一个机箱内，两者用导线或光纤相连接。有些数控机床因控制的要求，通常也将操作面板独立作为一个部件，分体式结构更有利于更换和安装。随着人们对超薄数控系统需求的加强，越来越多的 CNC 系统选择一体式结构，在一体式结构中，系统板被放在显示器背后的插槽中。图 3-2 所示是 FANUC 一体式系统结构图。

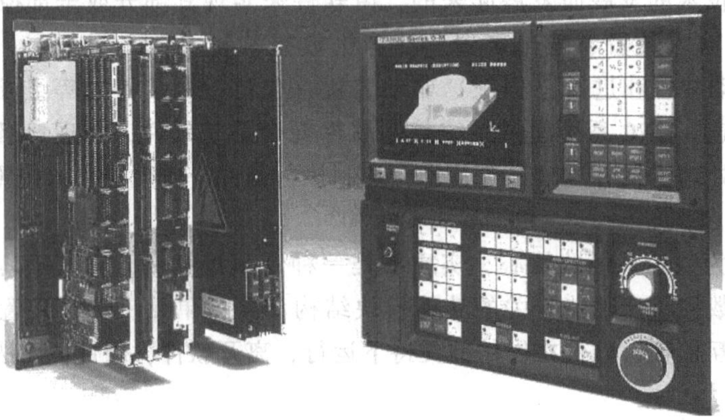

图 3-2 FANUC 一体式系统结构图

2. 大板式结构和模块化结构

根据印制电路板结构形式的不同，数控系统的硬件结构又可分为大板式结构和模块化结构。

1）大板式结构数控系统。该种结构形式的数控系统与常用的 PC 相似，它由主电路板、位置控制板、PLC 板、图形控制板和电源单元等组成。主控电路、位置控制电路、位置反馈输入接口等部件做成大印制电路板，称为主板，其他功能模块电路板做成小板插在大板的插槽内。大板式结构紧凑，可靠性高，缺点是硬件功能不易变动，灵活性差。图 3-2 左图即为大板式结构图，图 3-3 所示为某数控系统大板式结构及其平面示意图。

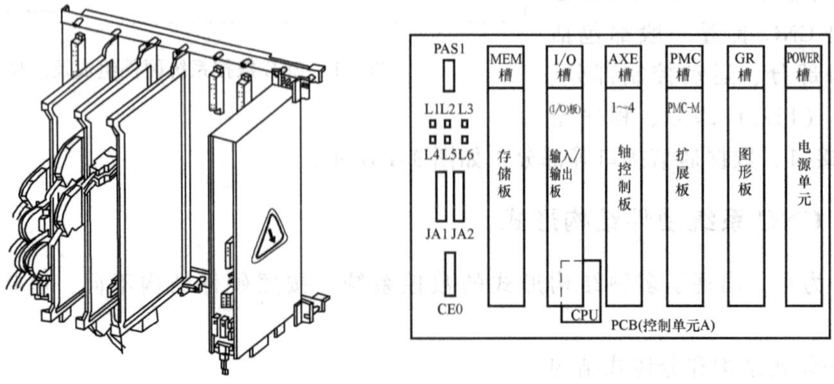

图 3-3 某数控系统大板式结构及其平面示意图

2）模块化结构数控系统。该结构形式是将整个装置按功能划分为若干个功能模块，每个功能模块的硬件和软件按模块化设计思想设计成尺寸相同的印制电路板（称为功能模板），各板均可插到符合相应工业标准总线的母板的插槽内。可根据用户需要，选用不同的功能模块，采用搭积木形式构成满足不同用户需要的CNC装置。模块化结构设计简单，调试与维修方便，具有良好的适应性和扩展性。图3-4所示是西门子系统的模块化结构。

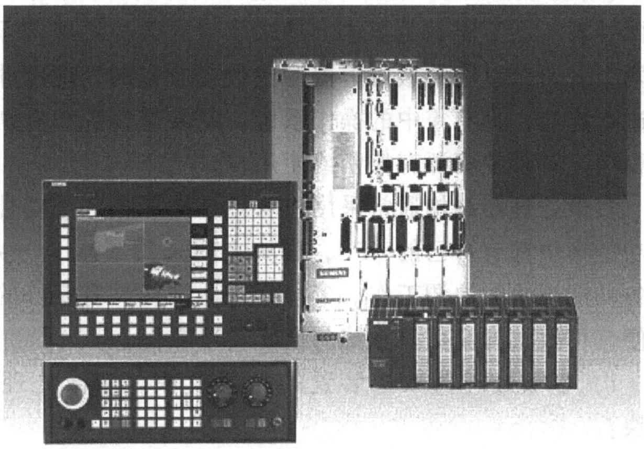

图3-4 西门子系统的模块化结构

3. 单微处理器结构和多微处理器结构

根据数控装置中微处理器的数量可分为单微处理器结构（或称主从结构）和多微处理器结构（或称多主结构）。

（1）单微处理器结构 这种结构只有一个处理器，它以CPU为核心，通过总线与存储器以及各种接口相连，采取集中控制、分时处理的工作方式，完成数控加工中的各种任务，如图3-5所示。由于单微处理器数控装置只有一个CPU，其功能受到CPU字长、数据宽度、处理速度、寻址能力等因素的限制。有些数控装置为了提高处理能力，常采用增加协处理器的方式以提高运算速度，对于这种数控装置，虽有两个以上的微处理器，但其中只有一个微处理器能够控制系统总线、占有总线资源，其他微处理器只作为专用的智能部件，不能控制系统总线，不能访问主存储器，从而组成主从结构，因此也属于单微处理器结构。单微处理器的特点是结构简单，易于实现，成本低，通常多用于经济型数控系统中。

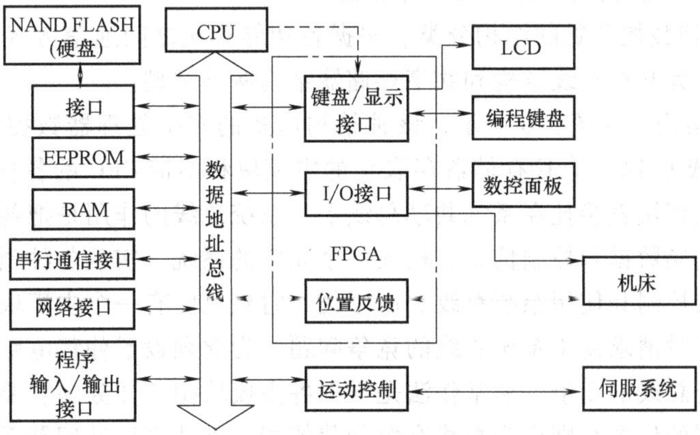

图3-5 单微处理器结构示意图

（2）多微处理器结构　随着数控系统功能的增加、数控机床加工速度及精度的提高，单微处理器已不能满足要求，越来越多的数控系统都采用了多微处理器结构。这种结构中，由两个或两个以上的微处理器构成数控装置的处理部件，各微处理器通过数据总线或通信接口进行连接，具有集中的操作系统，并共享资源，分别分担系统的一部分工作，各自独立执行程序，对系统资源有控制或使用权。

多微处理器结构通常采用模块化结构形式。按功能的不同将系统划分为多个功能模块，各功能模块都有自己的 CPU，模块之间采用紧耦合，并通过数据通信和数据共享技术，实现各功能模块的协调工作。多微处理器结构具有良好的灵活性和扩展性，且结构紧凑、安装方便，可大大提高数控系统的性能和可靠性。

1）多微处理器数控装置的功能模块。多微处理器数控装置一般包括以下基本功能模块：

① 管理模块。该模块实现组织和管理整个 CNC 系统的功能，完成系统的初始化、中断管理、总线仲裁、系统出错识别和处理以及系统软硬件的诊断等功能。

② 插补模块。该模块完成零件程序的译码、刀具半径补偿、坐标位移量的计算和进给速度处理等插补前预处理，并进行插补计算，为各坐标轴提供位移指令。

③ PLC 模块。该模块实现零件程序中的开关量的控制功能，对来自机床的信号进行逻辑处理，实现机床电气设备的开启、关停、刀具交换、转台分度、工件数量和运转时间的计数等功能。

④ 位置控制模块。该模块将插补后的坐标位置给定值与由位置检测装置测得的位置实际值进行比较，求出差值，通过系统增益调整，进行自动加减速、回基准点、伺服系统滞后量的监视和漂移及误差补偿等工作，最后得到并输出速度控制模拟电压（或数字信号），用于控制伺服进给电动机运行。有些数控装置也将主轴控制划入位置控制模块。

⑤ 主轴模块。该模块实现主轴的速度控制和转向控制。

⑥ 面板操作控制及显示模块。该模块实现零件程序、参数和数据以及各种操作命令的输入、输出以及显示所需的各种接口电路和程序。

⑦ 存储器模块。该模块存放程序和数据的主存储器，是各功能模块间数据传送的共享存储器。每个 CPU 控制模块中还有局部存储器。

2）多微处理器数控装置的结构分类。根据各功能模块之间通信方式的不同，可将多微处理器数控装置分为共享总线结构和共享存储器结构两种类型。

① 共享总线结构。如图 3-6 所示，该种结构形式的多微处理器数控装置将其各功能模块分为带有 CPU 或 DMA（直接存储器存取）的主模块和不带 CPU 的各种 RAM/ROM 或 I/O 从模块两大类，主模块直接挂在系统共享总线上。系统总线的作用是把各个模块有效地连接在一起，按要求交换数据和控制信息，构成一个完整的系统，实现各种预定的功能。这种结构只有主模块有权控制和使用系统总线。由于任一时刻只能有一个主模块占有总线，因此会引起多个主模块同时请求使用系统总线的竞争问题，为此须设置仲裁电路来裁决多个主模块同时请求使用系统总线的竞争。通常作法是根据各主模块担负任务的重要性将其赋予不同的优先级别，以不同的优先级别作为总线竞争仲裁依据。支持多微处理器系统的总线都有总线仲裁机构，通常有串行方式和并行方式两种裁决方式。

串行总线裁决方式中，优先权的排列是按链接位置决定的，某个主模块只有在前面优先

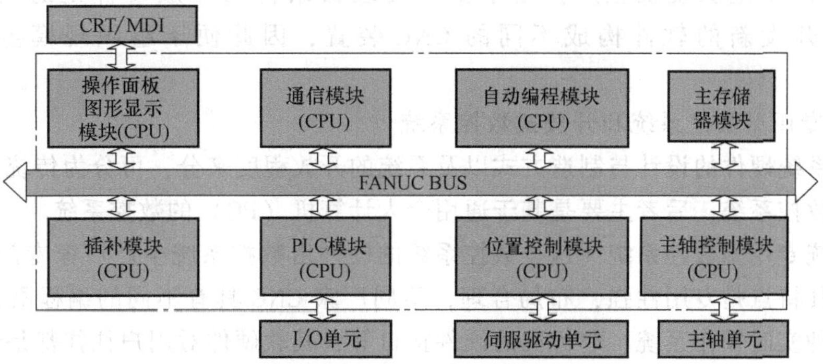

图 3-6 FANUC 15i 共享总线结构图

级别高的主模块不占用总线时，才可使用总线，同时通知它后面优先权较低的主模块不得使用总线。而并行总线裁决方式中，需配置专用逻辑电路来解决主模块的判优问题，通常采用优先权编码方案来实现。

共享总线结构配置灵活简单，成本较低，因此经常被采用。缺点是信息传输率降低，一旦总线出现故障，则会造成整个系统瘫痪从而影响全局。

② 共享存储器结构。共享存储器的多微处理器结构如图 3-7 所示，通常采用多端口存储器来实现各微处理器之间的连接和通信。存储器的每个端口都配备有一套数据、地址和控制线，以供端口访问。它通过多端口控制逻辑控制电路来解决访问冲突问题，由内部硬件裁决其中一个端口进行优先访问。由于任一时刻只能有一个微处理器对多端口存储器进行读或写，当功能复杂、微处理器数量增多时，常因争用共享存储器而造成信息传输的阻塞，使系统效率降低，因此这种结构功能扩展比较困难。

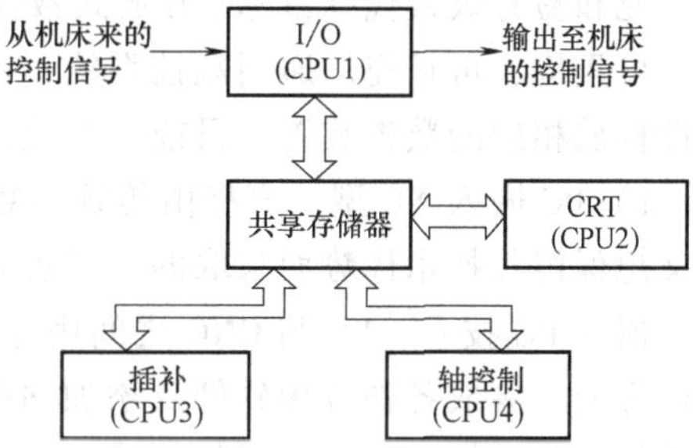

图 3-7 共享存储器的多微处理器结构

3）多微处理器数控系统的特点。

① 计算处理速度高。多处理器结构中各处理器仅完成系统中指定的一部分功能，并可独立、并行运行程序，因此与单微处理器相比具有较高的计算处理速度，能实现系统资源共享，具有较高的性价比，可适应多轴控制、高速、高精度、高效率的数控要求。

② 可靠性高。由于系统中每个微处理器分管各自的任务，形成了若干独立模块，模块更换方便，某个模块的故障不致影响整个系统运行，使之对系统的影响降到最低。共享资源省去了重复机构，降低了成本，也提高了系统的可靠性。

③ 具有良好的适应性和扩展性。多微处理器的 CNC 装置大都采用模块化结构，可将微处理器、存储器、输入/输出控制等组成独立的硬件模块，其相应的软件也是模块结构，固化在硬件模块中，构成一个特定的功能单元即功能模块。功能模块间有明确定义的接口，彼此之间可以进行信息交换，因此用户可以根据需要选用合适的功能模块，采用搭积木的方式构成满足自己具体需要的 CNC 系统，因而具有良好的适应性和扩展性。

④ 硬件易于组织规模生产。由于多微处理器结构的一般硬件是通用的，易于配置，可通过开发新的软件构成不同的 CNC 装置，因此便于组织规模生产，并形成批量。

4. 传统专用型数控系统和开放式数控系统

从数控系统硬件的设计与制造方式以及系统的开放程度来分，可分为传统专用型数控系统和开放式数控系统，后者主要是基于通用个人计算机（PC）的数控系统。

（1）传统专用型数控系统　这类数控系统的硬件由数控系统生产厂家专门设计和制造，自行开发，其特点是专用性强，布局合理，不同厂家 CNC 具有不同的编程语言、专用的人机接口、多种实时操作系统、非标准的硬件接口等，其软硬件对用户往往都是封闭的，大多经长时间的使用和改进，系统质量和性能稳定可靠。其缺点是由于其固有的封闭性特点，机床用户无法对系统进行重新定义和扩展，很难满足用户的特殊要求；缺乏与其他控制设备进行高速互连的有效通道，使各设备以自动化“孤岛”形式存在，为企业的网络化和信息化发展带来了困难；缺乏灵活的人机界面，系统的培训和维护费用高，其功能不能得到充分发挥。固有的封闭性特点的存在造成了传统专用型 CNC 系统使用和维护的不便，限制了其功能的扩展及系统的集成。

（2）开放式数控系统　开放式体系结构主张采用通用计算机及其配套模块，组成一个开放式体系结构的系统，实现 CNC 系统标准化和模块化以及数控机床产品系列化、可兼容、可扩充和易升级换代等目标。开放式数控系统是一种以工业 PC 为 CNC 装置支撑平台的模块化、可重构、可扩充的通用数控系统，由各数控厂商根据需要配备上自己的控制卡以及控制软件构成相应的数控装置。目前，开放式数控系统的配置形式通常有三种：

1）PC 嵌入 NC 型。直接由传统的数控系统改进而来，是数控系统制造商为了弥补不足而又想保留其技术优势而采取的一种折中的方案，即在传统的专用数控机床中扩展出 PC 接口，嵌入 PC 技术，PC 与 CNC 之间用专用总线连接，由 PC 负责非实时的处理任务，以丰富人机界面、集成各种应用软件及添加网络接口等，并由 NC 负责实时控制，以此保留原有数控系统的封闭性。由于实现的仅是人机控制层的开放性，因此只具有半开放的特点。目前市场上的 SIEMENS 840D 系统、NUM1060 系统、FANUC 公司的 16i/18i/21i 系统等均属于这种形式。

2）NC 嵌入 PC 型。这种结构即“运动控制器 + PC”型，它是将运动控制卡或整个 NC 单元插入到 PC 的扩展插槽中，采用以 PC 为硬件平台的数控系统。这种数控系统由 NC 负责系统的实时控制，PC 用作非实时处理。它能够方便地用来实现人机界面、制定个性化的操作规则，不但实现了人机控制层的开放，而且利用所嵌入运动控制卡的功能选择性、二次开发性，实现了系统内核控制层的部分开放。典型产品如美国 Delta Tau 公司的 PMAC-NC 数控系统、日本 MAZAK 公司的 MAZATROL 640CNC 以及国内如华中数控、固高公司的运动控制器等。

3）全软件型 NC。全软件型 NC 是最新提出的关于开放式数控系统的实现方式，它将数控系统看成是基于 PC 的一个应用软件，数控系统的所有控制功能均由安装在 PC 机上的控制软件来实现。采用这种方式可充分利用软件开发技术实现数控系统全方位的开放，具有最大的灵活性，最高的性价比。其代表性产品有美国 MDSI 公司开发的 Open CNC 以及德国 Power Automation 公司的 PA8000 NT。

第二节　CNC 系统的软件结构

一、CNC 系统的软件组成

CNC 装置的软件是为了完成数控机床的各项功能专门设计和编制的专用软件，通常称为系统软件。CNC 系统的软件由管理软件和控制软件两大部分组成，如图 3-8 所示。其中，管理软件主要包括数据输入、I/O 处理、通信、诊断和显示等功能。管理软件不仅要对加工过程的各程序进行调度，还要对面板命令、时钟信号、故障信号等引起的中断进行处理。控制软件包括速度控制、插补和位置控制、开关量控制、译码以及刀具补偿等功能。

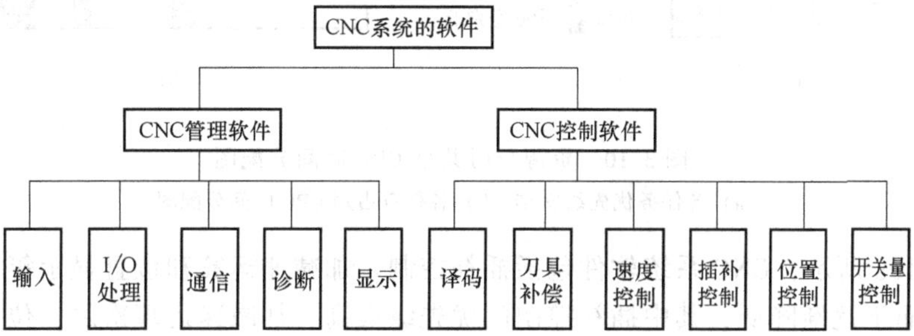

图 3-8　CNC 系统的软件组成

二、CNC 系统的软件结构特点

无论硬件是采用单微处理器结构还是多微处理器结构，CNC 系统的软件结构都具有两个特点：多任务并行处理和多重实时中断处理。

数控系统是一个典型的实时多任务控制系统，CNC 系统软件又可看作一个多任务实时操作系统。数控加工时在很多情况下，为了保证控制的连续性和各任务执行的时序配合要求，CNC 系统管理和控制的某些工作必须同时进行，而不能逐一处理。例如，机床进行切削加工时，为了使操作人员能及时了解 CNC 系统的工作状态，管理软件中的显示模块必须与控制软件同时运行。在插补工作时，加工程序输入程序必须与控制程序同时运行。而当控制程序运行时，本身的一些处理程序也必须同时运行，如为了保证加工过程的连续性，译码、刀具补偿和速度处理程序必须与插补程序同时运行，而插补程序又必须与位置控制程序同时运行，如图 3-9 所示。

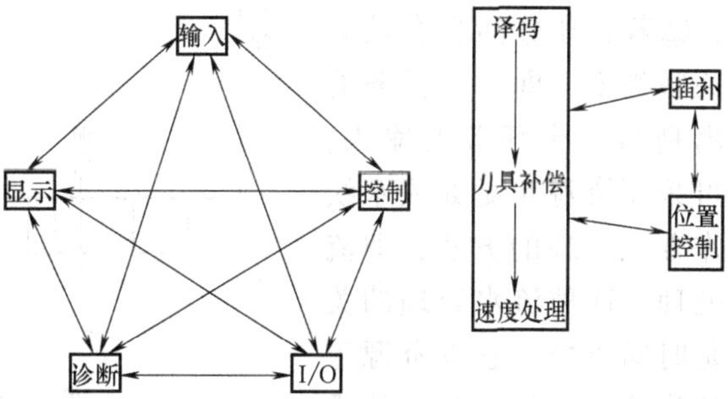

图 3-9　CNC 系统的多任务并行处理

并行处理是指计算机在同一时间完成两种或两种以上的性质相同或不同的

工作，其最大好处是提高了运算速度和程序运行效率。并行处理的方法有资源分时处理、并发处理和流水处理。采取何种方法不仅取决于任务的属性，还与系统的硬件密切相关。

（1）资源分时共享　在单微处理器 CNC 装置中，根据各任务实时性的要求，在规定的时间长度内分配其占用 CPU 的时间，使其分时共享系统的资源。实现资源分时共享的关键问题是各任务的优先级分配问题和各任务占用 CPU 的时间长度，即时间片的分配问题。图 3-10 所示是一个典型的 CNC 装置多任务分时共享 CPU 时间分配图。

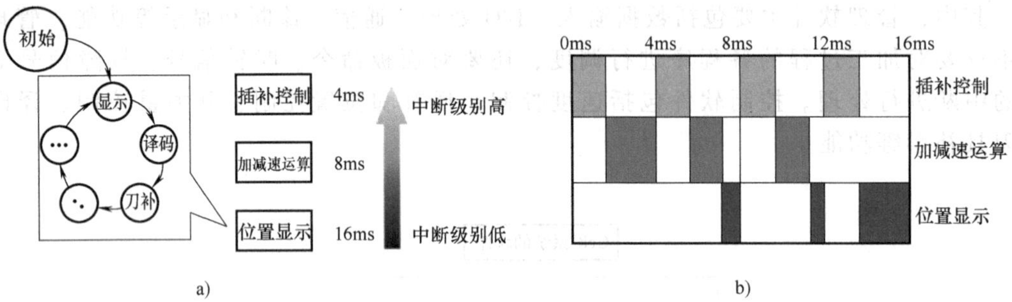

图 3-10　资源分时共享 CPU 时间分配图

a）各任务优先级安排　b）各任务占用 CPU 时间分配图

如图 3-10a 所示，CNC 系统软件包括插补控制、加减速运算和位置显示等三个任务，其优先级自上而下逐渐降低，其中插补控制的优先级最高，加减速运算次之，位置显示的优先级最低。对于该系统，插补控制任务每 4ms 执行一次，加减速运算每 8ms 执行—次，两个任务都由定时中断激活，当插补控制和加减速运算都不执行时便执行位置显示。系统的运行顺序是在完成初始化后，自动进入位置显示。优先级高的任务（如插补控制或加减速运算任务）可以随时中断位置显示程序的运行，插补控制也可中断加减速运算的运行。

资源分时共享技术具有如下特征：①在任何一个时刻只有一个任务占用 CPU；②在一个时间片（如 8ms 或 16ms）内，CPU 并行地执行了两个或两个以上的任务。因此，资源分时共享的并行处理只具有宏观上的意义，从微观上来看各个任务还是逐一执行的。

（2）并发处理和流水处理　在多 CPU 结构的 CNC 系统中，根据各任务之间的关联程度，可采用以下两种并行处理技术：①若各任务间的关联程度不高，则可让其分别在不同的 CPU 上同时执行，即并发处理；②若各任务间具有较高的关联程度，即一个任务的输出是另一个任务的输入，则可采用资源重叠如流水线工作方式处理的方法，即流水处理。这种流水处理的关键是时间重叠，它以资源重复的代价，换得时间上的重叠，或者以空间复杂性换取

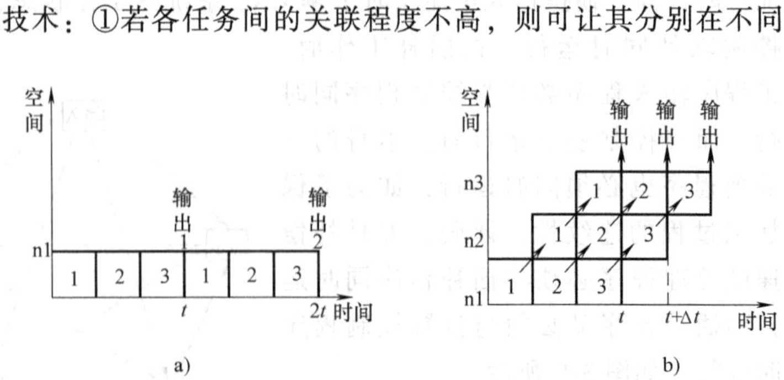

图 3-11　流水处理与顺序处理的示意图

a）顺序处理　b）流水处理

时间上的快速性。

图 3-11 所示是流水处理与顺序处理的示意图。以插补准备为例，译码处理、刀补处理、速度处理分别为任务 1、2、3，每个任务的处理时间分别为 Δt_1、Δt_2、Δt_3，若以顺序方式处理每个程序段，则时间空间关系如图 3-11a 所示。以流水方式处理每个程序段，时间空间关系如图 3-11b 所示。显然流水处理大大缩短了输出时的时间间隔。

三、CNC 软件任务的实时中断处理

CNC 系统是一个专用的实时多任务系统，该系统中各任务的执行或强或弱都具有实时性要求。所谓实时性是指任务的执行有严格的时间要求，任务必须在允许的时间内完成，否则将导致执行结果有误或无法完成而显示系统故障。CNC 系统的多任务性和实时性决定了中断是整个系统必不可少的重要组成部分。CNC 装置的中断管理主要靠硬件完成，而系统的中断结构决定了 CNC 装置软件的结构。CNC 装置的中断类型有以下四种。

（1）外部中断　它主要有外部监控中断和键盘操作面板中断。通常前一种中断的实时性要求较高，把它设置在较高的优先级上，将键盘和操作面板输入放在较低的中断优先级上。

（2）内部定时中断　它主要有插补周期定时中断和位置采样定时中断。有些系统这两种中断合二为一。在处理时，总是先处理位置控制，再处理插补运算。

（3）硬件故障中断　它是由各种硬件故障检测装置发出的中断，如存储器出错、定时器出错、插补运算超时等。

（4）程序性中断　它是程序中出现的各种异常情况的报警中断，如各种溢出、除零等。

四、CNC 装置的软件结构

目前 CNC 装置软件主要有前后台型结构模式、中断型结构模式以及开放式软件结构模式。所谓结构模式是指系统软件的组织管理方式。系统软件通过一定的结构模式来组织和协调各个任务的执行，使各任务满足一定的时序配合要求和逻辑关系，从而实现 CNC 系统的各种控制要求。

1. 前后台型软件结构

该模式将 CNC 系统软件划分成前台程序和后台程序两部分，其中前台程序主要完成插补运算、位置控制、故障诊断等实时性很强的任务，它是一个实时中断服务程序；而后台程序（背景程序）主要完成显示、零件加工程序的编辑管理、系统的输入/输出、插补预处理（译码、刀补处理、速度预处理）以及管理等弱实时性的任务，它是一个循环运行的程序。如图 3-12、图 3-13 所示，后台程序运行的过程中，前台实时中断程序不断插入，与后台程序相配合共同完成零件加工任务。

前后台型软件结构特点是该软件结构采用的任务调度机制是优先抢占调度和顺序调度。前台程序是优先抢占式的，前台程序内部、后台程序内部各子任务采用的是顺序调度，程序和子任务间的信息交换是通过缓冲区实现的，会产生停滞，因而实时性差。程序模块间依赖关系复杂，功能扩展困难，程序运行时资源不能合理协调。这种结构形式一般用于单 CPU 硬件及控制功能简单的早期的数控系统。

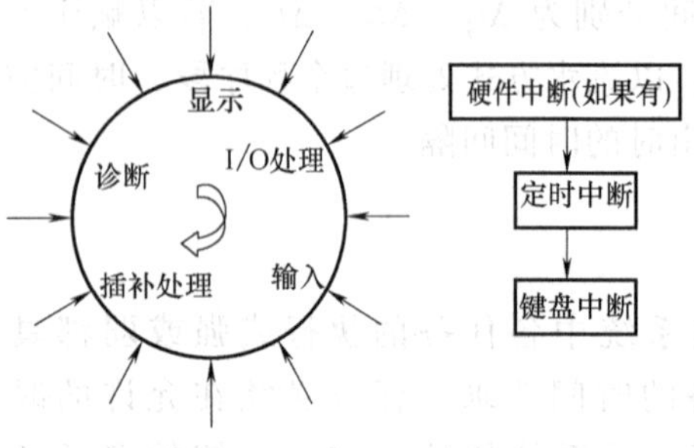

图 3-12　前后台型软件结构

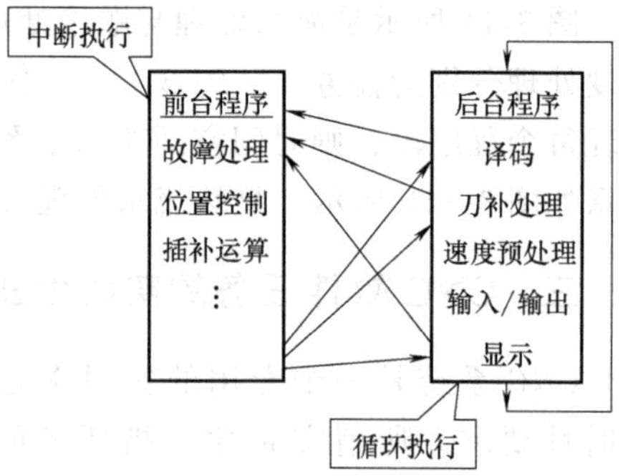

图 3-13　前后台型结构程序运行关系图

2. 中断型软件结构

中断型软件结构没有前后台之分，除了初始化程序外，根据各控制模块实时的要求不同，把控制程序安排成不同级别的中断服务程序，控制程序一般被分为 8 级中断程序，其中，7 级中断级别最高，0 级中断级别最低。由于控制面板涉及急停等任务，安排在最高级别，位置控制被安排在6 级，其原因在于刀具运动的实时性要求高，系统在不涉及安全的前提下，必须提供及时的服务。而显示级别最低，在满足其他中断的情况下才进行显示。图 3-14 所示是一个典型的中断型结构模式图。中断型软件结构的整个软件是一个大的多重中断系统，系统的管理功能主要通过各级中断服务程序之间的通信来实现。20 世纪 80 ~90 年代初的 CNC 系统软件大多采用这种结构。这种软件结构，任务的调度采用优先抢占调度机制。各级中断服务程序之间的信息交换通过缓冲区进行。

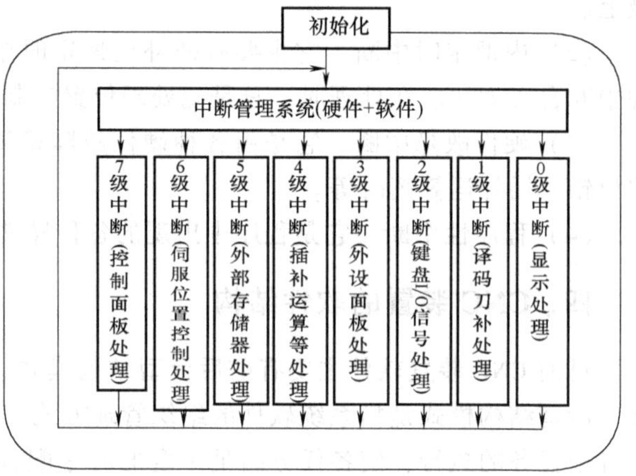

图 3-14　中断型结构模式图

3. 开放式数控系统软件结构

传统软件结构模式采用的是单一流程加中断控制的机制，一旦开发完毕，就形成了一个完全封闭的系统，若想对系统进行功能修改或扩充将是很困难的，即便是系统的原开发者也难以进行。

开放式数控系统除了使硬件模块具有统一的接口及互换性外，更重要的是使数控系统软件各模块之间具有一致的接口及互换性，方便用户对其进行功能扩展，易于融入新技术，降低了使用成本。该种数控系统采用实时操作系统的结构模式，具有通用操作系统的功能，任务管理、多种实时任务调度机制（如优先级抢占调度、时间片轮转调度等）、人机间的通信机制（如邮箱、消息队列、信号灯等）等功能。

（1）开放式数控系统软件结构模式的优点

1）弱化功能模块间的耦合关系。传统结构模式结构复杂，各功能模块之间逻辑上的耦合关系复杂，时序配合密切。开放式系统采用实时操作系统，设计者只考虑模块本身功能的实现，并按实时操作系统的规定在其上加上任务控制模块即可，各模块间的调用、信息交换等功能都由实时操作系统来实现。

2）系统的开放性和可维护性好。在此模式下，系统要修改或扩充功能，只需将新编好的任务模块挂到实时操作系统上，按操作系统的要求进行编译即可。

3）减少系统开发的工作量。在CNC装置软件开发中，系统内核（任务管理、调度、通信机制）的设计开发往往是很复杂的，而且工作量相当大，以现有的实时操作系统为内核时，即可大大减少系统的开发工作量和开发周期。

（2）开放式数控系统软件结构模式开发的方法　目前主要有两种方法：

1）在商品化的实时操作系统下开发CNC装置软件，国外有些著名厂家采用了这种方式。

2）将通用PC操作系统（DOS、WINDOWS、Linux）扩充扩展成实时操作系统，然后在此基础上开发CNC装置软件，国内的一些厂家采用这种方式。

第三节　CNC系统的PLC

一、PLC在数控机床上的结构形式

作为自动化控制设备，数控机床的控制部分大体上可分为数字控制和顺序控制两个部分。其中，数字控制部分控制刀具轨迹，主要是数字量的控制；顺序控制部分接受数字控制部分送来的S、T和M等机械顺序动作信息，对其进行译码，转换成辅助机械动作对应的控制信号，使执行环节作相应的开关动作，主要完成开关量的控制任务。

根据PLC与CNC机床的相互关系，PLC在机床上的结构形式有内装型及独立型两种形式。

1. 内装型PLC

内装型PLC与CNC机床的关系如图3-15所示，PLC安装在数控装置内部，具有如下特点：

1）内装型PLC实际上是数控装置本身具有PLC功能。内装型PLC功能通常作为可选功能提供给用户。

2）内装型PLC可与数控系统共用一个CPU，也可以单独有一个专用的CPU。前者利用CNC微处理器的余力来发挥PLC的功能，I/O点数较少；后者由于有独立的CPU，多用于顺序程序复杂、动作速度要求快的场合。

3）内装型PLC硬件电路可与CNC其他电路制作在同一块印制线路板上，也可以单独制成附加印制电路板，供用户选择。当数控系统需要具有PLC功能时，将此板插在数控装置上即可。

4）内装型PLC与CNC其他电路通常装在一个机箱内，共用一个电源和地线，它对外没有单独配置的输入/输出电路，而使用CNC系统本身的输入/输出电路。

5）内装型PLC的性能指标由所从属的CNC系统的性能、规格来确定。其硬件和软件部分被作为CNC系统的基本功能统一设计。具有结构紧凑、适配能力强等特点。

6）PLC 的采用扩大了 CNC 内部直接处理的窗口通信功能，有些内装型 PLC 可利用数控系统的显示器和键盘进行梯形图或语言式编程调试，无需装配专门的编程设备，造价低，提高了 CNC 的性价比。

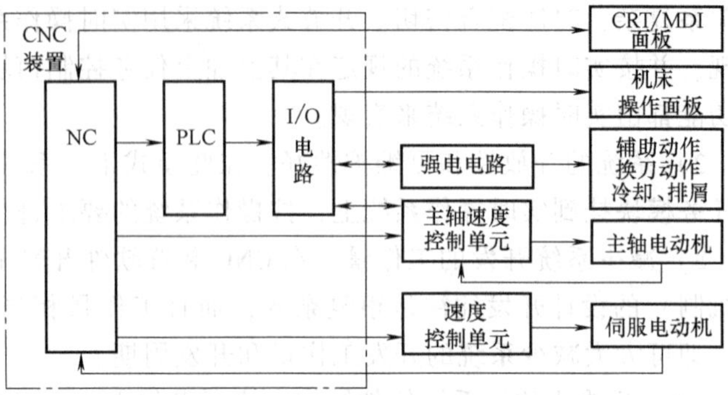

图 3-15　内装型 PLC 结构图

2. 独立型 PLC

独立型 PLC 与 CNC 机床的关系如图 3-16 所示，它处在数控系统外部，本身具有完备的软硬件功能，具有如下特点：

1）独立型 PLC 本身就是一个完整的计算机系统，其本身具有 CPU、EPROM、RAM、I/O 接口以及编程器等外部设备的通信接口、电源等。

2）独立型 PLC 的 I/O 模块种类齐全，可根据数控机床对控制功能的要求灵活选购或自行开发通用型 PLC。一般单机数控设备所需 PLC 的 I/O 点数多在 128 点以下，少数设备在 128 点以上，选用微型和小型 PLC 即可。大型数控机床、FMC、FMS、CIMS，则选用中型和大型 PLC。

3）CNC 和 PLC 装置均有自己的 I/O 接口电路，要实现机床、PLC 与数控系统的连接与通信，需进行 PLC 与 CNC 装置的 I/O 连接，PLC 与机床侧的 I/O 连接，将其对应的 I/O 信号的接口电路连接起来。独立型 PLC 一般采用积木式模块化结构或笼式插板式结构，各功能电路多做成独立的模块或印制电路板，具有安装方便，功能易于扩展和变更等优点。I/O 点数可通过 I/O 模块或者插板的增减进行灵活配置，使得 PLC 与 CNC 的 I/O 信号的连接变得简单。

4）可以扩大 CNC 的控制功能。在闭环数控机床中，采用 D/A 和 A/D 模块，数控系统和 PLC 相结合完成数控机床的插补坐标与辅助坐标的控制，其中由 CNC 控制的坐标运动称为插补坐标，而由 PLC 控制的坐标运动称为辅助坐标，从而扩大了 CNC 的控制功能。

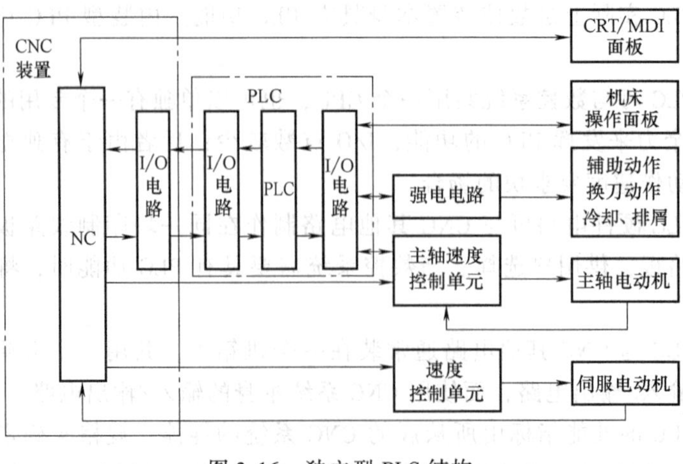

图 3-16　独立型 PLC 结构

5）与内装型 PLC 相比，独立型 PLC 的功能更强大，但一般要配置单独的编程设备，在性价比方面不如内装型 PLC。

二、数控机床上 PLC 所要实现的功能

通常可利用可编程序控制器的逻辑运算功能实现数控机床中各种开关量的控制，现代数控机床采用 PLC 可完成如下功能。

1. M、S、T 功能

M、S、T 功能可以由数控加工程序，或在机床的操作面板上进行控制。根据不同的 M 功能，PLC 可控制主轴的正转、反转和停止，主轴准停，切削液的开、关，工件的夹紧、松开及换刀等动作。S 功能在 PLC 中可以容易地用四位代码直接指定转速。CNC 送出 S 代码值到 PLC 中，由 PLC 将十进制数转换为二进制数后送到 D/A 转换器，转换成相对应的输出电压，作为转速指令来控制主轴的转速。数控机床通过程序指令 T 控制 PLC 进行刀库管理和刀具的自动交换。

2. 机床外部开关量信号控制功能

数控机床有各类控制开关、行程开关、接近开关、压力开关和温控开关等，各开关量信号被送入 PLC 中，经逻辑运算后，输出给控制对象。

3. 输出信号控制功能

PLC 输出的信号经强电柜中的继电器、接触器，通过机床侧的液压或气动电磁阀，对刀具、机械手及回转工作台等装置进行控制，并对冷却电动机、润滑泵电动机及电磁制动器等进行控制。

4. 伺服控制功能

通过驱动装置，驱动主轴电动机、伺服进给电动机和刀库电动机等。

5. 报警处理功能

PLC 收集强电柜、机床侧和伺服驱动装置的故障信号，将报警显示区中的相应报警标志位置位，数控系统发出报警信号或以文本方式显示报警信息，或给出故障排除措施，以便故障诊断。

三、PLC 与主控系统的数据通信

PLC 作为主控系统和机床信号连接的桥梁，处于 CNC 和机床之间，通过接口完成主控系统和机床信息的传递和交换。主控系统和机床之间的信号传送处理包括主控系统至机床和机床向主控系统传送两个过程。

1）由主控系统到机床（也称 F 地址信号）。主控系统首先将控制程序输出数据写到 CNC 的 RAM 中，再通过接口将 CNC 的 RAM 数据传送给 PLC 的 RAM 中，之后由 PLC 的软件对其进行逻辑运算处理，处理后的数据存在 PLC 存储器 RAM 中，并通过 PLC 的输出接口送至机床，由机床进行相应的操作。

2）由机床到主控系统（也称 X 地址信号）。此类信号分为两类分别传送处理：对于高速信号，如急停、回参考点减速等信号由机床直接传送到主控系统进行处理；对于普通信号，其传送处理过程是从机床输入的开关量数据，首先送到 PLC 的 RAM 中，再由 PLC 的软件进行逻辑运算处理，处理后的数据保存在 PLC 的 RAM 中，之后该数据从 PLC 的 RAM 传

送给主控系统的 RAM。

机床传给 PLC 的信息，主要有机床控制面板上各开关、按钮等信息，其中包括机床的起动、停止，机械变速选择，主轴正转、反转、停止，切削液的开、关，各坐标的点动和刀架、夹盘的松开、夹紧等信号，以及上述各部件的限位开关等保护装置、主轴伺服保护状态监视信号和伺服系统运行准备等信号。

由 PLC 到主控系统的信号，主要有机床各坐标基准点信号，M、S、T 功能的应答信号等；而由 PLC 到机床的信号，主要是控制机床执行的执行信号，如电磁铁、接触器、继电器的动作信号以及确保机床各运动部件状态的信号及故障指示。

PLC 与 CNC 之间及 PLC 与机床之间信息的多少，主要按数控机床的控制要求设置。几乎所有的机床辅助功能，都可以通过 PLC 来控制。

第四节　数控机床用通信设备和接口

一、数控机床的 CNC 装置数据传送和信息通信

数控机床的 CNC 装置需与下述设备进行数据传送和信息通信，为实现彼此间的数据传送与信息通信，CNC 装置配备了相应的接口电路。

1）数据输入/输出设备。如键盘，显示器，打印机，磁盘驱动器，零件加工程序的编程机和可编程序控制器的编程机等。

2）外部机床控制面板。为了操作方便，许多大型数控机床往往在机床侧设置一个或是固定的或者是悬挂式的外部机床控制面板，该操作面板远离 CNC 装置，它与 CNC 装置的通信方式早期采用专用的远距离输入/输出接口，近来采用 RS232C(24V)/20mA 电流环接口。

3）通用的手摇脉冲发生器或手持操作终端。为方便操作，一般数控机床都配有手持操作终端。

4）进给驱动线路和主轴驱动线路。一般情况下，它们与主控系统装在同一机柜或相邻的机柜内，并通过内部连线相连，或设置伺服总线接口。

5）外部计算机。随着工厂自动化（FA）和计算机集成制造系统（CIMS）的发展，CNC 装置已作为 FA 或 CIMS 结构中一个基础层，为了满足与上级计算机或 DNC 计算机通信的需要，要求 CNC 主控系统除了具有与数据输入/输出设备通信外，还需具有网络通信的功能。在这些系统中，所传送的信息量非常大，为满足 CIMS 通信要求，CNC 系统一般配置三种接口：小型 DNC 接口，远距离输入/输出接口和工业局部网络通信接口。

二、CNC 系统接口电路

1. CNC 系统接口电路的主要功能

1）电平转换和功率放大。由于数控系统内是 TTL 电平，要控制的设备或电路不一定是 TTL 电平，且负载较大，因此要进行电平转换和功率放大。

2）信号的隔离。要防止机床侧强电信号窜入数控系统，采用光耦合器或继电器将 CNC 系统与机床之间的信号在电气上加以隔离，防止干扰引起误动作。

3）信号的数模转换。当采用模拟量传送时，在 CNC 系统和机床电气设备之间要接入数/

模（A/D）和模/数（D/A）转换电路。

4）防止信号畸变。信号在传输过程中，由于衰减、噪声和反射等影响会发生畸变，因此要根据信号类别及传输线质量，采取一定措施并限制信号的传输距离。

2. 常用 CNC 机床输入/输出（I/O）接口电路

对 CNC 系统而言，由机床（MT）向 CNC 系统传送的信号称为 CNC 系统的输入信号，如机床操作面板上的开关、按钮信号及机床的各种限位开关信号；由 CNC 系统向 MT 传送的信号为输出信号，如机床工作状态指示灯信号及控制机床动作的信号送到接触器、电磁阀等执行元件。输入/输出的信号包括直流数字输入/输出信号，直流模拟输入/输出信号，交流输入/输出信号等几种类型。其中应用最多的是直流数字输入/输出信号。直流模拟信号用于伺服进给轴和主轴的伺服控制，或其他接收发送模拟量信号的设备，交流信号可直接用于控制功率执行器件。接收或发送模拟信号和交流信号需要专门的接口电路。在实际应用中，一般都采用 PLC，并配置专门的接口电路才能实现。

（1）光耦合器　光耦合器，简称光耦，是一种比较理想的 I/O 接口器件。它是以光为媒介来传输电信号的器件，通常把发光器（红外线发光二极管 LED）与受光器（光敏半导体管）封装在同一管壳内。给输入端施加电信号，由发光器发出光线，并由受光器接受产生光电流，经放大后从输出端流出，从而实现了“电—光—电”转换，它起到输入、输出隔离的作用。由于光耦合器输入和输出间互相隔离，电信号传输具有单向性、寄生反馈小等特点，因而具有良好的电绝缘能力和抗干扰能力。此外它还具有体积小、寿命长、无触点，抗干扰能力强，传递信号频带宽，响应速度快，易与逻辑电路配合等特点，可用于电位不同的电路间的耦合，即可进行电平转换，在数字电路上获得了广泛的应用。

常用的光耦合器如图 3-17 所示。其中，图 3-17a 所示为单向光耦合器，图 3-17b 所示为双向光耦合器。它们以发光二极管为输入端，普通光敏三极管为输出端，一般用来传递频率在 100kHz 以下的信号。图 3-17c 所示为高速光耦合器，其输出部分采用 PIN 型光敏二极管和高速开关管组合的复合结构，因此具有较高的响应速度，通常可传递 10MHz 的信号。为了提高光耦的驱动增益和功率，可用达林顿输出光耦及晶闸管输出光耦，如图 3-18 所示。

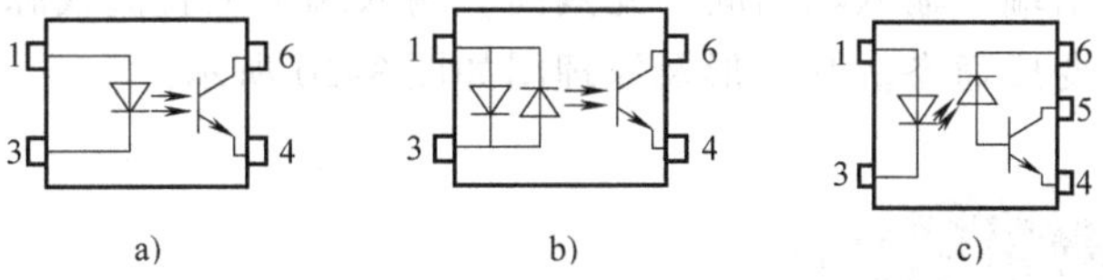

图 3-17　常用光耦合器

a）单向光耦　b）双向光耦　c）高速光耦

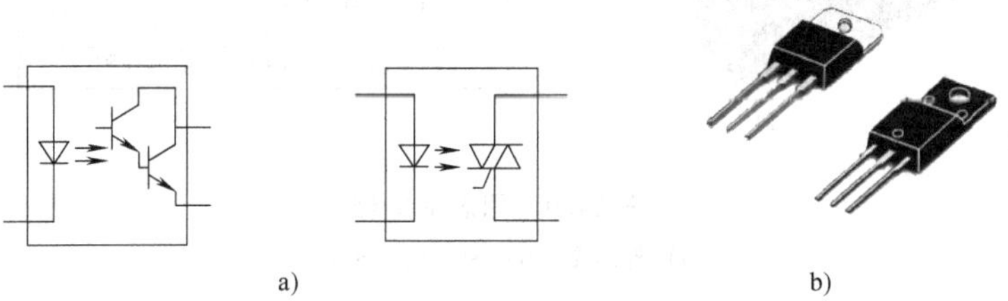

图 3-18　光耦

a）达林顿输出光耦　b）晶闸管输出光耦

(2) 干簧继电器 干簧继电器主要由干式舌簧片与励磁线圈组成，其结构如图 3-19 所示。干式舌簧片（触点）是密封的，由铁镍合金做成，舌片的接触部分通常镀有贵重金属（如金、铑、钯等），接触良好，具有优良的导电性能。当线圈通电后，管中两个簧片的自由端分别被磁化成 N 极和 S 极而相互吸引，因而接通被控电路。线圈断电后，干簧片在本身的弹力作用下分开，将线路切断。由于触点密封在充有氮气等惰性气体的玻璃管中，有效地防止了尘埃的污染，减少了触点的腐蚀，提高了工作可靠性。干簧继电器，结构简单，体积小。簧式继电器吸合功率小，灵敏度高，一般吸合与释放时间均在 0.5 ~ 2ms 以内，要求的控制电流很小，触点开关的电流却比较大，既具有隔离作用，又具有电平转换和驱动作用。缺点是和其他机械继电器一样，开关响应时间比较长。

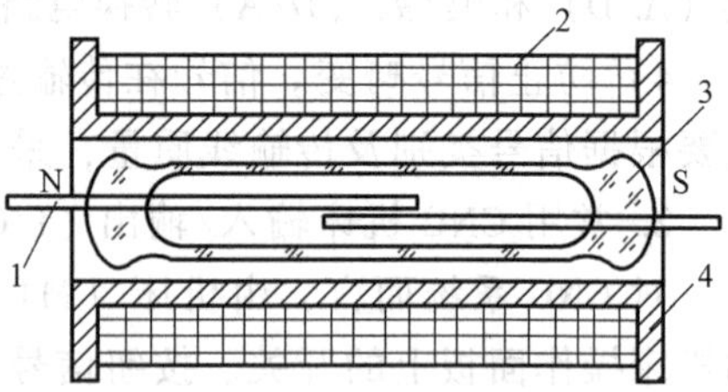

图 3-19 干簧继电器结构
1—干式舌簧片 2—励磁线圈
3—玻璃管 4—骨架

(3) 固态继电器（SSR） 固态继电器（Solid State Relay，SSR）是由微电子电路、分立电子器件、电力电子功率器件组成的无触点开关。它采用隔离器件实现了控制端与负载端的隔离，不仅实现了控制回路（输入端）与负载回路（输出端）之间的电隔离及信号耦合，而且具有小信号对大功率负载的驱动能力，即固态继电器的输入端用微小的控制信号，可直接驱动大电流负载。固态继电器广泛应用于计算机外围接口设备、电动机控制、数控机械、遥控系统、工业自动化装置等。

固态继电器有多种类型，其输出电路也可分为直流输出电路，交流输出电路和交直流输出电路等形式。按负载类型，可分为直流固态继电器和交流固态继电器。直流输出时可使用双极性器件或功率场效应管，交流输出时通常使用两个晶闸管或一个双向晶闸管。而交流固态继电器又可分为单相交流固态继电器和三相交流固态继电器。交流固态继电器，按导通与关断的时机，可分为随机型交流固态继电器和过零型交流固态继电器。交流固态继电器根据触发形式，可分为零压型（Z）和调相型（P）两种。单相 SSR 为四端有源器件，其中两个输入控制端，两个输出端，输入输出间为光隔离，输入端加上直流或脉冲信号到一定电流值后，输出端从断态转变成通态。其外形及原理图如图 3-20 所示。

a)

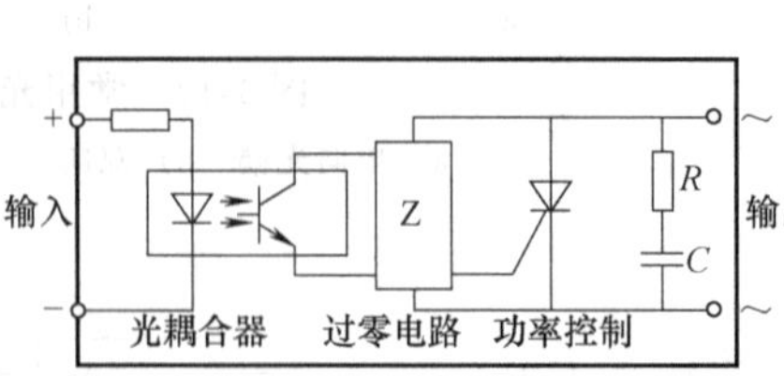

b)

图 3-20 固态继电器
a）外形图 b）原理图（S 型）

固态继电器具有如下特点：固态继电器没有机械零部件，能在高冲击、振动的环境下工作；除具有与电磁继电器一样的功能外，还具有逻辑电路兼容，耐振、耐机械冲击，安装位置无限制，具有良好的防潮、防霉、防腐蚀性能，防爆和防止臭氧污染，输入功率小，灵敏度高，控制功率小，电磁兼容性好，噪声低和工作频率高，寿命长，可靠性高等特点，大多数交流输出固态继电器是一个零电压开关，在零电压处导通，零电流处关断，减少了电流波形的突然中断，从而减少了开关瞬态效应。

其缺点是导通后的管压降大，半导体器件关断后仍可有数微安至数毫安的漏电流，因此不能实现理想的电隔离，由于管压降大，导通后的功耗和发热量也大，大功率固态继电器的体积远远大于同容量的电磁继电器，成本也较高，电子元器件的温度特性和电子线路的抗干扰能力较差，耐辐射能力也较差。

三、数据通信

1. 通信方式

现代 CNC 装置都带有标准串行通信接口，能够方便地与编程机及微型计算机相连，进行点对点通信，实现零件程序、参数的传送。随着工厂自动化（FA）和计算机集成制造系统（CIMS）的发展，CNC 装置作为分布式数控系统（DNC）及柔性制造系统（FMS）的基础组成部分，应该具有与 DNC 计算机或上级主计算机直接通信功能或网络通信功能。

数据在设备间的传送可用串行方式或并行方式。并行方式通信是数据的各位同时传送，传送速度快，但数据线多，成本较高，且由于并行数据传输线的耦合和共模干扰，传输距离短。并行通信主要应用于数据传送量很大的场合，如打印机，液晶屏等。随着现代电子技术的发展，并行通信的应用在逐渐减少。

相距较远的设备数据传送多采用串行方式。串行通信时，将数据按顺序分解为一位或几位（一般不大于 4 位）序列，按顺序传送。传送线路简单，成本低，传送距离长，但传送速度比并行通信低，通信协议复杂。随着现代电子技术的发展，串行通信传送速度越来越快，应用越来越广泛，如 RS232C、RS422、RS485、USB、1394、Profibus、SERCOS 等。

串行接口需要采用一定的逻辑将机内的并行数据转换成串行信号后再传送出去，接收时也要将收到的串行信号经过缓冲器转换成并行数据，再送至机内处理。8251A、MC6850、6852 等常用芯片都可以实现这些功能。

为了保证数据传送的正确和一致，接收和发送双方对数据的传送应确定一致的且互相遵守的约定，它包括定时、控制、格式化和数据表示方法等。这些约定称为通信规则（Procedure）或通信协议（Protocol）。串行传送分为异步协议和同步协议两种。

在异步通信中，数据通常是以字符为单位组成字符帧传送的。字符帧格式是异步通信的一个重要指标。由起始位、数据位、奇偶校验位和停止位等四部分组成的串行数据称为字符帧，也叫数据帧，如图 3-21 所示。其中起始位位于字符帧开头，只占一位，为逻辑 0 低电平，用于向接收设备表示发送端开始发送一帧信息；数据位紧跟起始位之后，用户根据情况可取 5 位、6 位、7 位或 8 位，低位在前高位在后；奇偶校验位位于数据位之后，仅占一位，用来表征串行通信中采用奇校验还是偶校验，由用户决定；停止位位于字符帧最后，为逻辑 1 高电平，通常可取 1 位、1.5 位或 2 位，用于向接收端表示一帧字符信息已经发送完，也为发送下一帧作准备。在串行通信中，两相邻字符帧之间可以没有空闲位，也可以有若干空闲位，这由用户来决定。字符帧由发送端一帧一帧地发送，通过传输线被接收端一帧一帧地接收。在异步串行通信中，没有统一的时钟信号，发送端和接收端可以由各自独立的时钟来控制数据的发送和接收，这两个时钟彼此独立，互不同步，但必须在频率上保证一致（误差允许范围很小），每个传送字节必须用起始位来同步时钟，用停止位来表示传送字节的结束。在异步通信中，接收端是依靠字符帧格式来判断发送端是何时开始发送、何时结束发送的。

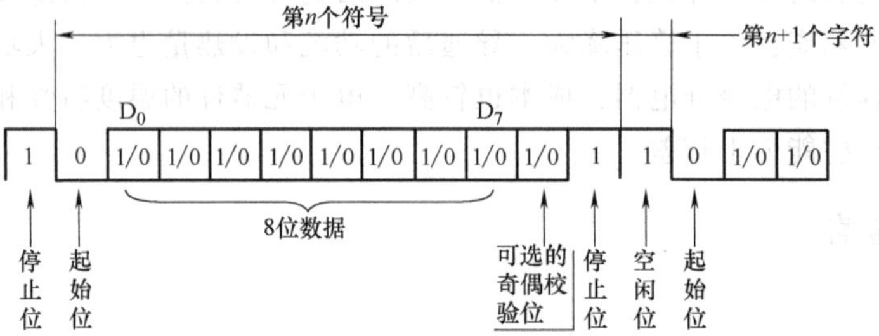

图 3-21　异步串行传输的格式

异步通信中，每秒钟传送二进制数码的位数为波特率（Baud Rate），单位为 bps 或 bit/s。异步串行通信的收发设备，必须使用相同的波特率。

异步通信的优点是不需要传送同步时钟，字符帧长度不受限制，故设备简单。缺点是字符帧中因包含起始位和停止位而降低了有效数据的传输速率。

同步通信是一种连续串行传送数据的通信方式，一次通信只传输一帧信息。这里的信息帧和异步通信的字符帧不同，通常有若干个数据字符，均由同步字符、数据字符和校验字符三部分组成。在同步通信中，同步字符可以采用统一的标准格式，也可以由用户约定。

同步协议传送率高，其缺点是要求发送时钟和接收时钟必须保持严格同步，即要采用相同的时钟信号，这个时钟信号可以由单独的硬件线路来实现，如 I2C、SPI、LVDS、EnDat 等。同步通信接口结构复杂，一般在传送大量数据时使用。

2. 串行通信的制式

在串行通信中数据是在两个站之间进行传送的，按照数据传送方向，串行通信可分为单工、半双工和全双工三种制式，如图 3-22 所示。

在单工制式下，通信线的一端接发送器，一端接接收器，数据只能按照一个固定的方向传送。在半双工制式下，系统的每个通信设备都由一个发送器和一个接收器组成。在这种制

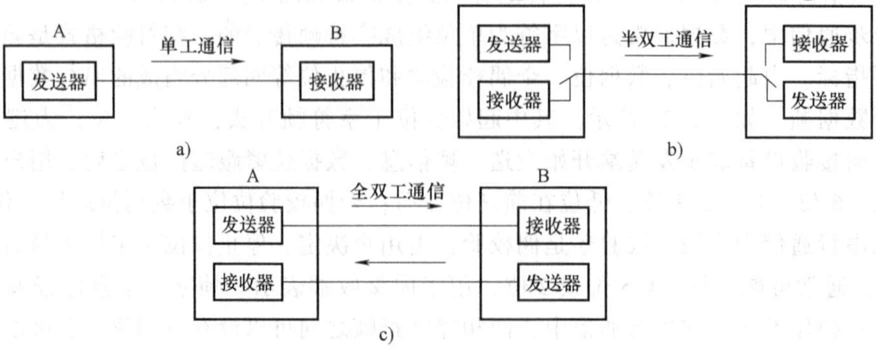

图 3-22　串行通信制式

a）单工方式　b）半双工方式　c）全双工方式

式下，数据能从 A 站传送到 B 站，也可以从 B 站传送到 A 站，但是不能同时在两个方向上传送，即只能一端发送，一端接收。其收发开关一般是由软件控制的电子开关。全双工通信系统的每端都有发送器和接收器，可以同时发送和接收，即数据可以在两个方向上同时传送。在实际应用中，尽管多数串行通信接口电路具有全双工功能，一般情况只工作于半双工制式下，这种用法简单、实用。

第五节　伺服总线及接口

总线技术用于过程自动化、制造自动化、楼宇自动化等领域的现场智能设备互连通信网络，它沟通了生产过程现场及控制设备之间及其与更高控制管理层次之间的联系，不仅是一个基层网络，而且还是一种开放式、新型全分布控制系统。这项以智能传感、控制、计算机、数字通信等技术为主要内容的综合技术，已经受到世界范围的关注，成为自动化技术发展的热点，并将导致自动化系统结构与设备的深刻变革，并在数控设备上得到越来越广泛的应用。国际上许多有实力、有影响的公司都先后在不同程度上进行了现场总线技术与产品的开发。

一、计算机网络的体系结构

ISO（国际标准化组织）为计算机网络规定了一个统一的分层结构。制定出 OSI（开放系统互连）基本参考模型，从逻辑上把复杂的计算机网络划分成如图 3-23 所示的七个相对独立的功能层次，每层都有自己的编号和名称，并且分担着从网络到网络的不同功能，同时又为较高层提供不同的可靠的服务。对应层通信都要遵守该层的通信协议。需要注意的是，数据通信过程中，数据并非从一台机器的第 N 层直接传送到另一台机器的第 N 层（最低层例外），而是每一层都把数据和控制信息送到相邻的下一层，直到达到最低层，在最低层进行两台机器之间的物理通信，在高层的对应层之间只存在着虚拟通信。

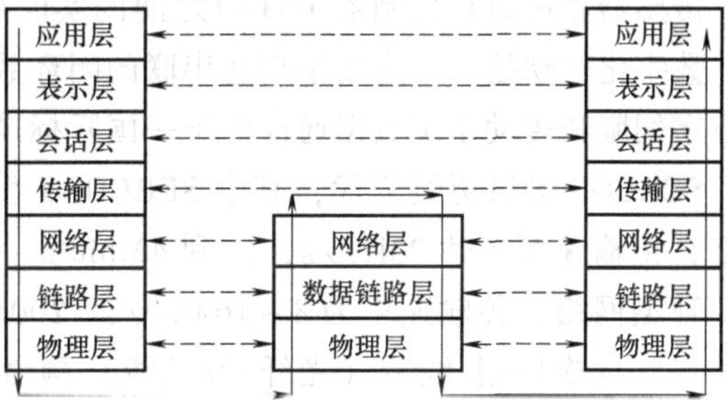

图 3-23　网络的功能层次

1. 物理层

该层提供通信介质和连接的机械、电气、功能性和规程性的特性，以便在数据链路实体之间建立、维护和拆除物理连接。机械特性规定了插头座的大小、形状和针的数目等电气特性，规定了电压值、逻辑电平及其他电气参数。功能特性规定了每根连接线的功能及含义（如数据线、控制线、指示线、地线等）。规程特性规定了各种事件应按什么次序出现。

2. 数据链路层

数据链路层的任务是在一条物理线路上将信息从一个站点传送到另一个结点。其功能是通过差错检测与恢复等措施将直接相连的两个结点间可能出错的物理连接改造成无差错的数据链路。异步串行数据链路协议、同步数据链路控制（SDLC）及高级数据链路控制（HDLC）协议都属于此范围。

3. 网络层

网络层是通信子网与高层结构的界面，负责控制通信子网的操作。其中包括信息的切换和路由的选择。

4. 传输层

传输层是第一个端对端的层次。它能提供端到端的差错控制、流量控制等功能，向上一层实体提供透明的、高质量的数据传输服务。

5. 会话层

控制建立和管理一个通信会话的进程。在该层中，检查并决定一个正常的通信是否正在进行情况下终止会话。

6. 表示层

用于提供数据和信息的语法表示、变换、恢复等。

7. 应用层

其中包括编码的转换、数据的压缩，这一层负责和其他高级功能的通信，如分布式数据库和文件传输。数据传输的完整性问题或与接收设备速度不匹配的问题都在这一层中解决。

二、SERCOS 总线

SERCOS（Serial real time communication specification，串行实时通信协议）是一种用于数字伺服和传动系统的现场总线接口和数据交换协议，能够实现工业控制计算机与数字伺服系统、传感器和可编程控制器 I/O 口之间的实时数据通信，也可以理解为是一个开放的智能控制、数字化驱动接口，是用于高速串联的闭环数据在光纤上进行实时通信的接口。它是目前用于数字伺服和传动系统数据通信的唯一国际标准，在各种数控机械设备中获得了广泛的应用。

SERCOS 接口历经三代，其中 SERCOS Ⅰ型出现于 1987 年，它采用光纤接口，构成环型网络，传输速率可达 2Mbit/s，后到 4Mbit/s。SERCOS Ⅱ型出现于 1999 年，仍采用光纤接口，环型网络，传输速率为 8～16Mbit/s。2005 年以后，发展为 SERCOS Ⅲ型，它采用以太网接口，构成环型/线型（光纤/双绞线）网络，传输速率达到 100Mbit/s。

SERCOS 接口由一个主站（Master）和若干个从站（Slave，1～254 个伺服、主轴或 PLC-IO）组成，各站之间采用光缆联接，构成环形网。站间的最大距离为 80m（塑料光纤）或 240m（玻璃光纤），最大从站数为 254，数据传输率为 2Mbit/s 到 16Mbit/s。

图 3-24 所示是 CNC 系统与 SERCOS Drive 的连接示意图。

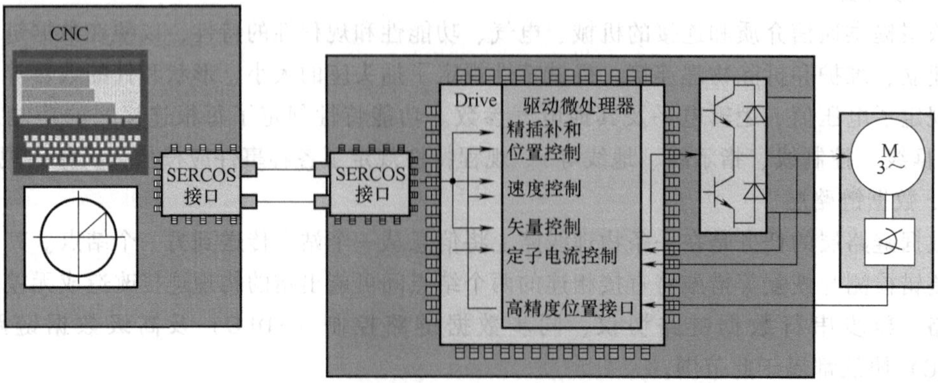

图 3-24　CNC 系统与 SERCOS Drive 的连接示意图

SERCOS Ⅲ有两种拓扑结构形式，一种是双环网，一种是单环网，如图 3-25 所示。双环网络具有硬件冗余功能，以保证网络通信的可靠性，当一条线路损坏或出现故障时，由另一条线路提供通路。单环网则无硬件冗余功能。

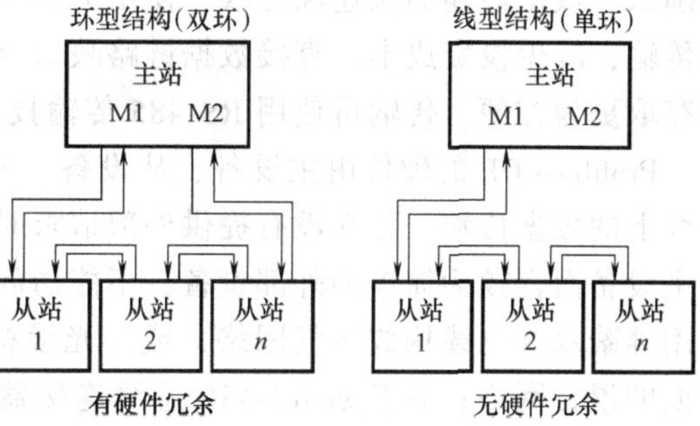

图 3-25　SERCOS Ⅲ拓扑结构

SERCOS 协议定义了主站同步电报 MST、伺服电报 AT 和主站数据电报 MDT 三种电报类型。主站同步电报 MST 由主站以固定周期发向所有从站，表示一次通信周期开始，所有从站都将同时接收到该电报，主站通过它来控制各个从站的同步运行；伺服电报 AT 由各个伺服从站发往主站，可将多种伺服信息实时反馈给主站，如伺服轴实际位置、转速、转矩、报警信号、诊断信号、状态应答信号、PLC 输入、伺服参数和电动机参数等；主站数据电报 MDT 由主站发给从站，向从站发出控制指令，如伺服轴指令位置、转速、转矩、工作方式选择、PLC 输出、伺服参数和电动机参数等，各个从站均能接收到此电报，并在指定位置找到各自的数据。

SERCOS 协议规定，系统在初始化阶段，主站必须完成网络通信参数的配置，主要包括：系统通信周期 Tscyc，各个伺服电报 ATx 的发送时间 T1.1、T1.2、…、T1.n，主站数据电报 MDT 的发送时间 T2，各个从站控制数据 MDTx 在 MDT 数据区中的位置和 MDT 的长度等。系统初始化需要四个阶段，以上数据必须在规定的阶段由主站采用服务通道方式完成配置。

SERCOS 标准的底层通信协议——物理层和数据链路层的实现是由 SERCOS 接口控制芯片来完成的，常用的芯片有 SERCON410A/B、SERCON816 等，要实现应用层的功能需由用户开发驱动程序或购买第三方开发的软件包。对于伺服系统来说，设备制造商已按照从站的通信规则编好了供用户从站设备使用的控制程序，由用户开发主站的应用层驱动程序，通过控制主站来实现通信网络的建立和正常运作。

三、Profibus 和 Profinet

Profibus 是一种国际化、开放式、不依赖于生产商的现场总线标准，广泛应用于工业自动化领域。Profibus 根据应用特点分为 Profibus-DP、Profibus-FMS、Profibus-PA 三个兼容版本。其中 Profibus-FMS 适用于纺织、楼宇自动化、可编程序控制器、低压开关等；Profibus-PA 是用于过程自动化的总线类型，遵从 IEC 1158-2 标准；Profibus-DP 是一种高速（数据传输速率 9.6kbit/s ~ 12Mbit/s）经济的设备级网络，主要用于现场控制器与分散 I/O 之间的通信，可满足交直流调速系统快速响应的时间要求。由于其高可靠性、高性能、实时性好及其独特的设计，已被几乎所有的生产厂商和用户所接受。

Profibus 以 ISO 7498 为基础，以西门子公司为主要支持，以开放式系统互联网络 OSI 作为参考模型，定义了物理传输特性、总线存取协议和应用功能。其传输速率为 9.6kbit/s ~ 12Mbit/s，最大传输距离在 12Mbit/s 时为 100m，在 1.5Mbit/s 时为 400m，可用中继器延长至 10km。最多可挂接 127 个站点。Profibus-DP 是一种高速通信连接，使用了第一层、第二层（即物理层和数据链路层）和用户接口层，第三层至第七层未加以描述，这种流体型结构确保了数据传输的快速和有效。使用 Profibus-DP 模块可取代 24V 或 4～20mA 的串联式信号传输，减少投资成本。直接数据链路映像（DDLM）提供的用户接口，使得对数据链路层的存取更为方便，传输可使用 RS-485 传输技术或光纤媒体。

Profibus-DP 的硬件由主设备、从设备、网络网路等三部分组成。其中主设备用以控制总线上的数据传输，且在没有提供外部请求时发送信息和被授权可访问总线。从设备是相对于主设备而言较为简单的外部设备，不能访问总线；网络网路如传输介质和网络连接器，前者用屏蔽双绞电缆构成电气网络，或用光缆构成光纤网络，或是基于两种介质之间由 OLM 转换的混合网络；后者如 RS-485 总线连接器、RS-485 总线终端、RS-485 中继器、光链路模块 OLM 等。

Profibus-DP 物理层与 ISO/OSI 参考模型的第一层相同，采用 EIA-RS485 协议，根据数据传输速率的不同，可选用双绞线和光纤两种传输介质。

Profibus-DP 数据链路层协媒体访问控制（MAL）部分采用受控访问的令牌总线（Token Bus）和主从方式。其中令牌总线与局域网 IEEE8024 协议一致，令牌在总线上的各主站间传递，持有令牌的主站获得总线控制权，该主站依照关系表与从站或其他主站进行通信。主从方式的数据链路协议与局域网标准不同，它符合 HDLC 中的非平衡正常响应模式（NRM），其工作特点是：总线上一个主站控制着多个从站，主站与每一个从站建立一条逻辑链路；主站发出命令，从站给出响应；从站可以连续发送多个帧，直到无信息发送、达到发送数量或被主站停止为止。

数据链路中帧的传输过程分为三个阶段：数据链路建立、帧传输和数据链路释放。图 3-26 中 F 为帧标志字段（8 位）。A 为从站地址字段。控制字段 C 表示帧类型、编号、命令和控制信息，它将 HDLC 帧分为三种类型：信息帧（I）、监控帧（S）和无编号帧（U）。其中信息帧用于应用数据的传输并应答；监控帧用于监视链路上的正常操作，对链路状态做出各种响应（如认可帧、请求重传或暂停等）；无编号帧（不含信息字段）用于传输各种元编号命令和响应，例如建立链路工作模式，释放链路及报告特殊情况等。信息字段由 PKW＋PZD 的应用数据构成，PKW 用于读写参数值，如写入控制字或读出状态字等，PZD 用于存放控制器的具体控制值，设置站点或状态字的参数。FCS 是帧校验字段，它对整个帧的内容进行循环冗余码（CRC）校验，该 HDLC 帧最长可达 24 位。

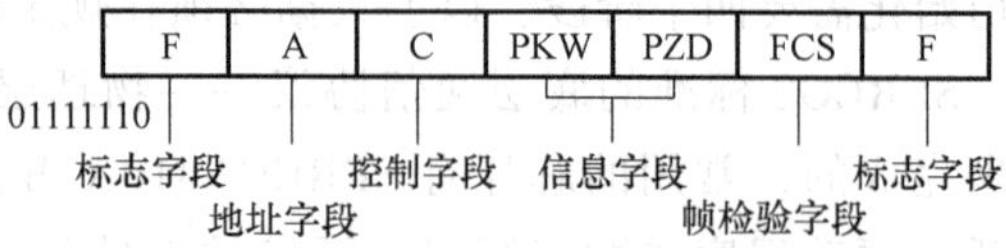

图 3-26　主站与从站间帧传输格式

Profinet 由 Profibus 国际组织（Profibus International，PI）推出，是新一代基于工业以太网技术的自动化总线标准。其功能包括八个主要的模块，依次为实时通信、分布式现场设备、运动控制、分布式自动化、网络安装、IT 标准和信息安全、故障安全和过程自动化。可以完全兼容工业以太网和现有的现场总线（如 Profibus）技术，现在西门子系统主要采用 Profinet 总线。图 3-27 所示为其网络结

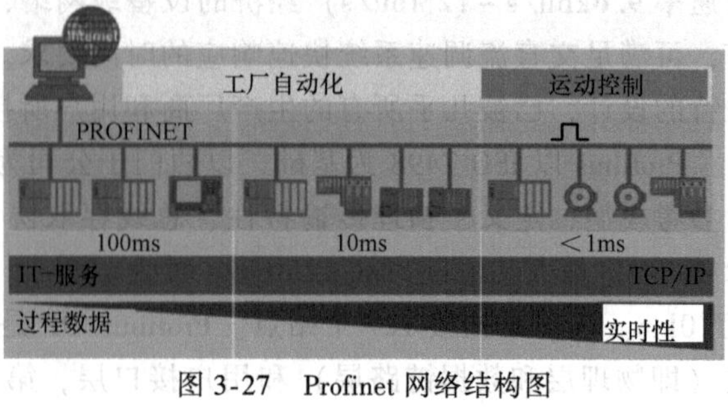

图 3-27　Profinet 网络结构图

构图。所有设备都可挂在总线上，按照控制时序的实时性，分为非实时、实时和同步实时三种。

Profinet 主要采用分时控制，采用“实时通道—开放通道—实时通道—开放通道”间隔的循环模式，如图 3-28 所示。这种相互独立的时域控制，可满足运动控制、数据传送、IT 通信等不同要求。

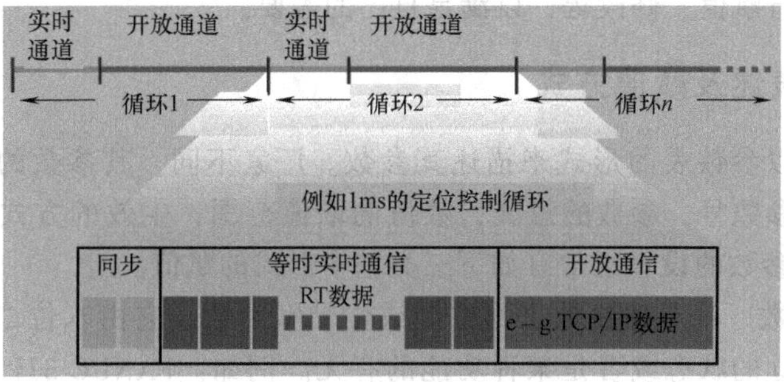

图 3-28　分时控制系统模式图

第六节　数控机床参数

CNC 系统软件包括了一系列控制程序，如插补程序、诊断程序等，数控系统厂家并没有将这些控制程序的访问权限直接向机床生产厂家和机床用户开放，即后者无法访问这些控制程序。为便于数控系统的使用，数控系统提供了许多面对不同用户层的机床参数。生产厂家和机床用户可通过这些参数应用系统功能，并根据实际需要修改参数、调整、修理机床，以便更好发挥机床的性能。数控机床的参数是数控机床软件系统的主要表现形式，是硬件发挥最大功效及正常运行的保证，也是机床制造和使用条件的特殊约定。系统参数的丢失或对其不当设置（或更改），可导致机床不能正常运行，甚至造成严重的后果。

从数控机床诞生到现在，数控系统功能不断丰富与完善，机床种类也日益繁多，各数控系统、各数控机床都提供了自己的参数，因而很难形成一个统一的参数标准，但为了便于参数管理与查询，综观各类典型系统，基本都将参数进行了分级。

一、参数的分级

数控系统制造厂家为了保证系统的安全以及便于用户使用，根据使用权限的不同，将系统参数都进行了分级，如通常分为系统制造商级、机床制造商级和用户级等几级，有的系统划分得更细，如西门子系统分为七级。

1）系统生产商级参数，又称系统参数或功能参数。这些参数决定系统的功能选项，又称为秘密级参数。它们由系统厂商直接掌握，是不公开的。这类参数常对应一个参数段，如 FANUC 21i 系统的 9000 号后参数均是系统生产商级参数。该类参数只在随机床所附带的参数表中有初始的设定值，对其具体含义并不做具体介绍。有的系统，如西门子 840D 系统，虽介绍了功能参数的意义，但设置了密码保护，且将密码设为最高级（系统制造商级），用户无法访问。

2）机床制造厂级参数，又称机床参数。它们是由机床制造厂家根据各自机床的特性、硬件的选择等而设置的参数，机床用户不能对其随意改动，否则会影响机床的性能，甚至造成机床故障。

3）用户级参数，又称普通级参数。通常将在 CNC 制造厂家所提供的说明书或相关资料上对其详细介绍的参数均可视为普通级参数。根据用户不同，有的系统又把用户分为操作者、维修人员、设计人员等，赋予不同的密码和权限。也有用钥匙开关保护的。用户可根据需要对这些参数进行赋值、修改等，以满足自己的需要。

二、参数的表述及赋值方式

系统厂家通常以参数表的形式来描述其参数。厂家不同，其参数的表述格式也不尽相同，但通常都包括参数号，参数的意义，数值的取值范围，生效的方式（重新上电或复位等）等。数控机床参数的设置通常有如下三类基本形式的赋值。

（1）状态型参数　状态型参数也称位型或位轴型参数，它由八位二进制数组成，每一位都表示了一种独立的状态或者是某种功能的有无。例如：FANUC 31i 系统的 1800 号参数（图 3-29）是与伺服有关的参数，该参数各位所表示的就是状态型参数；该参数表示，当 1800#1CVR 为“0”时，若在位置控制就绪信号 PRDY 被置于 ON 之前，速度控制就绪信号 VRDY 被置于 ON，则发出伺服报警；当置为“1”则不发出伺服报警。1800#3FFR 是设置快速移动时的前馈控制是否有效位，当其为“0”时，表示快速移动时的前馈控制无效；若快速移动时的前馈控制有效，则设置该位为“1”。1800#4RBK 位是是否进行切削/快速移动反冲补偿设置位，该位为“0”表示不进行反冲补偿，为“1”表示进行反冲补偿。其余没有定义的各位留作以后扩展用，一般设为 0。

	#7	#6	#5	#4	#3	#2	#1	#0
1800				RBK	FFR		CVR	

#1 CVR 在位置控制就绪信号 PRDY 被置于 ON 之前，速度控制就绪信号 VRDY 被置于 ON 时

0：发出伺服报警

1：不发出伺服报警

#3 FFR 快速移动时的前馈控制

0：无效

1：有效

#4 RBK 是否进行切削/快速移动别反冲补偿

0：不进行

1：进行

图 3-29　FANUC 31i 系统的 1800 号参数

（2）比率型参数　它是指某项参数设置的数值是某种参量的比例系数。

（3）实值参数　某项参数直接表示了系统的某个参数的十进制数值。通常系统对该值的取值范围进行了规定，用户只可在此范围设定对应的参数值。系统通常提供了一个默认值，用户应根据自己的实际情况对该值进行适当修改，以使系统性能得到充分发挥。如 FANUC 31i 的参数 1825，它表示各轴位置环增益，该参数的取值范围规定为 1～9999，单位为 0.01/s。

三、数控机床参数的分类

数控机床参数通常可分为管理参数和诊断参数。

1. 管理参数

管理参数用于设定机床的功能、性能及规格等，其数量庞大，涉及数控系统及数控机床诸多方面，按其硬件结构可分为：

1）NC参数。NC参数主要指控制NC部分运行状况的参数。例如：通用参数、通道参数、坐标参数、程序参数、螺距参数、插补参数、图形参数、刀具参数、刀具寿命有关参数等。

2）伺服、主轴系统参数。伺服系统参数主要指控制伺服（主轴）系统运行状况的参数。例如：CNC与伺服系统连接参数、伺服放大器参数，伺服电动机参数等。

3）PLC参数。PLC参数主要是指那些CNC通过PLC控制机床强电部分的参数。例如：梯形图参数、定时器参数、计数器参数等。

2. 诊断参数

诊断参数用于表示CNC和机床间输入/输出的信号状态、CNC和PLC间传送的信号状态、PLC内部数据以及CNC内部状态的参数等。通过利用诊断参数可监控机床运行状况，并在机床发生故障时可迅速确定故障发生部位及故障产生的原因，以便于数控机床的维修。诊断参数又可分为：1）NC诊断参数，主要是反映CNC内部运行状态的参数；2）伺服系统诊断参数，主要是反映伺服系统连接状态、伺服放大器、伺服电动机运行状态的参数；3）PLC诊断参数，主要反映DI/DO信号状态，CNC和PLC间传送的信号状态及PLC内部数据的参数。

不同的系统对数控系统参数的分类方法也不同，如西门子840D系统将基本参数可分为通用参数（10000～19999号）、通道参数（20000～28999号），轴参数（30000～38999号）、驱动参数（1000～1799号）、显示参数（9000～9999）等，FANUC 31i系统则划分得更为详细，它包括：与系统配置相关的参数、与轴控制/设定单位相关的参数、与设定有关的参数、定时器参数、与控制器有关的参数、坐标系参数、进给速度参数、加/减速控制参数、伺服参数、主轴控制参数、显示/编辑参数、DI/DO（数据输入/输出）参数，CRT/MDI及逻辑参数、程序参数、I/O接口参数、刀具偏移参数、斜度补偿参数、螺距误差补偿参数、固定循环参数、缩放及坐标旋转参数、自动拐角倍率参数、单方向定位参数、用户宏程序、刀具寿命管理、维修相关的参数等参数。

数控机床参数反映了系统功能的丰富程度，用户应熟悉并掌握系统参数，通过正确设置这些参数，以便充分发挥机床性能。充分了解参数的含义并利用这些参数也会给数控机床的故障诊断和维修带来极大方便，以大大减少机床故障诊断时间，从而提高机床利用率。设置和优化有关的参数，也是机床调试的重要工作之一，通过机床参数调整使数控系统与机床的电气控制部分、伺服驱动部分（驱动单元与位置反馈回路）、机床机械部分以及外部设备得到连接与匹配，也能使数控机床适应具体的工作环境以充分发挥其性能。

习题

1. CNC系统有哪些硬件结构形式？各有何特点？
2. 什么是并发处理？它和并行处理有何关联？
3. CNC系统中的PLC完成哪些功能？
4. 举例说明接口电路的主要功能？
5. CNC中数据通信的方式有哪些？
6. 数控机床参数有哪几种表示形式？数控机床参数分为哪两大类？

第四章 计算机数控系统控制原理

第一节 插补原理及算法

一、概述

如何控制刀具相对工件的运动是机床数字控制的核心问题。机床运动轨迹常常是几个轴相互协调运动的结果，如要走出平面直线或曲线运动轨迹，通常需要机床两个运动坐标的协调运动；而要走出空间曲线运动轨迹，则要求机床三个或三个以上运动坐标的协调运动。数控机床运动控制不仅要控制刀具相对于工件运动的轨迹，同时还控制运动的速度。在数控加工中，刀具的实际运动轨迹并非光滑的曲线，而是由一段段小的直线或圆弧所组成的折线，直线段越短，其加工精度越高。在数控加工程序中，往往给出的是组成零件轮廓的几何元素的起点、终点和圆心坐标值及其进给速度。所谓“插补”是指数控装置根据数控加工程序输入的进给速度 F 等，在程序给定的工件轮廓的起点、终点之间计算出若干在公差范围内的中间点的坐标值，即插入补上一些数据点，也即进行数据点密化，从而形成接近要求的轮廓轨迹的过程。插补计算是数控的核心任务。

数控系统中完成插补运算工作的装置称为插补器。插补器可分为硬件插补器、软件插补器和软硬件结合插补器三类。硬件插补器主要由运算电路或集成电路组成，应用于早期的NC数控系统，具有运算速度快的特点，但其灵活性差，更改困难，结构复杂，成本较高。软件插补器则通过软件来完成各种插补功能。与硬件插补器相比，软件插补器可通过编写不同的插补程序来实现不同插补功能，因而灵活易变，但因受微处理器处理能力的影响，速度较慢。现代 CNC 数控系统为满足高速和高精度加工要求，普遍采用粗、精插补相结合的方法，用软硬件结合的插补器来完成插补任务，即由软件完成粗插补，硬件完成精插补，以达到响应速度快，分辨率高的效果。

由于直线和圆弧是构成零件轮廓的基本几何元素，因此大多数数控系统均有直线和圆弧插补功能。对于其他线型的零件轮廓，可采用直线和圆弧拟合的方法，即用多段直线、圆弧逼近的方法来加工。为提高轮廓加工效率及精度，目前一些高档数控系统中已具有抛物线、螺旋线、非有理 B 样条曲线（NURBS）等高级插补功能。

根据其数据输出形式不同，插补可分为脉冲增量插补和数据采样插补两大类。其中脉冲增量插补又称基准脉冲插补或行程标量插补，它经插补运算后输出的是一个个脉冲，每一个脉冲使相应坐标轴运动一个相应的位移量，即一个脉冲当量或行程增量，插补输出脉冲的频率代表了坐标运动的速度，而脉冲的数量则代表了运动位移的大小。该类插补方法运算简单，通常仅通过简单的累加运算或乘法运算就可完成，并易于用硬件电路来实现，因此早期的硬件插补都是采用这类方法，目前多用于开环控制系统中。脉冲增量插补方法很多，应用较多的是逐点比较法和数字积分插补法。

数据采样插补又称为数字增量插补、时间分割插补或时间标量插补。该插补法的特点是系统产生的不是单个脉冲，而是标准的二进制字。数字采样插补中，插补程序每隔一定的固定时间段就按照给定的进给速度计算一下各坐标轴增量，此时间段称为插补周期。而数控系统则每隔一定时间对机床坐标轴的实际位移量进行检测并将其反馈给数控装置，该时间间隔称为采样周期。在数控装置中，由插补算出的每个插补周期后的指令位置与反馈回来的实际位置相比较形成位置误差信号，该信号经转换后作为速度指令信号使坐标轴向减小误差的方向运动，直至到达指令位置。数字采样插补一般分为两步进行。第一步为粗插补，根据编程的进给速度将轮廓曲线分割为每个插补周期的进给直线段（又称轮廓步长），以此来逼近轮廓曲线；第二步为精插补，根据采样周期的大小，采用直线脉冲增量插补方法，在轮廓步长内再插入若干点，进一步进行数据密化。粗插补一般由软件完成，而精插补可由软件实现，也可由硬件实现。目前以直流或交流伺服电动机为驱动电动机的闭环或半闭环控制系统成为数控系统的主流。在这种数控系统中，一般都采用数据采样插补算法。数据采样插补方法很多，如直线函数法、扩展数字积分法、双数字积分插补法和角度逼近圆弧插补法等。

由于插补的精度直接影响工件加工精度，插补运算的速度直接影响工件加工的进给速度，而进给速度的稳定性又影响到工件的表面加工质量，寻求一种精度高、速度快且输出速度稳定的插补算法是进行插补算法设计的基本要求。

二、逐点比较插补的基本原理

逐点比较法，又称醉步法，其基本思想是当被控对象按要求的轨迹运动时，每走一步都要和规定的轨迹比较，根据比较的结果决定下一步运动的方向，而坐标运动的原则是使被控对象向减小偏差并趋向终点的方向移动。逐点比较法是以折线来逼近给定的轨迹，只要脉冲当量取得足够小，就可达到精度的要求。

逐点比较法插补过程通常包括以下四个步骤（图 4-1）。

（1）偏差判别　根据被控对象判定当前动点与所要插补的理论轮廓的位置关系，决定坐标轴的下一步进给方向。

（2）坐标进给　使被控对象向给定轨迹趋进，即坐标进给方向是向减少误差方向移动。

（3）偏差计算　机床坐标轴进给一步后，计算被控对象的新位置与给定轨迹之间的偏差，作为下一步偏差判别依据。

（4）终点判别　判断是否到达终点，若到达，结束插补；否则，继续以上四个步骤。

1. 逐点比较法直线插补

（1）偏差计算公式　假设给定轨迹如图 4-2 所示的第一象限的直线 OE，该直线起点为坐标原点，终点坐标 $E(X_e, Y_e)$，$P(X_i, Y_i)$ 为某一瞬时的动点坐标。

若 P 在直线 OE 上，则下列关系成立：

$$\frac{Y_i}{X_i}=\frac{Y_e}{X_e} \tag{4-1}$$

若 P 点在直线上方，如图中 P_1 点，此时$\frac{Y_i}{X_i}>\frac{Y_e}{X_e}$；同样，若 P 点在直线下方，如图中 P_2 点，此时$\frac{Y_i}{X_i}<\frac{Y_e}{X_e}$。定义如下的偏差函数：

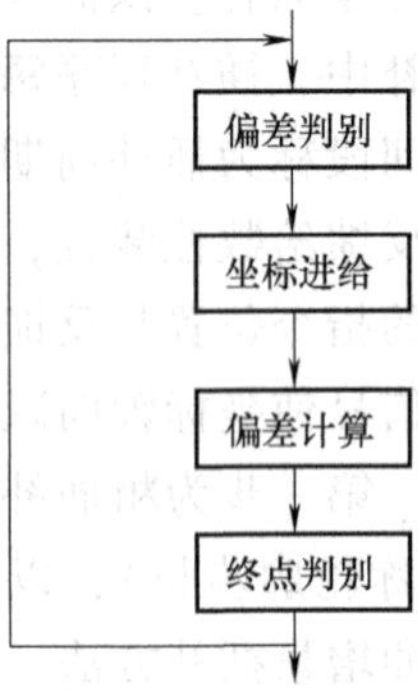

图 4-1　逐点比较法插补过程

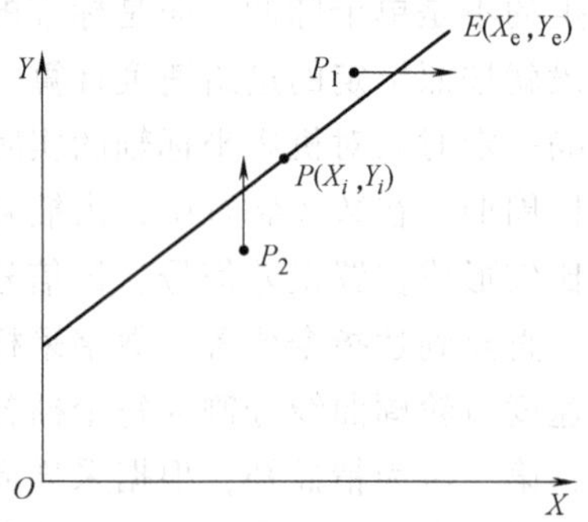

图 4-2　逐点比较法第一象限直线插补

$$F_i = Y_i X_e - X_i Y_e \tag{4-2}$$

当 $F_i = 0$ 时，表明 P 点在 OE 上；当 $F_i > 0$ 时，表明 P 点在 OE 上方，为使与理想轨迹的偏差减小，下一步应沿 $+X$ 方向进给一步。假设以脉冲数为单位，则新的坐标值为 $X_{i+1} = X_i + 1$，$Y_{i+1} = Y_{ij}$代入偏差函数计算公式中，得到新的偏差为

$$F_{i+1} = Y_{i+1}X_e - X_{i+1}Y_e = Y_iX_e - (X_i + 1)Y_e = F_i - Y_e \tag{4-3}$$

若 $F_i < 0$，表明 P 点在 OE 直线下方，为使与理想轨迹的偏差减小，应向 $+Y$ 方向进给一步，步进后的新坐标值为 $X_{i+1} = X_i$，$Y_{i+1} = Y_i + 1$；得到新的偏差为

$$F_{i+1} = Y_{i+1}X_e - X_{i+1}Y_e = (Y_i + 1)X_e - X_iY_e = F_i + X_e \tag{4-4}$$

式（4-3）、式（4-4）为偏差迭代公式，可以看出，在公式中无乘法运算，只有加、减运算，即只要将前一点的偏差值与终点坐标值 X_e、Y_e 相加或相减，即可得到新的坐标点的偏差值。规定起点的偏差值 $F_0 = 0$。

（2）终点判别法　逐点比较法的终点判别有多种方法，介绍以下两种：

第一种方法是分别设置两个减法计数器 ΣX、ΣY。插补开始，给 X、Y 计数器中分别预置初值 X_e、Y_e，当沿 X 或 Y 轴方向每进给一步，相应的计数器减去 1，直到两个计数器中的读数都减到零时，则表示到达终点，停止插补。

第二种方法用一个总计数器 Σ，预置初值为起点到达终点的总步数和 $\Sigma = |X_e| + |Y_e|$。当沿 X 或 Y 轴进给时，计数减 1；当计数减到零时，即 $\Sigma = 0$ 时，表示到达终点，停止插补。

（3）逐点比较法直线插补举例　对于第一象限直线 OA，终点坐标 $A(5, 3)$，其插补运算过程见表 4-1，插补轨迹图如图 4-3 所示。插补从直线起点 O 开始，故 $F_0 = 0$。终点判别是采用总计数法，即采用一个计数器 Σ，预置初值 $\Sigma = 5 + 3 = 8$。

表 4-1　逐点比较法直线插补过程

步数	偏差判别	坐标进给	偏差计算	终点判别
0	—	—	$F_0 = 0$	$\Sigma = 8$
1	$F = 0$	$+X$	$F_1 = F_0 - Y_e = 0 - 3 = -3$	$\Sigma = 8 - 1 = 7$
2	$F < 0$	$+Y$	$F_2 = F_1 + X_e = -3 + 5 = 2$	$\Sigma = 7 - 1 = 6$
3	$F > 0$	$+X$	$F_3 = F_2 - Y_e = 2 - 3 = -1$	$\Sigma = 6 - 1 = 5$
4	$F < 0$	$+Y$	$F_4 = F_3 + X_e = -1 + 5 = 4$	$\Sigma = 5 - 1 = 4$

（续）

步数	偏差判别	坐标进给	偏差计算	终点判别
5	$F>0$	$+X$	$F_5=F_4-Y_e=4-3=1$	$\Sigma=4-1=3$
6	$F>0$	$+X$	$F_6=F_5-Y_e=1-3=-2$	$\Sigma=3-1=2$
7	$F<0$	$+Y$	$F_7=F_6+X_e=-2+5=3$	$\Sigma=2-1=1$
8	$F>0$	$+X$	$F_8=F_7-Y_e=3-3=0$	$\Sigma=1-1=0$

（4）不同象限的直线插补计算　上面讨论的为第一象限的直线插补计算方法，其他三个象限的直线插补计算，可用相同的原理获得。其方法是偏差函数计算时，取终点坐标绝对值代入偏差函数中，坐标进给方向根据所在象限而定，四象限直线插补流程图如图 4-4 所示。

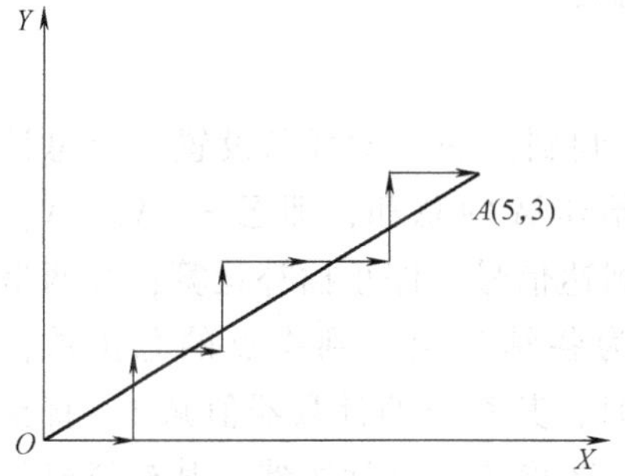

图 4-3　逐点比较法直线插补轨迹

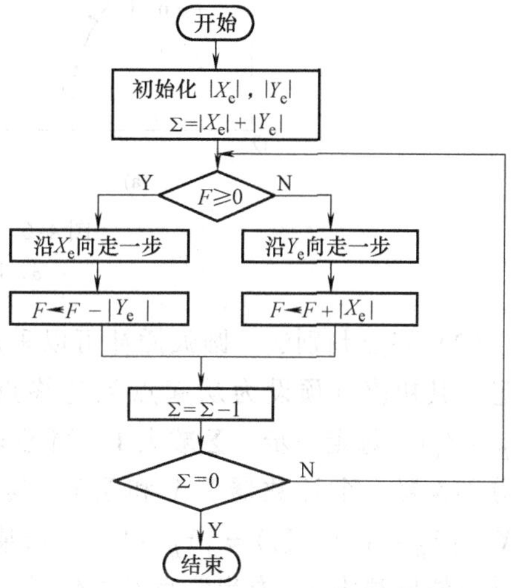

图 4-4　四象限直线插补流程图

2. 圆弧插补

（1）偏差计算公式　若加工半径为 R 的圆弧 AB，假设其圆心为坐标原点，如图 4-5 所示。对于某瞬时任意加工动点 P_i（X_i，Y_i），其偏差函数 F_i 可表示为

$$F_i=X_i^2+Y_i^2-R^2 \tag{4-5}$$

显然，若 $F_i=0$，则加工点位于圆上；若 $F_i>0$，表示加工点位于圆外；若 $F_i<0$，表示加工点位于圆内。

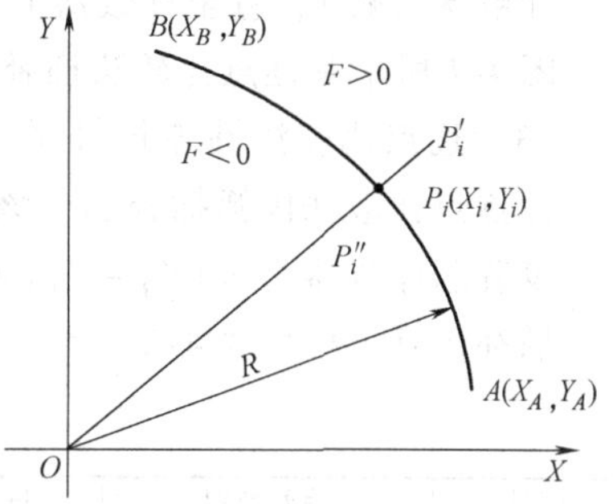

图 4-5　逐点比较法圆弧插补

1）第一象限逆圆插补（图 4-6）。

若 $F_i\geqslant 0$，应向 $-X$ 方向走一步，到 $i+1$ 点，其坐标值为 $X_{i+1}=X_i-1$，$Y_{i+1}=Y_i$。则新点的偏差为

$$F_{i+1}=X_{i+1}^2+Y_{i+1}^2-R^2=F_i-2X_i+1 \tag{4-6}$$

若 $F_i<0$，应向 $+Y$ 方向走一步，到 $i+1$ 点，其坐标值为 $X_{i+1}=X_i$，$Y_{i+1}=Y_i+1$。则新点的偏差为

$$F_{i+1}=X_{i+1}^2+Y_{i+1}^2-R^2=F_i+2Y_i+1 \quad (4\text{-}7)$$

2）第一象限顺圆插补（图 4-6）。

若 $F_i \geqslant 0$，应向 $-Y$ 方向走一步，到 $i+1$ 点，其坐标值为 $X_{i+1}=X_i$，$Y_{i+1}=Y_i-1$。则新点的偏差为

$$F_{i+1}=X_{i+1}^2+(Y_i-1)^2-R^2=F_i-2Y_i+1 \quad (4\text{-}8)$$

若 $F_i<0$，应向 $+X$ 方向走一步，到 $i+1$ 点，其坐标值为 $X_{i+1}=X_i+1$，$Y_{i+1}=Y_i$。则新点的偏差为

$$F_{i+1}=(X_i+1)^2+Y_{i+1}^2-R^2=F_i+2X_i+1 \quad (4\text{-}9)$$

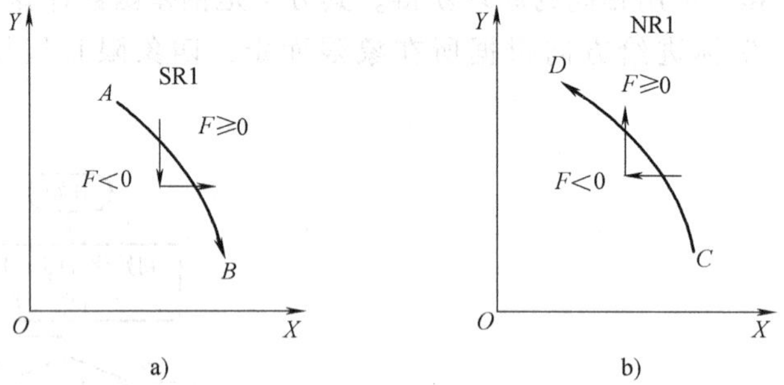

图 4-6　第一象限顺、逆圆弧

a）顺圆弧　b）逆圆弧

（2）终点判别法　圆弧插补可以采用如下三种终点判别方法。①可以设置一个总计数器 Σ，其初值可预设为从起点到达终点的 X、Y 轴进给步数的总和，即 $\Sigma=|X_B-X_A|+|Y_B-Y_A|$，每走一步，$\Sigma$ 减去 1，当 $\Sigma=0$ 时发出终点到达信号，停止插补运算；②两坐标轴分别设置一个计数器 ΣX 和 ΣY，其初值分别设置为各轴从起点到终点的总步数，即 $\Sigma X=|X_B-X_A|$，$\Sigma Y=|Y_B-Y_A|$，当某坐标轴有进给时，其相应的计数器值减 1，直至两个计数器值都为 0，发出终点到达信号，停止插补运算；③设置一个计数器，其初值取为两个坐标轴进给步数大的轴的进给步数，即 $\Sigma=\max\{|X_B-X_A|,|Y_B-Y_A|\}$，当该坐标轴进给时，计数器值减 1，直至计数器值为 0 时，停止插补。

图 4-7 所示是逐点比较法插补第一象限逆圆弧流程图。

（3）逐点比较法圆弧插补举例　对于第一象限逆圆弧，起点为 $A(5,\ 0)$，终点 $B(3,\ 4)$，用逐点比较法圆弧插补加工该圆弧。

设置总计数器 $\Sigma=|X_B-X_A|+|Y_B-Y_A|=|3-5|+|4-0|=6$

插补运算过程见表 4-2，插补刀具轨迹如图 4-8 所示。

表 4-2　圆弧插补运算过程

序号	偏差判别	进给	偏差计算	终点判别
0	—	—	$F_{5,0}=0$	$\Sigma=6$
1	—	$-X$	$F_{4,0}=F_{5,0}-2\times5+1=0-10+1=-9$	$\Sigma=6-1=5$
2	$F_{4,0}=-9<0$	$+Y$	$F_{4,1}=F_{4,0}+2\times0+1=-9+1=-8$	$\Sigma=5-1=4$
3	$F_{4,1}=-8<0$	$+Y$	$F_{4,2}=F_{4,1}+2\times1+1=-8+2+1=-5$	$\Sigma=4-1=3$
4	$F_{4,2}=-5<0$	$+Y$	$F_{4,3}=F_{4,2}+2\times2+1=-5+4+1=0$	$\Sigma=3-1=2$
5	$F_{4,3}=0$	$-X$	$F_{3,3}=F_{4,3}-2\times4+1=0-8+1=-7$	$\Sigma=2-1=1$
6	$F_{3,3}=-7<0$	$+Y$	$F_{3,4}=F_{3,3}+2\times3+1=-7+6+1=0$	$\Sigma=1-1=0$

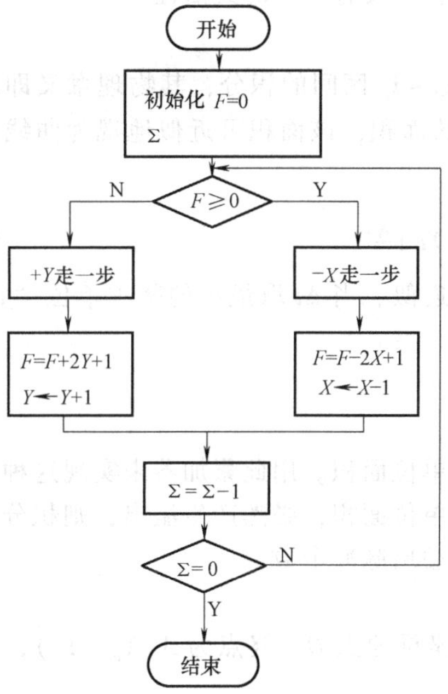

图 4-7　第一象限逆圆弧插补流程

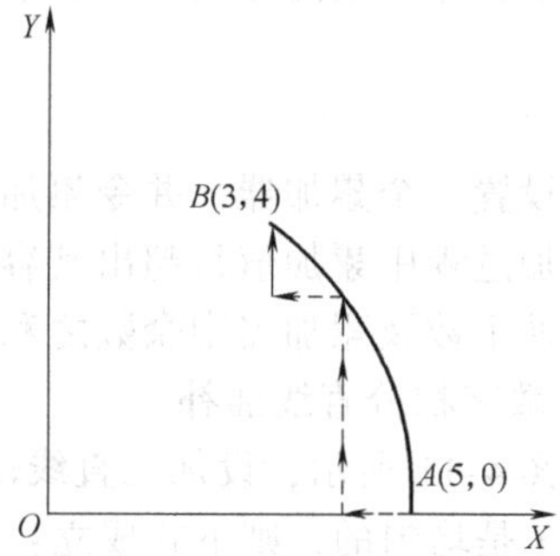

图 4-8　圆弧插补刀具轨迹

(4) 不同象限的圆弧插补计算　实际加工中，圆弧加工可能并不局限于第一象限顺圆、逆圆，所在的象限不同，圆的走向不同，其偏差计算公式和动点坐标进给方向也不同，圆弧插补有八种情况，如图 4-9 所示。若以 SR1、SR2、SR3、SR4，分别表示第一、二、三、四象限的顺圆弧，NR1、NR2、NR3、NR4，分别表示第一、二、三、四象限的逆圆弧。对于其他象限的圆弧可以根据它们与第一象限的圆弧关于坐标轴的对称关系转化为第一象限圆弧插补情况，此时只是需要将各象限的坐标进给方向及偏差函数计算公式分别考虑即可，需要注意的是偏差函数中的 X、Y 值需代入其相应的绝对值。因此可将四象限圆弧插补归为两大类，即顺圆 1 型（包括 SR1、NR2、SR3 和 NR4），逆圆 1 型（包括 NR1、SR2、NR3 和 SR4），可分别调用第一象限顺圆或逆圆计算公式。

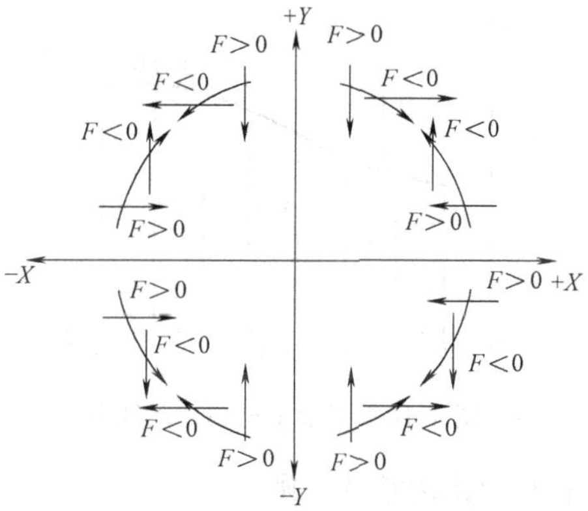

图 4-9　不同象限动点偏差函数正负及其坐标进给方向

三、数字积分插补原理

数字积分法简称 DDA 法，来源于数字微分分析法（Digital Differential Analyzer）英文首字母缩写，它是基于数字积分原理的一种插补方法，具有运算速度快、脉冲分配均匀、易实现多坐标联动等优点。不仅可实现平面直线、圆弧的插补，而且还可实现空间曲线的插补，应用较广泛。其缺点是速度调节不便，插补精度需要采用一定措施才能满足要求。软件数字积分法的采用，已大大提高了该种插补算法的性能，并具有一定的灵活性。

1. 数字积分的工作原理

如图 4-10 所示，对于函数 $y = f(t)$，求其在 $t_0 \sim t_n$ 区间的积分，其物理意义即求函数曲线 $y = f(t)$ 与横坐标 t 在区间（t_0，t_n）所围成的面积，该面积可近似地视为曲线下许多小矩形面积之和，即

$$S = \int_{t_0}^{t_1} y\mathrm{d}t = \sum_{i=1}^{n} y_{i-1}\Delta t \tag{4-10}$$

上式表明，求积分的过程可以用累加的方式来近似。当 Δt 取最小的基本单位“1”（相当于一个脉冲周期的时间）时，上式简化为

$$S = \sum_{i=0}^{n} y_i$$

若设置一个累加器，并令累加器的容量为一个单位面积。用此累加器来实现这种累加运算，累加过程中累加值每超出其容量，即超过一个单位面积，必然产生溢出，则积分值即为溢出脉冲个数及累加器中余数之和，它可近似等于溢出脉冲个数。

2. 数字积分直线插补

如图 4-11 所示，设加工直线段 OA，其起点为坐标原点 O，终点为 $A(X_\mathrm{e}, Y_\mathrm{e})$，假定进给速度 v 是均匀的，则下式成立：

$$\frac{v}{OA} = \frac{v_x}{X_\mathrm{e}} = \frac{v_y}{Y_\mathrm{e}} = K \tag{4-11}$$

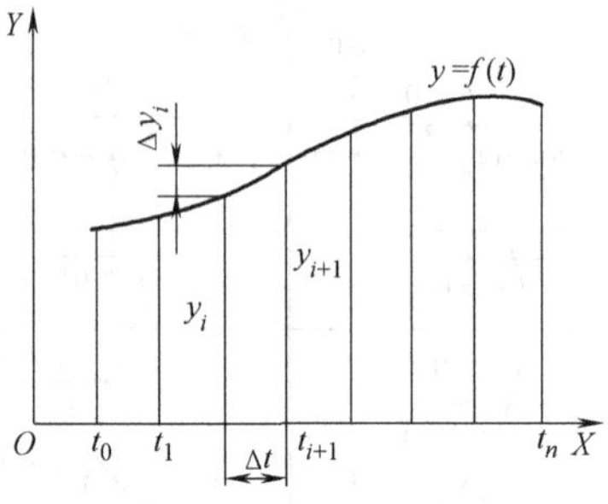

图 4-10　函数 $y = f(t)$ 的积分

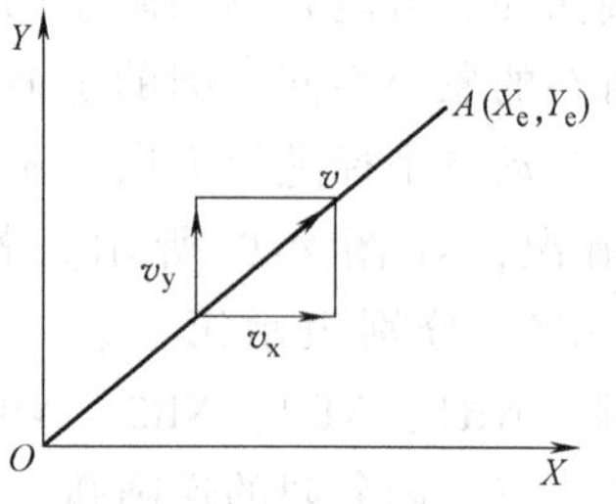

图 4-11　数字积分的直线插补

式中 K 为比例常数。则

$$\begin{cases} V_x = KX_\mathrm{e} \\ V_y = KY_\mathrm{e} \end{cases} \tag{4-12}$$

在 Δt 时间内，X 和 Y 的位移增量为

$$\begin{cases} \Delta X = v_x \Delta t = KX_\mathrm{e}\Delta t \\ \Delta Y = v_y \Delta t = KY_\mathrm{e}\Delta t \end{cases} \tag{4-13}$$

动点从原点走向终点的过程，可以看成各坐标轴每经过一单位时间间隔 Δt，分别以增量 KX_e 及 KY_e 同时累加的结果。

$$\begin{cases} X = \int_0^t KX_\mathrm{e}\mathrm{d}t = \sum_{i=1}^{m} KX_\mathrm{e}\Delta t = mKX_\mathrm{e}\Delta t \\ Y = \int_0^t KY_\mathrm{e}\mathrm{d}t = \sum_{i=1}^{m} KY_\mathrm{e}\Delta t = mKY_\mathrm{e}\Delta t \end{cases} \tag{4-14}$$

取 $\Delta t = 1$ ，则有

$$\begin{cases} X = mKX_e \\ Y = mKY_e \end{cases}$$

据此，可以作出如图 4-12 所示的直线插补器。由图可见，数字积分直线插补器由两个数字积分器组成，每个坐标的积分器由累加器和被积函数寄存器所组成，终点坐标值存在被积函数寄存器中，其工作过程为：每发一个插补迭代脉冲，使 KX_e 和 KY_e 向各自的累加器里累加一次，若累加的结果超出累加器容量时，则溢出一个脉冲，使相应的坐标进给一步。即：积分值 = 溢出脉冲 + 余数。

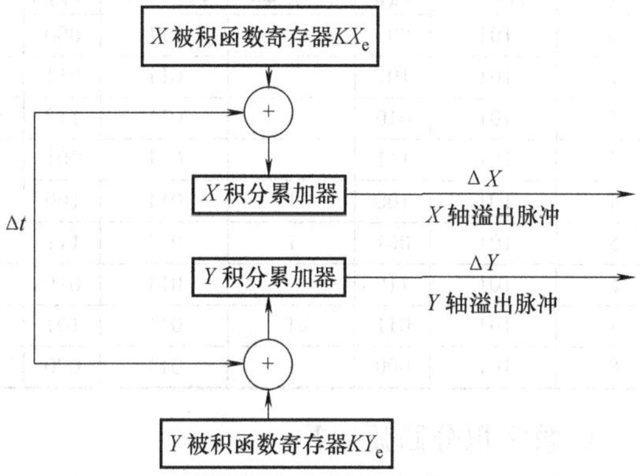

图 4-12　XY 平面直线插补结构图

若经过 m 次累加后，X、Y 分别（或同时）到达终点（X_e，Y_e），即下式成立：

$$\begin{cases} X = \sum \Delta X = \sum_{i=1}^{m} KX_e \Delta t_i = X_e \\ Y = \sum \Delta Y = \sum_{i=1}^{m} KY_e \Delta t_i = Y_e \end{cases} \tag{4-15}$$

由此可见，比例系数 K 与累加器之间有如下关系：

由于 m 为累加次数，应为整数，$K = 1/m$ 。K 的选择主要考虑每次增量 ΔX 或 ΔY 不大于 1，以保证坐标轴上每次分配进给脉冲不超过一个，即要使下式成立：

$$\Delta X = KX_e < 1$$
$$\Delta Y = KY_c < 1$$

若取 X 和 Y 寄存器位数均为 N 位，则该寄存器的最大容量为 $2^N - 1$，即有

$$\begin{cases} \Delta X = KX_e = K(2^N - 1) < 1 \\ \Delta Y = KY_e = K(2^N - 1) < 1 \end{cases} \tag{4-16}$$

即 $K < \frac{1}{2^N - 1}$ ，取 $K = \frac{1}{2^N}$可满足上述条件，因此累加次数 $m = 2^N$。由于 $K = \frac{1}{2^N}$，对于一个二进制数来说，KX_e（或 KY_e）即是使 X_e（或 Y_e）保持不变，只要把小数点左移 N 位即可。故一个 N 位的寄存器存放 X_e（或 Y_e）和存放 KX_e（或 KY_e）的数字是相同的，只认为后者小数点出现在最高位前面，其他没有差异。因此被积函数寄存器中通常存储的是 X_e（或 Y_e）值。

DDA 直线插补的终点判别较简单，由于直线程序段需要进行 2^N 次累加运算，进行 2^N次累加后就一定到达终点，故可由一个与累加器中寄存器容量相同的终点计数器 Σ 来实现，其初值为 0。每累加一次，Σ 加 1，当累加 2^N 次后，产生溢出，Σ 变为 0，完成插补。

如图 4-13 所示，采用数字积分法插补起点为 $O(0，0)$，终点为 $A(5，3)$ 的直线 OA。取被积函数寄存器分别为 J_{VX}、J_{VY}，余数寄存器分别为 J_{RX}、J_{RY}，终点计数器为 Σ，均为

三位二进制寄存器。则需迭代（累加）次数 $n=2^3=8$ 次，插补过程见表 4-3。

表 4-3　DDA 直线插补过程

累加次数	X 积分器			Y 积分器			终点计数器	备　注
(Δt)	$J_{VX}(X_i)$	J_{RX}	溢出 ΔX	$J_{VY}(Y_i)$	J_{RY}	溢出 ΔY	Σ	
0	101	000		011	000		000	初始状态
1	101	101		011	011		001	第一次迭代
2	101	010	1	011	110		010	J_{RX}有进位，ΔX 溢出脉冲
3	101	111		011	001	1	011	J_{RY}有进位，ΔY 溢出脉冲
4	101	100	1	011	100		100	ΔX 溢出
5	101	001	1	011	111		101	ΔX 溢出
6	101	110		011	010	1	110	ΔX 溢出
7	101	011	1	011	101		111	ΔX 溢出
8	101	000	1	011	000	1	000	ΔX，ΔY 同时溢出 $J_E=0$，插补结束

3. 数字积分圆弧插补

对图 4-14 所示的第一象限圆弧，圆心 O 位于坐标原点，半径为 R，起点为 $A(X_A, Y_A)$，终点 $B(X_B, Y_B)$，刀具位置在某瞬时的坐标为 $P(X_i, Y_i)$。

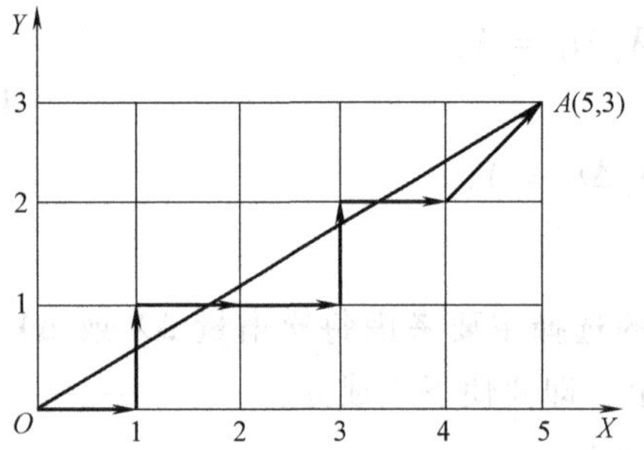

图 4-13　数字积分第一象限直线插补示例

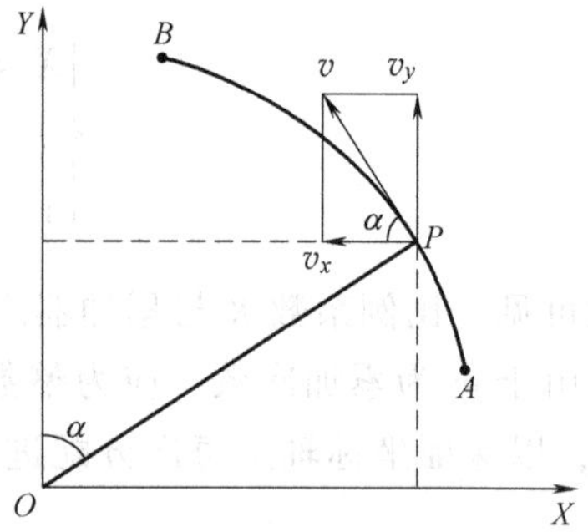

图 4-14　DDA 法圆弧插补

若采用逆时针加工，有

$$\frac{v}{R}=-\frac{v_x}{Y_i}=\frac{v_y}{X_i}=K \tag{4-17}$$

式中　v_x、v_y——刀具在 X、Y 方向的进给速度；

v——刀具沿圆弧运动的切线速度。

用积分法可以求得刀具在 X、Y 方向的位移，即

$$X=\int v_x \mathrm{d}t$$

$$Y=\int v_y \mathrm{d}t$$

其数字积分表达式为

$$\begin{cases} X=\sum v_x \Delta t \\ Y=\sum v_y \Delta t \end{cases} \tag{4-18}$$

式（4-17）中半径 R 为常数，若切向速度 v 为匀速，则 K 可视为常数，根据式（4-18），设 $K=1/2^N$，其中 2^N 为 N 位积分累加器的容量，令 $\Delta t=1$ 则有

$$\begin{cases} X = \sum_{i=1}^{m} KY_i \Delta t = \frac{1}{2^N}\sum_{i=1}^{m} Y_i \\ Y = \sum_{i=1}^{m} KX_i \Delta t = \frac{1}{2^N}\sum_{i=1}^{m} X_i \end{cases} \tag{4-19}$$

由此构成数字积分法圆弧插补器框图如图 4-15 所示。

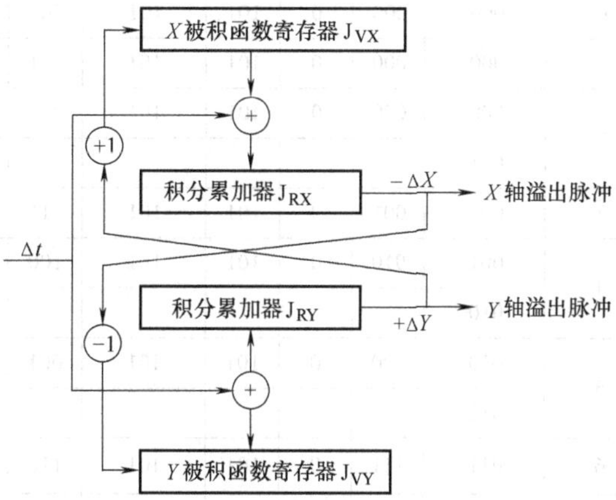

图 4-15　DDA 圆弧插补器原理框图

第一象限逆时针圆弧 DDA 法插补过程为：

1）开始时，X 轴和 Y 轴被积函数寄存器中分别存放 Y、X 的起点坐标 Y_0 和 X_0。

2）将 X 轴被积函数寄存器的值与其累加器的值相累加，累加结果若超出累加器容量，则溢出脉冲，向 $-X$ 方向进给一步，而 Y 轴被积函数寄存器的数与其累加器的数累加，累加结果若超出累加器容量，则溢出脉冲，向 $+Y$ 方向进给一步。

3）有坐标进给后，必须对被积函数寄存器内的坐标值加以修正。即当 X 方向进给时，使 Y 轴被积函数寄存器内容减 1；当 Y 方向进给时，使 X 轴被积函数寄存器内容加 1。

4）与直线插补相比，圆弧插补是对动点 X_i 与 Y_i 的数值分别进行累加（直线插补则是对不变的终点坐标 X_e 和 Y_e 的数值分别进行累加），若累加器 J_{RX} 与 J_{RY} 产生溢出，则在相应坐标方向进给一步，进给方向则取决于圆弧所在象限以及顺圆或逆圆插补的情况，表 4-4 为 DDA 法圆弧插补的进给方向及函数寄存器内容修正。

表 4-4　DDA 法圆弧插补的进给方向及函数寄存器内容修正

进给轴 \ 进给方向 \ 圆弧类型	SR1	SR2	SR3	SR4	NR1	NR2	NR3	NR4
ΔX	+	+	−	−	−	−	+	+
ΔY	−	+	+	−	+	−	−	+
$J_{VX}(Y)$	−1	+1	−1	+1	+1	−1	+1	−1
$J_{VY}(X)$	+1	−1	+1	−1	−1	+1	−1	+1

（1）数字积分法圆弧插补的终点判别　数字积分法圆弧插补的终点判别不能通过插补运算的次数来判别，必须根据进给步数来判别。为此设置两个终点计数器 $\sum X$ 和 $\sum Y$，其初值预置为各轴进给总步数，当某个坐标轴进给时，其相应的终点计数减 1，当某轴终点计数器值为 0 时，则停止对该轴进行插补运算。

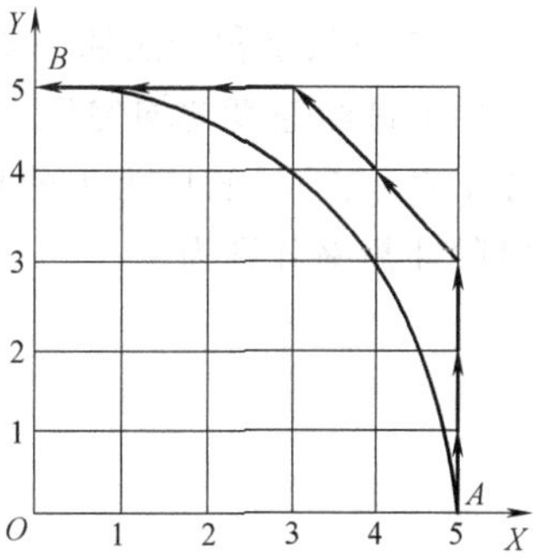

图 4-16　DDA 圆弧插补轨迹

（2）数字积分法圆弧插补举例　如图 4-16 所示，对于第一象限逆圆弧，其起点为 $A(5, 0)$，终点为 $B(0, 5)$，采用数字积分对其插补。取累加器为 3 位，两坐标的进给步数均为 5，插补计算过程见表 4-5。

表 4-5　DDA 圆弧插补过程

运算次序	X 积分器			ΣX	Y 积分器			ΣY	备　注
	$J_{VX}(Y_i)$	J_{RX}	ΔX		$J_{VY}(X_i)$	J_{RY}	ΔY		
0	000	000	0	101	101	000	0	101	初始状态
1	000	000	0	101	101	101	0	101	第一次迭代
2	000	000	0	101	101	010	1	100	产生 ΔY 修正 Y_i
	001								
3	001	001	0	101	101	111	0	100	
4	001	010	0	101	101	100	1	011	积分器再次溢出 修正 J_{VX}（即修正 Y_i）
	010								
5	010	100	0	101	101	001	1	010	产生 ΔY 修正 Y_i
	011								
6	011	111	0	101	101	110	0	010	
7	011	010	1	100	101	011	1	001	同时产生 ΔX、ΔY 修正 X_i、Y_i
	100				100				
8	100	110	0	100	100	111	0	001	
9	100	010	1	011	100	011	1	000	产生 ΔX、ΔY，Y 到达终点，停止 Y 迭代
	101				011				
10	101	111	0	011	011				
11	101	100	1	010	011				产生 ΔX 修正 X_i
					010				
12	101	001	1	001	010				产生 ΔX 修正 X_i
					001				
13	101	110	0	001					
14	101	011	1	000	001				产生 ΔX，X 到达终点，插补结束
					000				

4. 提高数字积分法插补质量的措施

（1）进给速度的均匀化　若 f 为插补时钟频率，δ 为脉冲当量，对于起点为原点，终点为 A（X_e，Y_e），长度为 L 的直线，采用数字积分插补时，若累加器容量为 2^N，则各坐标轴溢出脉冲频率分别为

$$\begin{cases} f_x = \dfrac{X_e}{2^N} f \\ f_y = \dfrac{Y_e}{2^N} f \end{cases} \tag{4-20}$$

则各轴平均进给速度为

$$
\begin{aligned}
v_x &= 60\delta f_x = 60\delta \frac{X_e}{2^N} f \\
v_y &= 60\delta f_y = 60\delta \frac{Y_e}{2^N} f
\end{aligned} \tag{4-21}
$$

合成进给速度为

$$v = \sqrt{v_x^2 + v_y^2} = 60\delta \frac{\sqrt{X_e^2 + Y_e^2}}{2^N} f = 60\delta \frac{L}{2^N} f \tag{4-22}$$

对于半径为 R 的圆弧插补，其平均进给速度为

$$v = 60\delta \frac{R}{2^N} f \tag{4-23}$$

由以上两式可以看出，进给速度与被加工直线的长度或被加工圆弧的半径成正比，直线长度或圆弧半径的不同引起各程序段进给速度的不一致，从而影响加工质量和加工效率，为此通常采取“左移规格化”处理措施使溢出脉冲均匀，溢出速度提高。

当被积函数过小，被积函数寄存器从最高位起有 i 个零（简称前零）时，若直接迭代，则至少需要 2^i 次迭代，才能输出一个溢出脉冲，使输出脉冲的速率较低。在实际数字积分器中，常进行“左移规格化”处理，即把被积函数寄存器中的前零移去。经过左移规格化处理，将寄存器中其最高位为 1 的数称为规格化数，反之，将寄存器中的数其最高位为 0 的数称为非规格化数。显然，规格化数累加两次必有一次溢出，而非规格化数必须作两次以上或更多次累加才能有一次溢出。

直线插补时，左移规格化是使坐标值较大的被积函数寄存器的最高有效位数为 1。保证每经过两次累加运算必有一次溢出。

圆弧插补时，左移规格化是使坐标值较大的被积函数寄存器的次高位为 1，以保证被积函数在插补过程被修改时不致直接导致溢出。

(2) 提高插补精度措施——余数寄存器预置数方法　数字积分法直线插补的插补误差小于一个脉冲当量，但在圆弧插补时其插补误差则有可能大于一个脉冲当量，这是由于在坐标轴附近进行插补时，一个积分器的被积函数值接近于零，而另一个积分器的被积函数值却接近最大值（圆弧半径）。这就可能造成前者没有溢出脉冲而后者连续溢出，造成两个积分器溢出脉冲速率存在较大差别，导致插补轨迹偏离理论曲线。在实际积分插补过程中，常常应用给积分累加器余数寄存器预置数（也称余数寄存器预置数法）的方法，即在数字积分插补之前，将余数寄存器预置某一非零的数值，这一数值可以是最大容量（2^n-1），也可以是小于最大容量的某一个数，如 $2^n/2$，通常采用的是预置 0.5 的方法。预置 0.5 称为“半加载”，即在数字积分法累加迭代前，余数寄存器的初值不是置零，而是置 100…000（即 0.5），这样只要再叠加 0.5，余数寄存器就可以产生第一个溢出脉冲，使积分器提前溢出。尤其对于较小的被积函数，可大大加快其溢出时间。

如图 4-17、图 4-18 所示，“半加载”可使直线插补的误差减小到半个脉冲当量以内，且使圆弧插补的精度也能得到明显提高。

如图 4-17 所示，直线 OA 没有“半加载”时，X 积分器除第一次迭代无溢出外，其余 15 次均有溢出；而 Y 积分器只在第 16 次才有溢出脉冲。对直线 OA 进行“半加载”后，则 X 积分器除第 9 次迭代无溢出外，其余 15 次均有溢出；而 Y 积分器的溢出提前到第 8 次迭

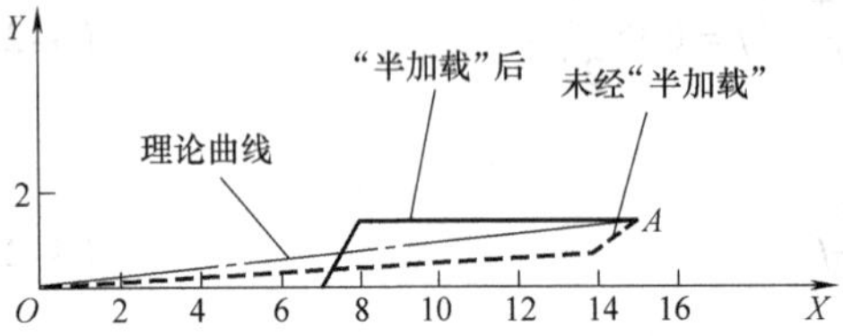

图 4-17 半加载后的直线插补

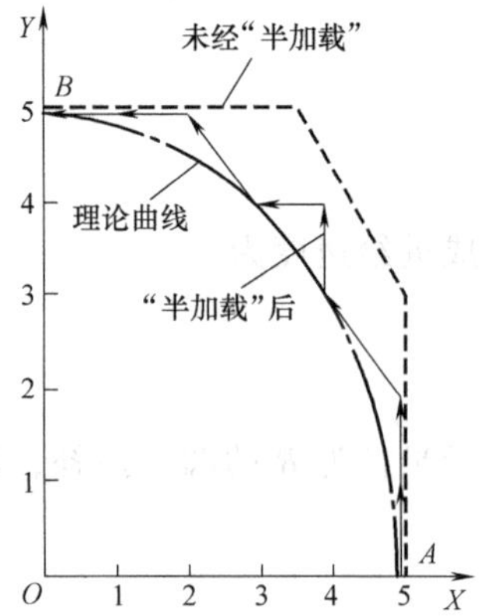

图 4-18 半加载后的圆弧插补

代就有溢出，由此改善了溢出脉冲的时间分布，提高了插补精度。

四、数据采样插补原理

随着计算机性能及数控系统控制要求的不断提高，数据采样插补方法在现代数控系统中得到广泛应用，插补实时性和计算复杂性之间的矛盾已不再那么突出了。

1. 数据采样插补基本原理

数据采样插补是根据程序设定的进给速度将轮廓曲线分割为插补采样周期的进给段，即进给步长，在每一插补周期中，插补程序被调用一次，为下一周期计算出各坐标轴应该运动的位移增量值，然后再计算出相应插补点（动点）位置的坐标值。数据采样插补一般分为粗、精插补两步完成，第一步是粗插补，由它在给定曲线的起、终点之间插入若干个中间点，将曲线分割成若干个微小直线段，即用一组微小直线段来逼近曲线。这些微小直线段由精插补进一步进行数据点的密化工作，即进行对直线的脉冲增量插补。粗插补算法较复杂，大多用高级语言编制；精插补算法较简单，多用汇编语言或硬件插补器实现。在进给过程中，对实际位置进行采样，并与插补计算的坐标位置进行比较，得出位置误差，经转换为指令速度，控制坐标轴向偏差减小的方向运动，直至到达指令位置。

在 CNC 系统中，数据采样插补通常采用时间分割插补算法，这种方法是把加工一段直线或圆弧的整段时间分为许多相等的时间间隔，该时间间隔即为插补周期。它首先根据加工指令中的进给速度 F，计算出一个插补周期的轮廓步长 ΔL，即以插补周期为时间单位，将加工过程分割成许多个单位时间内的进给过程。再将进给步长按一定几何关系向各坐标轴分解，得到各坐标轴在下一个插补周期的位置增量，从而得到新的动点的坐标值。由此看出，时间分割法着重要解决两个问题：一是插补周期的合理选择，二是如何根据进给步长计算插补周期内坐标轴的增量值。

2. 插补周期的选择

（1）插补周期与插补运算时间的关系　一旦选定了插补法，则完成该算法的时间也就确定了。一般来说，插补周期必须大于插补运算所占用的 CPU 时间。这是因为当数控系统进行轮廓控制时，CPU 除了完成插补运算外，还必须实时完成其他包括显示、监控甚至精插补等在内的一些工作。因此要求插补周期 T 必须大于插补运算与完成其他实时任务所需时间之和。

(2) 插补周期与位置采样周期的关系　在数据采样插补中，为保证位置控制精度，要求采样周期 T_c 等于或小于插补周期 T，通常插补周期是采样周期的整数倍。

(3) 插补周期与精度、速度的关系　在直线插补时，插补所形成的每一个小直线段与给定直线重合，不会造成轨迹误差。在圆弧插补时，用内接弦线或内外均差弦线来逼近圆弧，如图 4-19 所示。

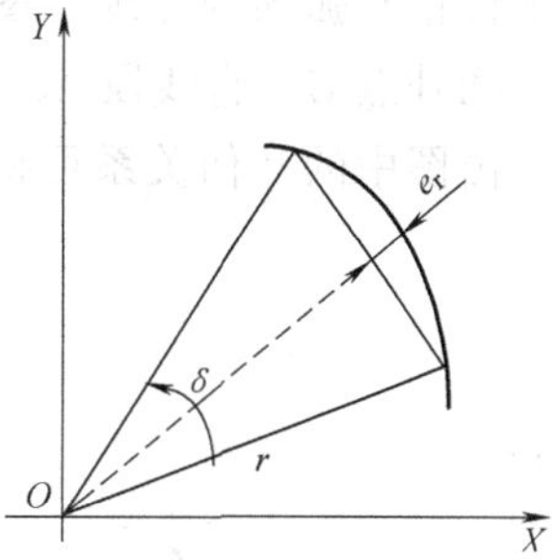

图 4-19　弦线逼近圆弧误差示意图

逼近必然会造成轨迹误差，对内接弦线，最大半径误差 e_r 与步距角 δ 的关系为

$$e_r = r\left(1 - \cos\frac{\delta}{2}\right) \tag{4-24}$$

对上式进行泰勒级数展开得到

$$e_r = r\left(1 - \cos\frac{\delta}{2}\right) = r\left\{1 - \left[1 - \frac{\left(\frac{\delta}{2}\right)^2}{2!} + \frac{\left(\frac{\delta}{2}\right)^4}{4!} - \cdots\right]\right\} \approx \frac{\delta^2}{8}r$$

其中，$\delta = \frac{\Delta L}{r} = \frac{FT}{r}$，$F$ 为进给速度，T 为插补周期。由此得

$$e_r = \frac{(FT)^2}{8r} \tag{4-25}$$

由上式看出圆弧插补时，插补周期 T 分别与精度 e_r、半径 r 和速度 F 有关。

3. 数据采样直线插补

时间分割法直线插补首先要根据进给速度和插补周期计算出在一个插补周期的进给量（进给步长）ΔL，然后将进给步长向各坐标轴分解，获得在一个插补周期内各坐标轴的分量，从而得到动点的坐标。进给步长的计算公式为

$$\Delta L = FT/(60 \times 1000) \tag{4-26}$$

式中　F——用户给定的进给速度（mm/min）；

T——插补周期（ms）。

各坐标轴方向上的分量为

$$\begin{cases} \Delta X_i = \Delta L\cos\alpha \\ \Delta Y_i = \Delta L\cos\beta \end{cases} \tag{4-27}$$

其中，$\cos\alpha = \frac{X_e}{L}$，$\cos\beta = \frac{Y_e}{L}$；$L$ 为所要插补的直线长度。

图 4-20 所示为 XY 平面的直线插补示意图，则新的动点坐标为

$$\begin{cases} X_{i+1} = X_i + \Delta X_i \\ Y_{i+1} = Y_i + \Delta Y_i \end{cases} \tag{4-28}$$

4. 数据采样圆弧插补

采用直接函数进行圆弧插补的基本方法是用内接弦线逼近圆弧，只要在插补过程中，根据半径合理选用进给速度 F，就可使逼近精度满足要求。为了简化程序设计，通常将插补计算坐标系原点选在被插补圆弧的圆心上，如图 4-21 所示，以第一象限顺圆插补（G02）为

例来讨论圆弧插补原理。图中 $P_i(X_i, Y_i)$ 为圆上某一插补点 A，$P_{i+1}(X_{i+1}, Y_{i+1})$ 为圆上下一插补点 C，直线段 AC 为本次的合成进给量，D 为 AC 的中点，δ 为本次插补的逼近误差。由图中的几何关系可得

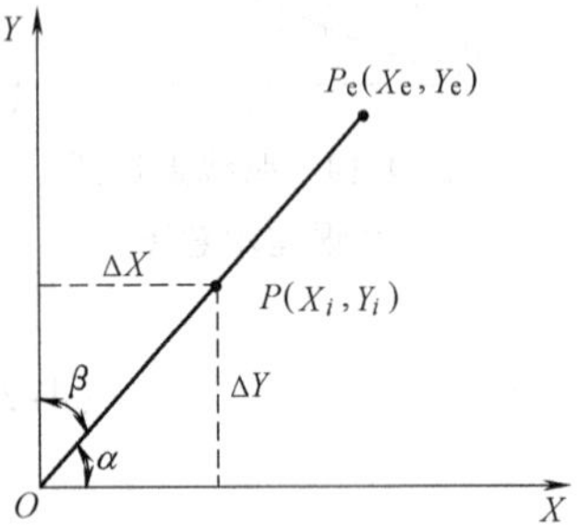

图 4-20　时间分割直线插补

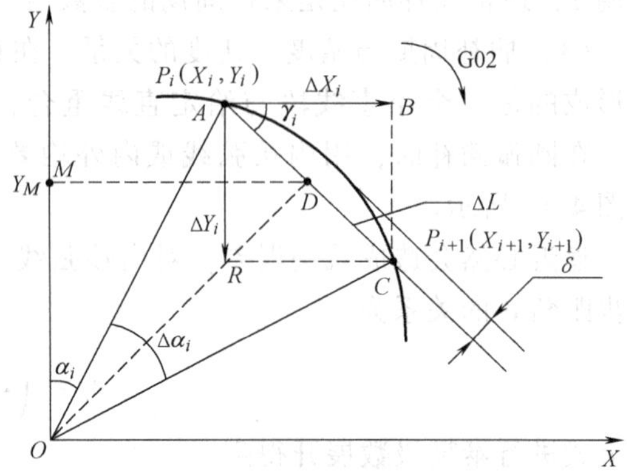

图 4-21　时间分割法圆弧插补示意图

$$\triangle ABC \backsim \triangle ODM$$

则有 $\gamma_i = \alpha_i + \Delta\alpha_i/2$

$$\cos\gamma_i = \cos(\alpha_i + \Delta\alpha_i/2) = Y_M/(R-\delta) = (Y_i - \Delta Y_i/2)/(R-\delta) \tag{4-29}$$

由于 ΔY_i、δ 都为未知数，故对上式进行如下的近似处理：由于 ΔL 很小，可用 ΔY_{i-1} 取代 ΔY_i；又由于 $R \gg \delta$，可用 R 取代 $R-\delta$。则有

$$\cos\gamma_i \approx \frac{\left(Y_i - \dfrac{\Delta Y_{i-1}}{2}\right)}{R} \tag{4-30}$$

式中，ΔY_{i-1} 为上一次插扑运算中自动生成的，但是在开始时是没有 ΔX_0、ΔY_0 的，可采用 DAA（双渐进）法求取该值：

$$\Delta X_0 = \frac{\Delta L Y_0}{R}, \Delta Y_0 = \frac{\Delta L X_0}{R} \tag{4-31}$$

式中，X_0，Y_0 为插补圆弧的起点。则

$$\Delta X_i = \Delta L \cos\gamma_i = \Delta L \frac{\left(Y_i - \dfrac{\Delta Y_{i-1}}{2}\right)}{R}$$

$$\Delta Y_i = Y_i - \sqrt{R^2 - (X_i + \Delta X_i)^2}$$

综合后得

$$\begin{cases} \Delta X_i = \Delta L \dfrac{\left(Y_i - \dfrac{\Delta Y_{i-1}}{2}\right)}{R} \\ X_{i+1} = X_i + \Delta X_i \\ Y_{i+1} = \sqrt{R^2 - X_{i+1}^2} \\ \Delta Y_i = Y_i - Y_{i+1} \end{cases} \tag{4-32}$$

在圆弧插补公式的推导中，采用近似计算 $\cos\gamma_i$ 值必然产生偏差，这样求的插补值也会

有误差，但所求出的插补点坐标（X_{i+1}，Y_{i+1}）总可保证在圆上，因此对算法的稳定性和轨迹精度没有影响。

$\cos\gamma_i$ 的误差将直接导致实际合成进给量 ΔL 的波动，表现为进给速度不均匀。但是由这种误差导致的进给速度的波动是很小的，可以证明其不均匀性系数≤0.35%，这在机械加工中是允许的。

第二节　刀具补偿原理

一、刀具补偿基本概念

为简化编程，通常采用零件轮廓进行编程，而实际数控加工中，数控系统控制的是刀具的中心轨迹。一般数控系统提供了刀具补偿功能，数控装置根据该功能自动实现零件轮廓到刀具中心轨迹的这种转换。实际的刀具半径补偿是在 CNC 系统内部由计算机自动完成的。刀具补偿处理是在插补计算前要完成的一项工作，经过译码得出的数据，经过刀具补偿计算，得出刀具中心轨迹数据，再进行插补运算，得到控制刀具运动的位置指令。刀具补偿包括刀具长度补偿和刀具半径补偿。刀具长度补偿主要解决因换刀和刀具磨损等造成的刀具长度变化的问题，是轴向补偿，相对较简单。

在加工零件的轮廓时，由于刀具总有一定的半径，有时还要留有一定的加工余量，因此刀具中心的运动轨迹和被加工零件的轮廓轨迹并不重合，有一定的偏移距离。在加工内轮廓时，刀具中心要向零件的内侧偏移一个偏置量（精加工时为刀具半径，粗加工时为刀具半径与加工余量之和），在进行外轮廓加工时，刀具中心又要向零件的外侧偏移一个偏置量。通常把这种预先设置的偏置量，称为刀具半径补偿，如图 4-22 所示。

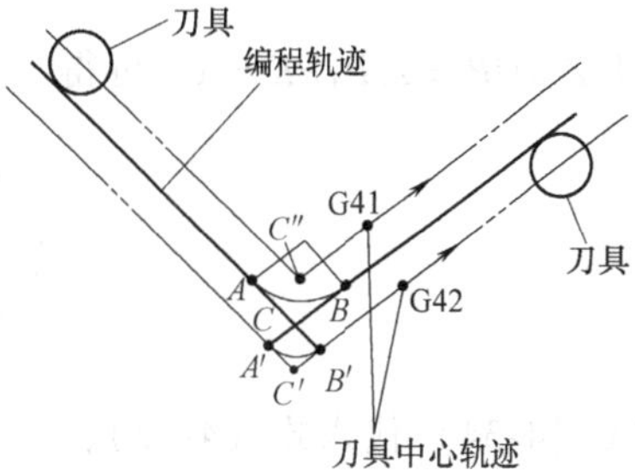

图 4-22　刀具半径补偿示意图

图中实线为所需加工的零件轮廓，点画线为刀具中心轨迹。根据 ISO 标准，沿刀具前进方向看去，当刀具在编程轨迹左侧时，称为左刀补，用 G41 表示；当刀具处于编程轨迹右侧时，称为右刀补，用 G42 表示。数控系统根据刀具补偿指令、被加工零件的轮廓尺寸及刀具半径以及偏置量的大小自动完成刀具半径的补偿计算。

刀具半径补偿执行的过程通常分为如下三步。

（1）刀具半径补偿的建立　刀具在接近工件的过程中，由与编程轨迹重合逐渐过渡到向左（G41）或向右（G42）偏移编程轨迹一个刀具半径补偿量距离，该过程一般在 G00 或 G01 的程序段建立，不进行零件加工。

（2）刀具半径补偿进行　刀具半径补偿一旦建立，刀具中心轨迹与编程轨迹始终偏置一个偏置量的距离，直到刀具半径补偿被撤销为止。

（3）刀具半径补偿撤销　在刀具撤离工件返回起刀点的过程中，由偏移编程轨迹一个刀具半径补偿量距离逐渐过渡到与编程轨迹重合的过程，称为刀具半径补偿的撤销过程，一般采用 G40 指令实现，并在 G00 或 G01 程序段撤销，此过程同样不进行零件加工。

二、刀具半径补偿的计算

刀具半径补偿计算是要根据零件尺寸和刀具半径值计算出刀具中心的运动轨迹。下面就直线加工和圆弧加工两种情况进行介绍。

1. 直线加工时刀具半径补偿的计算

当被加工零件的轮廓为直线时，经过补偿后刀具中心的运动轨迹是与原直线平行的直线，只需要计算出刀具中心轨迹的起点坐标值和终点坐标值即可。

如图 4-23 所示，被加工直线段 OP 的起点在坐标系的原点上，终点坐标为 $P(x, y)$，直线 O_1P_1 是加工该直线轮廓的刀具中心轨迹。假设上一程序段结束时刀具中心 O_1 点坐标为已知，刀具半径为 r，则需计算刀补后直线 O_1P_1 的终点坐标 $P_1(x_1, y_1)$。

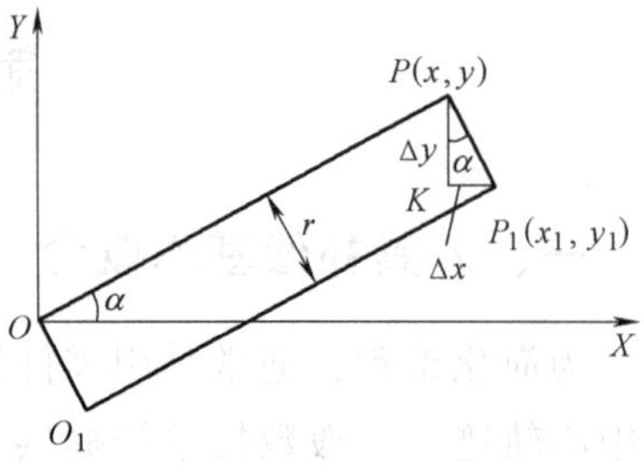

图 4-23　直线刀具半径补偿

设直线终点刀具补偿矢量 $\boldsymbol{PP}_1$ 在 X 和 Y 坐标轴方向的投影为 Δx 和 Δy，则有

$$\begin{cases} x_1 = x + \Delta x \\ y_1 = y + \Delta y \end{cases} \tag{4-33}$$

由于 $\angle XOP = \angle P_1PK = \alpha$，可得

$$\begin{cases} \Delta x = r\sin\alpha = r\dfrac{y}{\sqrt{x^2 + y^2}} \\ \Delta y = -r\cos\alpha = -r\dfrac{x}{\sqrt{x^2 + y^2}} \end{cases} \tag{4-34}$$

将式 (4-34) 代入式 (4-33)，得

$$\begin{cases} x_1 = x + \Delta x = x + r\dfrac{y}{\sqrt{x^2 + y^2}} \\ y_1 = y + \Delta y = y - r\dfrac{x}{\sqrt{x^2 + y^2}} \end{cases} \tag{4-35}$$

2. 圆弧加工时的刀具半径补偿计算

圆弧刀具半径补偿计算如图 4-24 所示。

当加工的零件轮廓是圆弧时，经过刀具半径补偿后，刀具中心的运动轨迹是与零件轮廓轨迹（圆弧）同心的一段圆弧，因此只需计算刀具补偿后圆弧的起点和终点坐标值。

设被加工的圆弧圆心在坐标原点，圆弧半径为 R，圆弧起点 M 的坐标为 (x_M, y_M)，圆弧终点 N 的坐标为 (x_N, y_N)，刀具半径为 r。

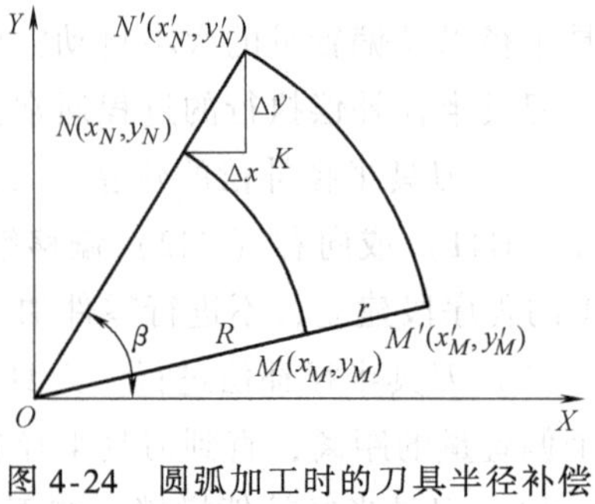

图 4-24　圆弧加工时的刀具半径补偿

另设上一程序段结束后，刀具中心 M' 的坐标为已知。在加工圆弧时要实现刀具半径补偿，必须求出圆弧加工完毕后刀具中心的坐标 $N'(x'_N, y'_N)$。

设 NN' 在两坐标轴方向上的投影分别为 Δx 和 Δy，则有

$$\begin{cases} x'_N = x_N + \Delta x \\ y'_N = y_N + \Delta y \end{cases} \tag{4-36}$$

由于 $\angle XON = \angle N'NK = \beta$，则有

$$\begin{cases} \Delta x = r\cos\beta = \dfrac{rx_N}{R} \\ \Delta y = r\sin\beta = \dfrac{ry_N}{R} \end{cases} \tag{4-37}$$

将式（4-37）代入式（4-36）得

$$\begin{cases} x'_N = x_N + \dfrac{rx_N}{R} \\ y'_N = y_N + \dfrac{ry_N}{R} \end{cases} \tag{4-38}$$

三、刀具半径补偿的方法

在零件轮廓的非光滑过渡的拐角处，CNC 系统自动进行尖角过渡。根据尖角过渡的方法不同，刀具半径补偿方法分为 B 功能刀具半径补偿和 C 功能刀具半径补偿。

1. B 功能刀具半径补偿

B 功能刀具半径补偿又称为基本的刀具半径补偿。通过上述公式已能计算出直线和圆弧轮廓经过刀具半径补偿后的起点与终点坐标值，但在两段轮廓交接处如何过渡就有问题了，除非两个程序段轮廓正好光滑过渡，即前一程序段终点的刀偏矢量与下一程序段起点的刀偏矢量完全重合，否则必然在交接处出现间断点或交叉点。一种简单的处理是在尖角过渡处，使刀具中心轨迹以小于180°的圆弧，由上段终点运动至下段始点。该过渡圆弧是由数控系统自动加入的，过渡圆弧的半径就是刀具半径 R，这样就带来两个问题：一是在加工外轮廓尖角时，由于刀具中心在通过连接圆弧轮廓尖角时，始终处于切削状态，尖角加工的工艺性变差，使零件的外轮廓尖角被加工成小圆角。二是在加工内轮廓时，必须由编程人员插入一个比刀具半径大的过渡圆弧，如图 4-22 中的圆弧 AB，这就给编程人员带来很大麻烦，一旦疏忽，就会产生过切现象，使加工的零件报废。这就限制了 B 刀具半径补偿方法在一些复杂的、要求较高的数控系统中的应用。

2. C 功能刀具半径补偿

以前受数控装置的运算速度和硬件结构的限制，图 4-22 中的 C' 和 C'' 点不易求得。随着 CNC 技术的发展，系统的工作方式、运算速度及存储器容量都有了很大的改进，可采用直线和圆弧过渡，出现了可直接求出刀具中心轨迹交点的 C 功能刀具半径补偿方法。

C 功能刀具半径补偿与 B 功能刀具半径补偿有很大区别。B 功能刀补的不足在于刀补处理时采用的是对零件加工程序读一段、算一段、走一段的控制方法，这样就无法预计到由于刀具半径补偿所造成下一段轨迹对本段轨迹的影响，因此不得不依靠编程人员来处理一些诸如间断点、交叉点等情况。在 C 功能刀具半径补偿中，为了预测下一段加工轨迹对本段加工轨迹的影响，在计算本段的刀具中心轨迹时，提前预读下一段程序，然后根据下一段程序分析确定刀具中心轨迹的段间过渡状态，视具体情况做出适当的处理。

图 4-25 是 CNC 系统的几种工作方式。早期的数控系统采用图 4-25a 所示的一般方法，即程序轨迹作为输入数据送到工作寄存器 AS 后，由运算器进行刀具补偿计算，计算结果送到输出寄存器 OS，直接作为伺服系统的控制信号。随着技术的进步，改进型的数控系统增加了一组数据输入的缓冲寄存器 BS，节省了数据的读入时间。通常在 AS 中存放着正在执行的程序段信息，而 BS 中已经存放了下一段要加工的信息，如图 4-25b 所示。现在的数控装置在缓冲寄存器 BS 和工作寄存器 AS 中间，又设置了一个刀具补偿缓冲区 CS。这样，就使 C 功能刀具半径补偿得以实现。如图 4-25c 所示即为 C 功能刀具补偿原理图，当系统工作后，第一程序段先被读入程序缓冲寄存器 BS，并在 BS 中计算出第一段程序的编程轨迹，然后被送到刀补寄存区 CS 中暂存起来，再将第二段程序读入 BS，并计算出第二段程序的编程轨迹。接着对第一与第二段的编程轨迹连接方式进行判别，根据判别结果，再对 CS 中的第一段编程轨迹做相应的修正。随即将结果由 CS 送入 AS 中。同时，第二段编程轨迹数据亦由 BS 送往 CS 中。随后，由 CPU 将 AS 中的内容送到 OS 中进行插补运算，运算结果送伺服装置予以执行。当修正了的第一段编程轨迹开始被执行后，利用插补间隙，CPU 又将第三段程序读入 BS，并计算其编程轨迹。又对第三段与第二段编程轨迹的连接方式进行判别，修正第二段程序的刀具中心轨迹。依次进行下去。

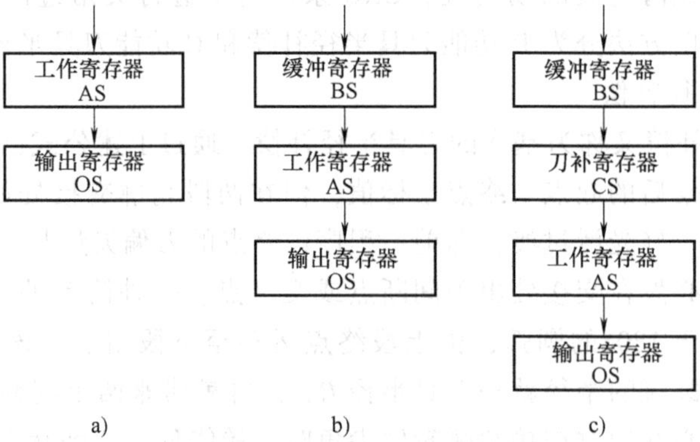

图 4-25　几种 CNC 系统的工作方式图

a）一般刀具补偿　b）改进的刀具补偿　c）C 功能刀具补偿

第三节　速度与加减速控制

进给速度控制是运动控制系统的重要任务，任何一个数控机床，都要求能够对进给速度进行控制，这因为进给速度直接影响到加工零件的表面粗糙度和精度，对于不同材料的零件，需要根据切削速度、切削深度、表面粗糙度和精度的要求，选择合适的进给速度，进给速度的选择是否得当还影响到刀具和机床的寿命和生产效率。因此进给速度和加减速控制，对于数控机床及其系统至关重要。

为了保证机床的正常、安全、有序工作，要求机床在起动和停止时不产生冲击，运行中不失步，调整中不振荡，位置准确不超程，必须对送到进给电动机的脉冲频率或电压进行控制。在 CNC 系统中，一般用软件或软件与接口硬件配合实现进给速度控制，以达到节省硬件、改善控制性能的目的。

速度及加减速控制对于不同类型的控制系统其控制方法也不尽相同，以下针对开环和（半）闭环控制系统分别讨论速度及加减速控制的实现方法。

一、开环系统进给速度及加减速控制

1. 开环速度控制方法

CNC 系统在执行程序中，进给速度由 F 指令指定，加工过程中操作者可根据实际加工需要通过进给速度倍率开关对进给速度 F 进行调整。在开环控制系统中，一般采用脉冲增量插补算法，在插补计算过程中不断向各坐标轴发送互相协调的进给脉冲。发出脉冲的数量决定工作台（或刀具）的移动距离，脉冲的频率决定工作台（或刀具）的移动速度。因此可以通过控制输出脉冲频率（或脉冲的周期）来控制进给速度。在开环系统中常采用程序计时法和时钟中断法对进给速度进行控制。

（1）程序计时法　为了实现不同进给速度的控制及加减速控制，可通过软件延时产生一系列频率可调的脉冲序列。采用程序计时方法进行进给速度控制，首先根据编程进给速度及速度倍率开关设置的倍率，算出相邻两个脉冲的时间间隔，进给速度 F（mm/min）与脉冲源频率 f（Hz）之间关系为

$$f=\frac{KF}{60\delta} \tag{4-39}$$

其中，δ 为脉冲当量（mm/脉冲），K 为速度系数。

相邻两个脉冲的时间间隔为

$$T=\frac{1}{f} \tag{4-40}$$

在控制软件中，只要控制两个脉冲的间隔时间，就可以方便地实现速度控制。这一间隔时间，通常由插补运算时间 T_{ch} 和程序计时时间 T_w 两部分组成，即 $T=T_{ch}+T_w$，由此获得 CPU 在每次插补运算后应等待的时间 T_w，可以用 CPU 的空运转循环对这段等待的时间进行计时，即采用软件延时子程序（又称软件延时法）。

由于插补运算所需的时间通常是固定的，只要改变程序计时时间就可控制进给速度的快慢。而程序计时时间又用空运转循环来实现，所以不同的空运转时间对应不同的进给速度，空运转等待时间越短，产生进给脉冲的频率越高，速度就越快。

【例】　已知系统脉冲当量 $\delta=0.01$mm/脉冲，进给速度 $F=300$mm/min，插补运算时间 $T_{ch}=0.1$ms，延时子程序延时时间为 $T_y=0.1$ms，求延时子程序循环次数。

【解】　脉冲源频率为　$f=\frac{KF}{60\delta}=\frac{300}{60\times0.01}\text{Hz}=500\text{Hz}$

插补周期：$T=\frac{1}{f}=\frac{1}{500}\text{s}=0.002\text{s}=2\text{ms}$

等待时间：$T_w=(2-0.1)\text{ms}=1.9\text{ms}$

延时子程序循环次数：$n=1.9/0.1=19$

（2）时钟中断法　用中断的方法，每隔规定的时间向 CPU 发出中断请求，在中断服务程序中进行一次插补运算，并发出一个进给脉冲。因此，改变中断请求信号的频率，就等于

改变了进给速度。

中断请求信号产生常有两种方法：

1）采用变频振荡器产生某一频率的脉冲，作为请求中断信号，CPU 每接收到一次中断信号，就进行一次插补运算并发出一个进给脉冲。该方法须外加脉冲源，且不适用于 F 功能直接用 mm/min 给定的系统。

2）利用可编程序计数器/计时器产生。该方法由程序设置计数器/计时器的时间常数 T_c，改变时间常数 T_c，就改变了请求中断的频率；改变请求中断的频率，就相当于改变了插补的速度，也就控制了进给速度。该方法可用于 F 功能直接用 mm/min 给定的系统。

2. 开环 CNC 系统加减速控制

开环 CNC 系统一般采用步进电动机为驱动装置，为了使电动机正常起动、运行和准确停止，运行速度都需要有一个“加速—恒速—减速—低恒速—停止”的过程，对于其加减速控制方法可采用改变输入脉冲的时间间隔，加速时使脉冲串逐渐加密，减速时使脉冲串逐渐稀疏的方法加以实现。

二、闭环（或半闭环）CNC 系统的速度和加减速控制

1. 闭环（或半闭环）CNC 系统的速度控制

对于闭环（或半闭环）CNC 系统，其速度控制是通过调节速度系数 K 来控制编程进给速度 F 来实现的。速度控制的任务是确定一个插补周期的轮廓步长，即一个插补周期 T 内的位移量：

$$f_s = \Delta L = \frac{KFT}{60 \times 1000} \tag{4-41}$$

式中 f_s——稳定速度，单个周期的插补进给量（μm）；

F——编程进给速度（mm/min）；

T——插补周期（ms）；

K——速度系数（倍率开关 0 ~ 200%）。

2. 闭环（或半闭环）CNC 系统的加减速控制

加减速控制是 CNC 系统中插补器的一项十分重要的控制功能，它对加工精度和系统性能都有着十分重要的影响。特别是在高速加工中，加减速就显得尤为重要。闭环（或半闭环）CNC 系统中采用的加减速控制一般用软件来实现。

闭环（或半闭环）系统一般采用两级插补，即粗插补和精插补。把加减速控制放在粗插补之前进行的，称为前加减速控制。优点是：仅对编程进给速度 F 进行控制，不影响实际插补输出的位置精度。缺点是需根据实际刀具位置和程序段终点之间的距离来确定减速点，计算工作量大。把加减速控制放在粗插补之后、精插补之前，分别对各坐标轴进行的，称为后加减速控制。其优点是不需要专门预先确定减速点，而是在插补输出为零时开始减速，通过一定的时间延时逐渐靠近程序终点。缺点是由于是对各坐标分别进行控制，所以在加减速控制实际的各运动轴合成位置可能不准确，因而影响轮廓加工精度。但这种影响仅存在于加速或减速过程中。前后加减速示意图如图 4-26 所示。加减速的形式可分为直线加减速和指数加减速，如图 4-27 和图 4-28 所示。

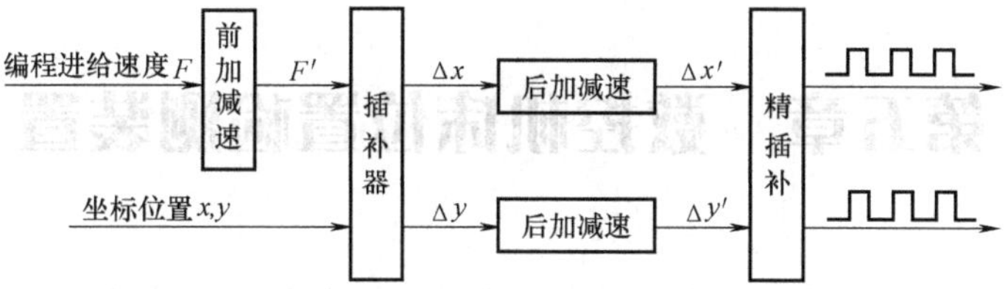

图 4-26 前后加减速示意图

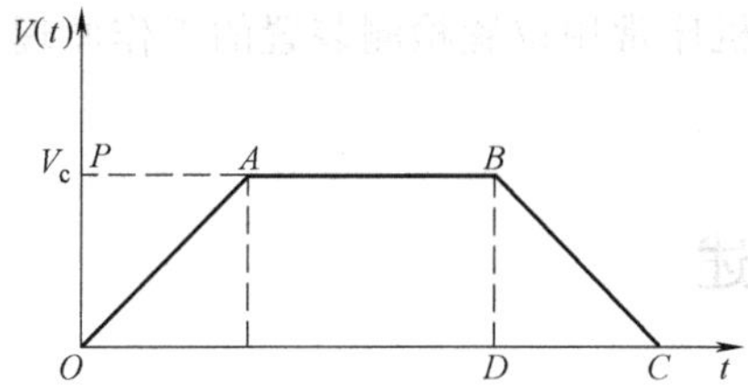

图 4-27 直线加减速

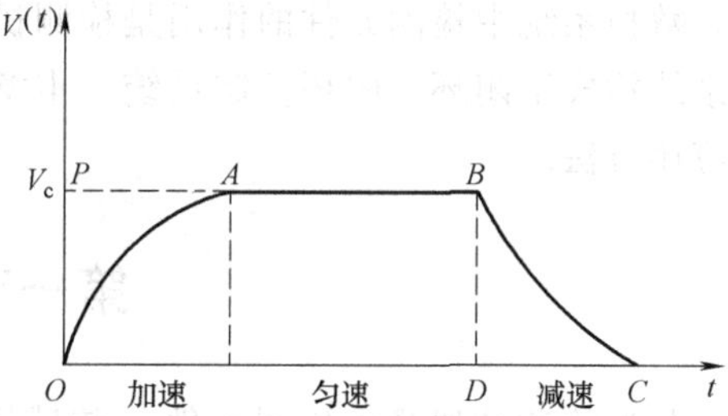

图 4-28 指数加减速

习题

1. 写出用逐点比较法加工第一象限起点在原点 $O(0, 0)$，终点为 $E(6, 4)$ 的直线 OE 的插补运算过程，并画出其插补轨迹。

2. 用逐点比较法插补第一象限的顺时针圆弧 AB，A 点的坐标为（0，5），B 点坐标为（5，0），圆心在原点 O（0，0），列出插补计算过程，画出插补轨迹图。

3. 用 DDA 法插补第一象限的直线 OA，O 点坐标为（0，0），A 点坐标为（5，6），列出插补计算过程，画出插补轨迹图。

4. 简述 C 功能刀补的实现过程。

5. 进给速度和加减速控制有何意义？

第五章　数控机床位置检测装置

要实现高精度的加工要求，不仅要求机床本身具有较好的制造精度及装配精度，还要求对机床能进行精确的位移、速度控制，位移、速度检测可以通过机床位置检测装置加以实现。数控系统中检测元件的作用是检测机床进给轴的位移和速度，并将其反馈给数控装置，使系统构成半闭环、闭环控制系统。本章主要介绍数控机床常用位置检测装置的工作原理及其应用方法。

第一节　概　　述

位置检测装置是由检测元件（传感器）和信号处理装置组成的。其作用是实时检测机床执行部件的位移和速度信号，并变换成位置控制单元所要求的信号形式，是闭环、半闭环进给伺服系统的重要组成部分。闭环数控机床的加工精度在很大程度上取决于位置检测装置的精度，因而在设计制造数控机床进给伺服系统，尤其是高精度伺服进给系统时，必须对位置检测装置进行认真选择与使用。

一、位置检测装置的分类

数控机床所用位置检测装置有许多不同种类（表 5-1），按被测量的几何量分有回转型（测角位移）和直线型（测线位移）；按检测信号的类型可分为数字式和模拟式；按检测量的基准形式可分为增量式和绝对式；按所测对象可分为位移、速度和电流三种类型。对于不同类型的数控机床，因其工作条件和检测要求不同，可采用不同的检测装置。

表 5-1　位置检测装置分类

类型	数字式		模拟式	
	绝对式	增量式	绝对式	增量式
回转型	圆光栅 绝对式脉冲编码器	增量式脉冲编码器	多极旋转变压器 多重式圆感应同步器	旋转变压器 圆感应同步器 圆磁栅
直线型	计量光栅 激光干涉仪	透射光栅	多重式直线感应同步器	直线感应同步器 磁尺

1. 增量式和绝对式

（1）增量式　增量式检测方式只测量位移增量，运动部件每移动一个测量单位就发出一个测量信号。该种检测方式的检测装置比较简单，任何一个对中点均可作为测量起点，通过对测量信号计数后读出位移量；缺点是一旦计数有误，此后的测量结果将全错，并且当机床发生故障（如断电、断刀等），在故障排除后继续加工时，不能找到事故前的正确位置，必须将工作台移至其起点重新计数才能找到事故前的正确位置。

（2）绝对式　在绝对式检测方式中，被测的任一点的位置都以某一固定零点作基准，因而每一被测点都有一个对应测量值，从而避免了增量式检测方式的缺陷，但其结构较为复杂。

2. 数字式和模拟式

（1）数字式　数字式检测是将被测量量化以后以数字形式表示，测量信号一般为电脉冲，可直接送到数控装置进行比较、处理。其特点是：被测量被转换成脉冲个数，通过对脉冲计数，实现对被测量的测量，便于显示和处理；测量精度取决于测量单位，与量程基本无关；检测装置比较简单，且脉冲信号抗干扰能力强。

（2）模拟式　模拟式检测是将被测量用连续的变量来表示，如用相位、电压或电流的变化来表示，主要用于小量程测量，可直接对被测量进行检测，无须量化，可实现小量程内的高精度测量。

3. 直接测量和间接测量

按位置检测装置安装的位置及耦合方式又可分为直接测量和间接测量，若位置检测装置测量的对象就是被测量本身，即直线式测量直线位移，旋转式测量角位移，该测量方式称为直接测量。直接测量组成位置闭环伺服系统，其测量精度由测量元件和安装精度决定，不受传动精度的直接影响，但检测装置要和行程等长，这对大型机床是一个限制。

间接测量指通过检测其他量来间接得到测量目标量，如要得到进给轴的直线位移，通过检测该轴所转过的角度，根据角度与直线位移的数学关系，通过角位移与直线位移之间的线性转换可求出工作台的直线位移。间接测量组成位置半闭环伺服系统，其测量精度取决于测量元件和机床传动链二者的精度。因此，为了提高定位精度，常常需要对机床的传动误差进行补偿。间接测量的优点是测量方便可靠，且无长度限制。

二、位置检测装置的精度

位置检测装置的精度主要包括系统精度和分辨率。系统精度是指在一定长度或转角范围内测量累积误差的最大值，目前一般直线位移检测精度均已达到 $\pm(0.02 \sim 0.002)$mm/m，角位移测量精度达到 $\pm 10''/360°$；系统分辨率是测量元件所能正确检测的最小位移量，目前直线位移的分辨率多数为 1μm，高精度系统的分辨率可达 0.1μm，角位移的分辨率可达 2″。不同类型的数控机床对检测装置的精度、速度的要求是不同的，对于大型机床常常主要满足速度要求，而对于中小型机床和高精度机床以满足精度要求为主。

由于数控机床的精度在很大程度上取决于检测装置的精度，尤其是闭环或半闭环控制数控机床，因此对检测装置使用提出了以下要求：

1）准确性好，满足精度要求，工作可靠，能长期保持精度。

2）满足速度、精度和机床工作行程的要求。

3）可靠性好，抗干扰性强，适应机床工作环境的要求。

4）使用、维护和安装方便，成本低。

第二节　光　　栅

在高精度数控机床进给伺服系统中，常使用光栅作为位置检测装置，可用来检测直线位移、角位移，通过将位移对时间求导也可间接获得直线移动速度和加速度等。

一、光栅分类

按形状可将光栅分为直线光栅和圆光栅，直线光栅（或称长光栅）用来测量直线位移，圆光栅用来测量角位移。光栅可采用激光测长技术刻制，分辨率与精度高，其分辨率可达微米级，通过倍频细分电路，其分辨率可达 0.1μm，甚至更高。光栅尺相邻两线纹间的距离称为栅距 ω，单位长度上的刻线数目称为线纹密度。根据光栅尺制造方法和其所依据的光学原理的不同，将光栅分为透射光栅和反射光栅。

1. 透射光栅

透射光栅是基于光的透射原理进行工作的，其制作工艺是在经磨制的光学玻璃表面，或在玻璃表面上涂上一层均匀的感光材料或金属镀膜，用照相腐蚀等方法制成透明与不透明间隔相等的线纹。该种光栅线纹密度大，一般为 100 条/mm、125 条/mm、250 条/mm，经过电路细分，可达到微米级的分辨率。其缺点是因由玻璃构成，玻璃易破裂，并且玻璃的热胀系数与机床金属部件不一致，当机床温度发生变化时，会直接影响测量精度。玻璃透射光栅的长度一般都在 1～2m，测量行程在 2m 以内。

2. 反射光栅

反射光栅是基于光的反射原理进行工作的。其制造工艺是在钢直尺或不锈钢的镜面上用照相腐蚀法或用钻石刀刻制成光栅线纹。该种光栅线纹密度较少，常用的线纹数为 4 条/mm、10 条/mm、25 条/mm、40 条/mm、50 条/mm，因此其分辨率较之透射光栅要低。金属反射光栅的特点是光栅和机床金属部件的线胀系数一致，增加光栅尺的长度很方便，可用钢带直接做成或通过接长等方式做成长达数米的光栅，以满足长位移的检测要求。反射光栅的安装面积小，不易碰碎，安装调整方便，适用于大位移测量的场合，如重大型机床上多采用不锈钢带反射光栅。

除了直线光栅，还有测量角位移的圆光栅，它是在玻璃圆盘外环端面上，做成黑白相间、呈辐射状、相互间夹角（栅距角）相等的线纹。根据使用要求的不同，在圆周内所采用的线纹数制也不相同，圆光栅一般有二进制、十进制和六十进制等三种形式。

二、光栅结构及组成

光栅检测装置由光学读数头和标尺光栅两个部件组成，其结构如图 5-1 所示。光栅读数头由共同安装在同一个支架上的光源、透镜、指示光栅、光敏元件、驱动电路等构成，其作用是将莫尔条纹的光信号转换成电脉冲信号。读数头按光路可分为分光读数头、垂直入射读数头、反射读数头等几种结构形式。读数头通常安装在机床固定部件上（如机床底座或床身上），标尺光栅则安装在机床移动部件上（如工作台上）。标尺光栅与指示光栅的尺面平行安装，并留有 0.05～0.1mm 的间隙。当运动部件带着标尺光栅相对指示光栅移动时，通过读数头的光电转换，发送出与位移量相对应的数字脉冲信号，用作位置反馈信号或位置显示信号。

三、光栅测量原理

当指示光栅与标尺光栅两块光栅平行放置，并将指示光栅相对标尺光栅倾斜一个很小的角度 θ，这样两块光栅的刻线将会相交，当平行光源照射时，由于光的衍射、干涉或遮光效

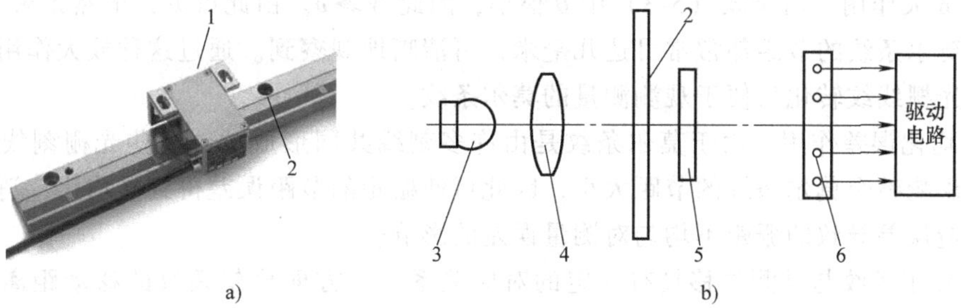

图 5-1　光栅检测装置的结构

a）光栅实物　b）光栅结构示意图

1—读数头　2—标尺光栅　3—光源　4—透镜　5—指示光栅　6—光敏元件

应，则会在与线纹近似垂直方向上出现明暗相间、间距相等的条纹，称为莫尔干涉条纹，简称莫尔条纹，如图 5-2 所示。这因为在交点 a 线附近，两块光栅的刻线相互重叠，光栅上的透光狭缝互不遮挡，透光最强，形成亮带；在 b 线附近，一块光栅不透光部分与另一光栅的透光隙缝相互遮挡，透光最差，从而形成暗带。莫尔条纹相邻两条亮带或暗带之间的距离 W 称为莫尔条纹的节距。图 5-2 所示为莫尔条纹节距 W 与光栅节距 ω 和倾角 θ 之间的关系。

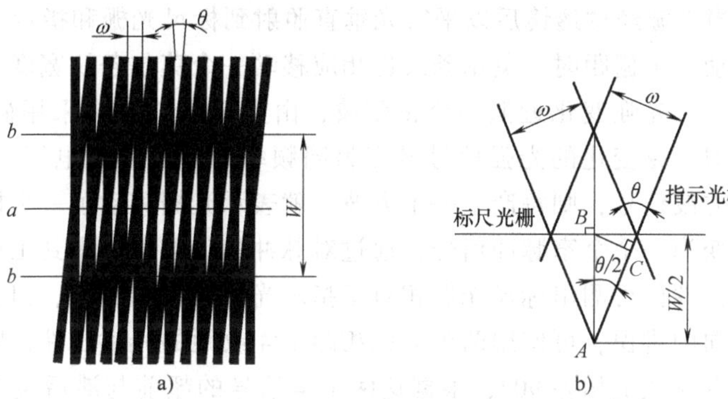

图 5-2　光栅莫尔条纹及其参数之间关系

a）光栅莫尔条纹　b）参数关系

由图 5-2 的几何关系可得

$$BC = AB\sin\frac{\theta}{2} \tag{5-1}$$

式中　$BC=\frac{\omega}{2}$，$AB=\frac{W}{2}$。

因此

$$W = \omega/\sin\frac{\theta}{2} \tag{5-2}$$

由于 θ 很小，其单位为 rad 时

$$\sin\frac{\theta}{2}\approx\frac{\theta}{2}$$

故

$$W\approx\frac{2\omega}{\theta} \tag{5-3}$$

莫尔条纹有如下特性。

(1) 放大作用　由于式 (5-3) 中 θ 很小，因此 $W \gg \omega$。由此可见，虽然光栅节距很小，但获得的莫尔条纹的节距却常常可达几毫米，可清晰地观察到。通过这种放大作用，可将不易检测的光栅线纹转化为便于观测测量的莫尔条纹。

(2) 均化误差作用　由于莫尔条纹是由许多刻线共同形成的，某些光栅刻线的制造误差并不会影响整个莫尔条纹的节距大小，因此可使栅距的节距误差得到平均化，消除了因光栅线纹制造误差导致的栅距不均匀对测量误差的影响。

(3) 莫尔条纹与被测位移具有一定的对应关系　一方面莫尔条纹的移动距离与光栅的移动距离成正比关系。对于光栅刻线上的每一位置，如图 5-2 中的 a 处，当光栅横向移动一个栅距时，莫尔条纹也正好沿刻线方向上下移动一个纹距 W，其莫尔条纹明-暗-明变化一个周期。另一方面光栅的移动方向与莫尔条纹的移动方向具有固定关系。如指示光栅相对于标尺光栅逆时针方向转一个小角度 θ，当标尺光栅右（左）移时，则莫尔条纹下（上）移。相反，若指示光栅顺时针方向转过一小角度 $-\theta$，当标尺光栅右（左）移时，则莫尔条纹上（下）移。因此可根据莫尔条纹的移动方向来辨别光栅的移动方向。

四、光栅信号处理技术

光栅测量系统由标尺光栅、光栅读数头和信号处理电路等组成。光栅测量系统的工作原理如图 5-1 所示，当光源经过透镜后以平行光垂直照射到标尺光栅和指示光栅上，当标尺光栅相对指示光栅移动一个栅距时，莫尔条纹也相应移动一个莫尔条纹宽度，对应光的明暗变化经历了一个周期，且光强变化近似一个正弦波，由光敏元件（多采用硅光电池）检测光强的变化，它将近似正弦变化的光强信号转变为同频率的信号。该电压（或电流）信号经整形器整形后变为方波信号，则每产生一个方波，就表示光栅移动了一个栅距。再将方波信号经过微分电路转变为一个个窄脉冲信号，通过对脉冲的计数便可得到工作台的移动距离。

使用一个光敏元件仅可测出标尺光栅相对于指示光栅的移动距离，但无法判断其移动方向。为实现运动方向的辨识，可使用两个彼此相距 1/4 纹距的光敏元件，则由其所感受的光所转换成的电信号在相位上相差 90°，根据这两个电信号的超前与滞后关系，就可知道标尺光栅的移动方向。为提高光栅测量的分辨精度，除了增大光栅刻线密度和提高刻线精度外，一般还采用鉴向倍频电路实现细分和辨向，图 5-3 所示是光栅测量系统常采用的四倍频鉴向电路，它是在一个莫尔条纹宽度内彼此距离 1/4 个莫尔条纹宽度安装 4 个光敏元件（硅光电池），当莫尔条纹移动时，4 个光敏元件将产生 4 个依次相差 1/4 周期（90°）的正弦信号。当指示光栅和标尺光栅相对移动时，4 个光敏元件 P_1、P_2、P_3、P_4 将产生 4 路相位依次相差 90°的正弦电压信号。在相位上彼此相差 180°的正弦电压信号 P_1、P_3 以及 P_2、P_4 经过差动放大器差分放大，并经过整形处理后可获得正弦和余弦两路方波信号，该两路信号及其反向信号形成 A、B、C 和 D 4 路方波信号，它们经过微分器后形成 A'、B'、C'和 D' 4 路尖脉冲信号。A、B、C、D 以及 A'、B'、C'、D'按照一定相位关系经过与门，再输出给或门 H_1 和 H_2，从而输出正、反向信号。当正向运动时，或门 H_1 有脉冲信号输出，或门 H_2 保持低电平；反向运动时，或门 H_2 有脉冲信号输出，或门 H_1 保持低电平。这样，可根据或门 H_1 和 H_2 的输出脉冲信号来判断光栅尺的运动方向。当光栅尺移动时，每移动一个栅距，或门 H_1 或 H_2 就输出 4 个脉冲信号，即将原来每个栅距对应一个脉冲信号，经过鉴向倍频电路后变为每个栅距对应 4 个脉冲信号，使光栅分辨率提高了 4 倍。如光栅线纹密度为 250 条/

mm，其所对应的栅距为 4μm，即其分辨率为 4μm，经四倍频处理后，相当于将线纹密度提高为 1000 条/mm，对应的栅距为 1μm，即其分辨率提高到 1μm。

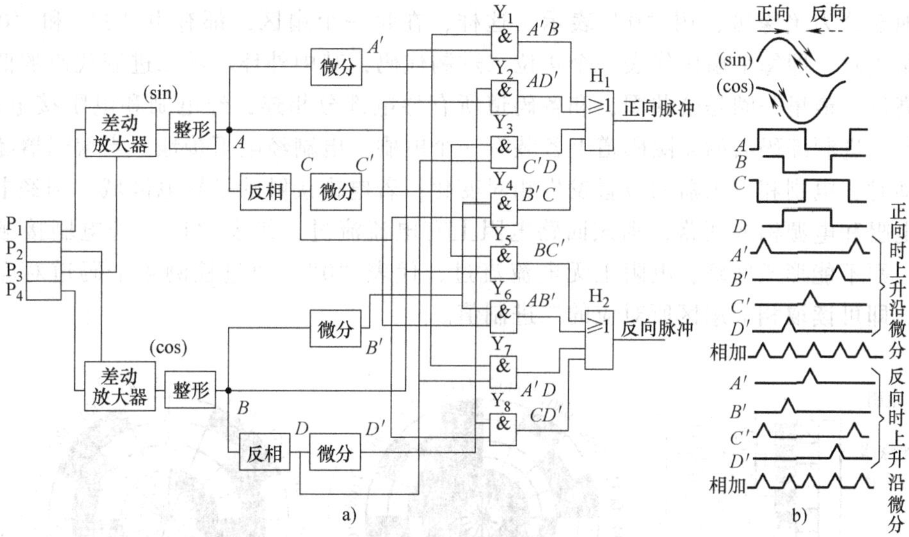

图 5-3 光栅测量系统四倍频鉴向电路

a）电路 b）波形

第三节 编 码 器

编码器又称码盘，是一种旋转式测量元件，它装在被测轴上，随之一起转动，将被测轴的角位移转换成增量脉冲形式或绝对式的代码形式，是数控机床上使用最广的位置检测装置。根据使用的计数制不同，有二进制编码、二进制循环码（格雷码）和十进制码等编码器；根据输出的信号形式不同，可分为绝对式编码器和脉冲增量式编码器；根据编码器内部结构和检测方式不同，可分为接触式、光电式和电磁式三种。

编码器在数控机床中有两种安装方式：一是和伺服电动机同轴连接在一起，伺服电动机再和滚珠丝杠连接，编码器在进给传动链的前端，称为内装式编码器；二是编码器连接在滚珠丝杠末端，称为外装式编码器。相比内装式，因外装式包含了机械系统更多的传动链误差，因此具有较高的位置控制精度，但内装式安装方便。

一、绝对式脉冲编码器

绝对式脉冲编码器可直接把被测转角用数字代码表示出来，每一个角度位置均有唯一对应的代码，它在编码器的每一转角位置刻有与该位置对应的唯一代码，可通过读取该代码获得轴的位置，是一种绝对角度位置检测装置。采用绝对式脉冲编码器，当电源切除后位置信息不会丢失，只要通电就能显示出所在的绝对位置。因此在故障停机检修后，可以根据加工程序单上标明的停机时的绝对位置，或停机时记录下来的绝对位置，直接找回到原停机位置进行继续加工。

绝对式脉冲编码器有接触式、光电式与电磁式三种。以下以接触式编码器为例介绍绝对式脉冲编码器的工作原理。

接触式编码器是一种绝对值式的检测装置，图 5-4 所示为 4 位二进制编码器。它在一个不导电基体上做成许多同心圆形码道和周向等分扇区，其中涂黑部分为导电区，用“1”表示；其他部分为绝缘区，用“0”表示。这样，在每一个扇区，都有由“1”和“0”组成的二进制代码，即每个扇区代表一个 4 位二进制代码，其中外环表示二进制代码的低位，内环代表高位，最里一圈是公共圈，和各码道所有导电部分相连，经电刷和电阻接电源正极。对应 4 位二进制编码器的 4 圈码道上各装有一个电刷，电刷经电阻接地。当编码器随被测轴一起转动时，电刷和编码器的位置发生相对变化，若电刷接触的是导电区域，则经电刷、编码器、电阻和电源构成回路，则该回路电阻上有电流流过，代表“1”；若电刷接触的是绝缘区域，则不能形成回路，电阻上无电流流过，代表“0”。通过检测 4 个码道对应的电刷的电流，即可读取相应扇区所对应的二进制值。

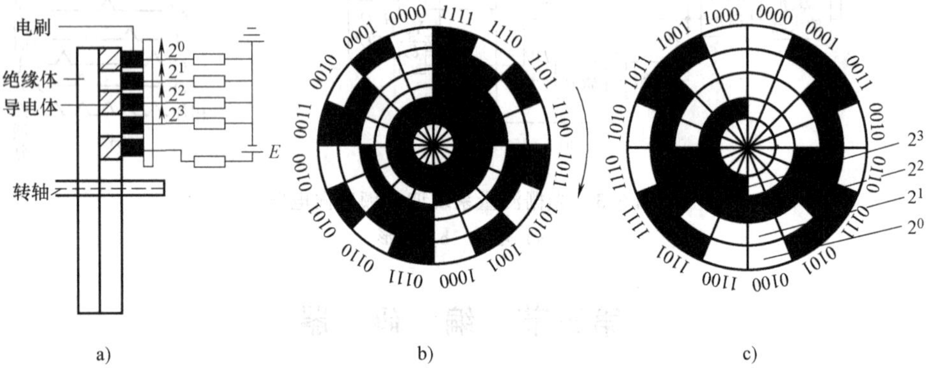

图 5-4　接触式编码器

a）结构原理　b）4 位二进制码　c）4 位格雷码

编码器码道的圈数代表了二进制的位数，对于 n 位二进制编码器，就有 n 圈码道，对应 2^n 个二进制数据，其所能分辨的最小角度为 $\theta = 360°/2^n$。由此可见，码道越多，即二进制位数越多，所能分辨的角度越小，测量精度就越高，即二进制位数的多少决定了测量角度的分辨率。目前对于接触式编码器一般可以做到 8～14 位。如果要求更多的位数，用单片编码器则需太多的扇形区段，分割起来就很困难。为提高分辨率与测量范围，可以采用组合式绝对编码器，即使用一个粗计数编码器和精计数编码器组合进行计数，精计数编码器每转一圈，粗计数编码器进一位，使粗计数盘最低位转过一格。若一个组合编码器由两个 8 位二进制编码器组合而成，则相当于一个 16 位的二进制编码器。这种结构的编码器虽然可大大提高其测量精度，但结构却十分复杂。

采用纯二进制编码器的缺点是相邻两个二进制数可能有多位二进制码不同，当数码切换时就会有多个数位同时要进行切换，由此增大了误读的概率。为确保编码器工作的可靠性，对编码器的制作和电刷的安装要求十分严格，否则就会产生非单值性误差，即若电刷恰处于两位码的中间或因电刷接触不良，则电刷的检测读数可能会是任意的数字。例如，当电刷由位置 0111 向位置 1000 过渡时，可能会出现 8～15 之间的任一个十进制数。为了消除这种非单值误差，一般采用循环码，即格雷码，如图 5-4c 所示，其相邻两个二进制数码只有一个数位不同，因此相邻两数切换时只在一位进行，提高了读数的可靠性，从而把误差控制在最小单位内。

接触式编码器结构简单、体积小、输出信号强，但由于电刷磨损会造成寿命的降低，并且为保证读数的准确性，转速也不能太高（每分钟几十转），精度也受外圈码道宽度限制，因此使用范围有限。

绝对式脉冲编码器的主要特点如下：

1）可以直接读出角度坐标值。

2）没有累积误差。

3）电源切除后位置信号不会丢失。

4）允许的最高旋转速度较高。

5）为提高精度和分辨率，必须增加码道数，会使得结构变得复杂，价格较贵。

二、增量式脉冲编码器结构

增量式脉冲编码器有光电式、接触式和电磁感应式三种。光电式脉冲编码器的精度和可靠性较好，因此数控机床上有较多使用。增量式光电脉冲编码器的结构示意如图 5-5 所示，它由光源、编码器、光栅板及光敏元件等组成。在编码器圆周上刻有相等间距的线纹，分为透明和不透明两部分，其内圈还有一条透光狭缝用以产生每转信号；与编码器相对、平行地放置一个固定扇形薄片，即光栅板，其上刻有相邻 1/4 节距的两个狭缝，称为辨向狭缝。

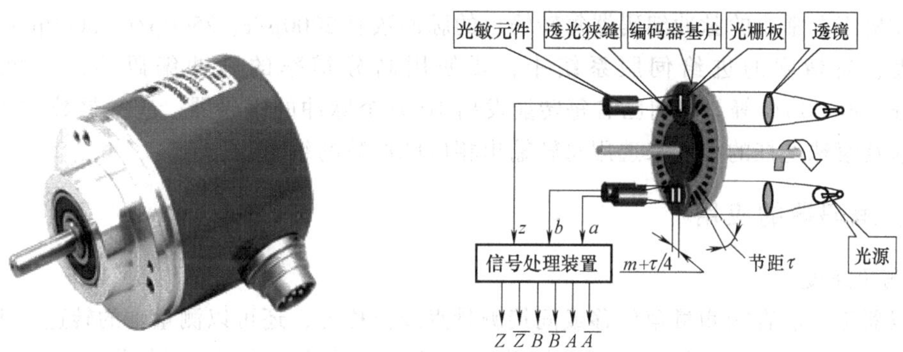

a)　　　　b)

图 5-5　增量式光电脉冲编码器的结构示意图

1. 工作原理

同上，编码器和被测轴同轴安装，当编码器随被测轴一起转动时，在光源的照射下，透过编码器和光栅板上的透光狭缝形成明暗交替变换的光信号，其光强信号近似于一个正弦波，其后放置两个彼此相距 90°的光敏元件，光敏元件把此光强信号转换为近似正弦波的电流信号 A 和 B（图 5-6）。通过信号处理装置的整形、放大等处理后输出 6 项方波信号：A、B、Z 及其取反信号 $\overline{A}$、$\overline{B}$、$\overline{Z}$，其中 Z 表示一转脉冲信号和零基准信号。这些方波信号经过微分电路转化为脉冲信号，通过对 A 相或 B 相脉冲信号计数，再根据每个脉冲转过的角度，即可知道编码器轴所转过的角位移。因此增量式光电编码器又称脉冲编码器。

光电编码器的测量准确度与编码器圆周上的狭缝条纹数 n 有关，能分辨的角度 α 为

$$\alpha = 360°/n \tag{5-4}$$

例如，编码器边缘的透光槽数为 1024 个，则能分辨的最小角度 $\alpha = 360°/1024 = 0.352°$。

2. 输出信号的作用及其处理

（1）A、B 两相信号的作用　通过采用倍频电路，对相位差为 90°的 A、B 两相信号进行细分处理，来提高编码器的分辨率，被测轴的角位移可通过对输出脉冲的数目计数得到，而被测轴的转速则根据输出脉冲的频率获得。可根据 A、B 两相信号的相位的超前滞后关系判断被测轴旋转方向，若 A 相信号超前 B 相信号 90°，则对应电动机正转，反之反转。

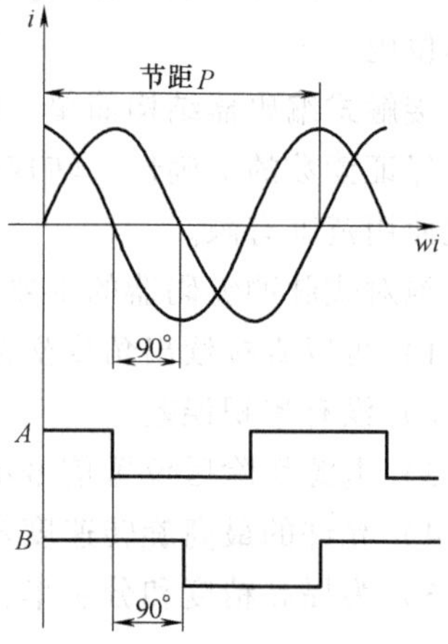

图 5-6　增量式光电编码器的输出波形

（2）Z 相信号的作用　由于编码器每转一圈，Z 相发一个脉冲信号，因此 Z 相信号一方面被用作被测轴的旋转圈数计数信号，另一方面被用作被测轴的测量基准信号和定位基准信号。

在位置控制回路中引入 A、$\overline{A}$、B、$\overline{B}$ 4 个方波，经辨向和乘以倍率后，形成代表位移的测量脉冲；经频率-电压变换器变成正比于频率的电压，可作为速度反馈信号提供给速度控制单元进行速度调节。

数控机床上常用的脉冲编码器每转输出的脉冲数有 2000p/r、2500p/r、3000p/r 等几种。在高速度、高精度的进给伺服系统中，要使用高分辨率的脉冲编码器，如 20000p/r、25000p/r、30000p/r 等。目前已有每转能发出 10 万个脉冲的编码器。应根据数控机床脉冲当量要求及滚珠丝杠的导程来选用每转输出相应脉冲数的编码器。

三、编码器的应用

1. 测角速度

编码器除了能直接测量角位移或间接测量直线位移外，还可以测量轴的转速。由于增量式角编码器的输出信号是脉冲形式，因此，可以通过测量脉冲频率或周期的方法来测量转速。编码器可代替测速发电机的模拟测速，而成为数字测速装置。

在一定的时间间隔 t_s 内（如 1s、0.1s 等），用编码器所产生的脉冲数来确定速度的方法称为 M 法测速。若编码器每转产生 N 个脉冲，在时间间隔 t_s 内得到 m_1 个脉冲，则角编码器所产生的脉冲频率 f 为

$$f = \frac{m_1}{t_s} \tag{5-5}$$

则转速 n（单位为 r/min）为

$$n = 60\frac{f}{N} = 60\frac{m_1}{t_s N} \tag{5-6}$$

2. 工位编码

由于绝对式编码器每一转角位置对应一个固定的编码输出，编码器与转盘同轴相连，则

转盘上每一工位安装的被加工工件均可有一个编码相对应，转盘工位编码原理如图 5-7 所示。当转盘上某一工位转到加工点时，该工位对应的编码由编码器输出给控制系统。由控制系统控制相应刀具对该工位工件进行加工。

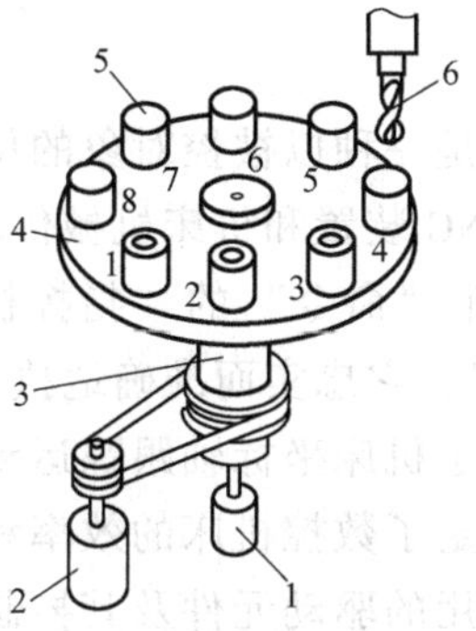

图 5-7　转盘工位编码原理

1—编码器　2—电动机　3—转轴

4—转盘　5—工件　6—刀具

习题

1. 数控机床的位置检测元件有哪些？它们各自的特点和工作原理是什么？
2. 通过光电编码器如何辨别被测轴旋转方向？
3. 透射光栅中的莫尔条纹是如何产生的？有何作用？
4. 如何提高光栅的分辨率？
5. 光电编码器的 Z 相信号的作用是什么？

第六章　伺服驱动系统

伺服驱动系统简称伺服系统，是一种以被控对象的位置和速度作为控制量的自动控制系统。数控机床的伺服驱动系统是 CNC 装置和机床机械传动部件间的连接环节，若把 CNC 装置比作数控机床的“大脑”，是发布“命令”的“指挥机构”，则伺服驱动系统便是数控机床的“四肢”，是一种“执行机构”，它忠实而准确地执行 CNC 装置发出的运动命令。伺服驱动系统的性能在很大程度上反映了机床坐标轴跟踪运动指令的能力、负载能力和保持运动平稳性等能力，它在很大程度上决定了数控机床的效率和精度。本章讲述伺服进给驱动系统的基本要求，伺服进给驱动系统常用的驱动元件及其控制原理等。按控制对象和使用目的的不同，伺服驱动系统分为进给伺服系统、主轴伺服系统和辅助伺服系统（如自动换刀装置等）。

第一节　伺服进给驱动系统概述

数控机床通常通过多个进给运动轴（坐标轴）的协调运动才能完成所要求的控制动作，如数控车床一般有两个进给轴（X、Z），铣床一般有 3 个进给轴（X、Y、Z），加工中心则有更多的进给轴（包括直线轴或回转轴），如 5 坐标加工中心包括了 3 个直线进给轴和两个旋转进给轴。每个进给轴构成一个伺服进给驱动系统，该系统能根据由数控系统插补运算生成的位置指令，精确地控制机床移动部件的运动方向、进给速度与位移量。

不同种类数控机床所完成的加工任务不同，如数控铣床主要加工非旋转体工件，而数控车床则用来加工旋转体工件等，数控磨床则用来完成磨削加工，因此对伺服进给驱动系统的要求也不尽相同。在实际应用中，必须根据数控机床的具体要求来选用合适的伺服驱动装置。但它们一般均应满足以下几个方面的共同基本要求：

（1）精度高　伺服进给驱动系统必须保证数控机床的位移精度和加工精度，即要求机床实际位移与指令位移之差值要小。普通数控机床的位移精度一般为 0.01mm，而高性能数控机床的位移精度可达 0.001mm，甚至可高至 0.1μm。

（2）调速范围宽　进给系统调速范围是指各轴最高进给速度与最低进给速度之比。为了适应不同加工刀具、工件材料以及工件加工要求，保证最佳的切削条件与加工质量，要求进给速度能在很大的范围内变化，即要求进给驱动系统必须具有足够宽的调速范围。目前，高档数控机床在脉冲当量或最小设定单位为 1μm 的情况下，进给速度可在 0～240m/min 的范围内连续可调；而一般数控机床，其进给速度在 0～24m/min 的范围之内可调，其调速范围可达 1∶24000。

（3）动态响应快　为了保证工件的加工质量及加工效率，要求进给系统具有足够大的加（减）速度，以在尽可能短的时间内达到最大稳态速度，通常要求系统加速时间为 100～200ms，甚至小于几十毫秒。因此要求伺服进给驱动系统具有良好的动态响应特性，具有较高的系统跟踪精度，以保证较好的轮廓加工精度和表面加工质量。

(4) 稳定性好　稳定性是指当负载发生变化或受到外界干扰的情况下，进给速度基本保持不变的能力。稳定性好是指进给速度的波动小，要求进给系统具有较硬的负载特性和较好的鲁棒性。同时要求系统在低速时速度能保持平稳均匀，不会出现爬行现象，即具有较好的低速运行特性。

(5) 低速转矩大　由于数控机床一般常在低速下进行重切削，因而要求驱动系统在低速时要有大的输出转矩，并且具有较强的过载能力。

伺服驱动系统的性能在很大程度上取决于所选用的驱动装置，即驱动电动机，按照所选用的驱动电动机的不同，可将伺服进给系统分为步进驱动系统、直流伺服驱动系统、交流伺服驱动系统和直线电动机驱动系统等。

第二节　步进电动机及其控制原理

步进电动机是一种将电脉冲信号转换成相应的角位移的电动机，曾广泛应用于20世纪70年代，其结构简单、易于控制、维修方便。随着计算机技术的发展，步进电动机的许多功能都可由软件实现，其结构进一步简化，降低了成本，提高了系统的可靠性。步进电动机的缺点是精度不高，与交流、直流电动机相比，速度较低，一般多用于小容量、低速、精度要求不高的场合，如经济型数控机床，通常作为开环控制系统的驱动装置。

一、步进电动机的工作原理

步进电动机由定子和转子组成，定子绕组加上的不是连续的正弦电压或者恒定直流电压，而是脉冲电压电源，由此使定子产生励磁磁场，在其作用下带动转子转动。

根据结构及工作原理不同，步进电动机主要有反应式、电磁式、永磁式等几种。本节主要介绍反应式步进电动机的工作原理。

反应式步进电动机基于电磁吸引的原理工作，图6-1所示为三相反应式步进电动机的工作原理示意图。在定子铁心上有6个均匀分布的磁极，将沿直径相对的两个极上的线圈串联，构成一相励磁绕组，由此分成A、B、C三相。转子由铁心做成，无绕组。需要注意的是，在步进电动机工作过程中，磁场中磁力线总是力图走磁阻最小的路径，从而产生反应转矩；步进电动机各相定子齿之间彼此错开$1/m$齿距，其中m为相数。当按顺序轮流给定子通电时，A、B、C三对磁极将依次产生磁场，在电磁转矩作用下，使转子转动。

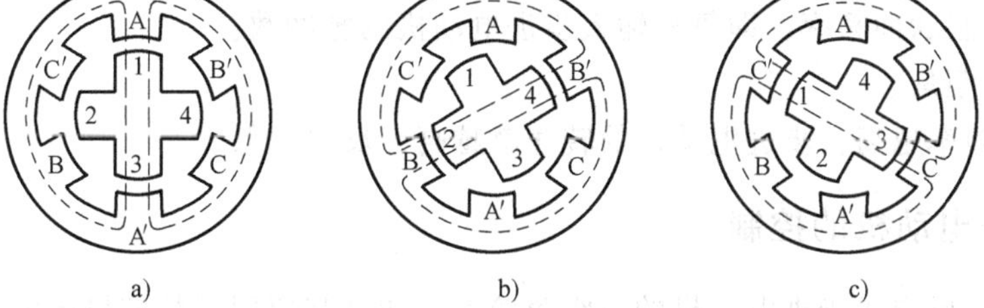

图6-1　三相反应式步进电动机的工作原理图

a) A相通电　b) B相通电　c) C相通电

当给 A 相绕组通电时，因磁通总是沿着磁阻最小的路径闭合，在电磁转矩的作用下，使转子齿 1、3 分别与定子的 A、A′极对齐，如图 6-1a 所示。A 相断电、B 相绕组通电时，电磁转矩使转子在空间转过 30°，使转子齿 2、4 分别和定子 B、B′极对齐，如图 6-1b 所示。若 B 相断电，C 相绕组通电时，转子又将在空间转过 30°，使转子齿 1、3 分别与定子 C、C′极对齐，如图 6-1c 所示。如此循环往复，当按 A—B—C—A…的顺序通电，电动机便按一定的方向连续转动，其转速取决于绕组与电源接通或断开的频率。若改变通电顺序，即按 A—C—B—A…的顺序通电时，电动机反向转动。

电动机定子绕组每改变一次通电方式，称为一拍。上述通电方式称为三相单三拍。“单”是指每次通电时，只有一相绕组通电；“三拍”是指绕组的通电状态每经过 3 次切换作为一个循环，第 4 拍通电时就重复第一拍通电的状况。

每施加一个电脉冲信号，即电动机定子绕组每改变一次通电方式，转子就旋转一个固定的角度，通常称为一步，把步进电动机每一步所转过的角度称之步距角。步距角可按下式进行计算

$$\alpha = \frac{360°}{zmk} \tag{6-1}$$

式中 m——步进电动机的相数；

z——转子齿数；

k——拍数与相数的比例系数，$k = p/m$，p 为拍数。

显然，在这种通电方式时，三相步进电动机的步距角应为 30°。

三相步进电动机除了单三拍通电方式外，还经常工作在三相六拍通电方式和双三拍通电方式。三相六拍的通电顺序为 A—AB—B—BC—C—CA—A…或 A—AC—C—CB—B—BA—A…。双三拍的通电顺序为 AB—BC—CA—AB…。实际使用中，由于单三拍通电方式在切换瞬间失去自锁转矩，容易造成失步。而且，只由单一绕组通电吸引转子也容易使转子在平衡位置附近产生振荡，运行稳定性较差，因此很少使用。由于双三拍通电方式或三相六拍通电方式始终有一相保持通电状态，因此具有较好的运行稳定性。

对应每个步距角，工作台移动一定的位移值，该位移量称为脉冲当量。要实现步进电动机输出角位移量的控制，只需控制输入给步进电动机指令脉冲的数量。通过改变控制脉冲的频率即可实现步进电动机转速的控制，其转速公式为

$$n = \frac{60\alpha f}{360°} = \frac{\alpha f}{6} \tag{6-2}$$

式中 n——转速（r/min）；

f——控制脉冲频率，即每秒输入步进电动机的脉冲数；

α——步距角。

控制脉冲频率越高，步进电动机的转速就越高，反之则低。

二、步进电动机的控制

上述结构的反应式步进电动机的步距角较大，如将其应用于数控机床中就会影响到加工精度，实际中采用的是小步距角的步进电动机。这种反应式步进电动机的转子和定子一般均由带齿的硅钢片叠成。图 6-2 所示为单段式径向三相反应式步进电动机的结构原理图。其定

子铁心上有 6 个均匀分布的磁极，由相对的两极组成一相，有 A、B、C 三相定子。极与极之间的夹角为 60°，在每个定子磁极上均匀分布了 5 个齿，其齿距角为 9°。转子铁心上无绕组，只有均匀分布的 40 个齿，齿距角为 360°/40 = 9°。如果 A 相通电，转子齿与 A 相极齿对齐，这时 B 相两极的定子齿与转子齿中心线彼此相错 1/3 齿距，即 3°，C 相定子齿与转子齿相错 6°。当 A 相断电、B 相通电时，在电磁转矩作用下，转子顺时针方向转过 3°，使 B 相定子齿与转子齿重合。当 B 相断电、C 相通电时，转子齿再转 3°。双三拍通电方式时，转子转到两通电的定子齿中间位置，此处磁场最强，当改变通电状态时，转子继续转过一定角度，转到两通电的定子齿中间位置。可以看到，此种通电方式下，是从一个磁场最强处走到了另一个磁场最强处，故其步距角仍为 3°；而三相六拍通电方式比三相三拍控制方式步距角小一半，即为 1.5°。

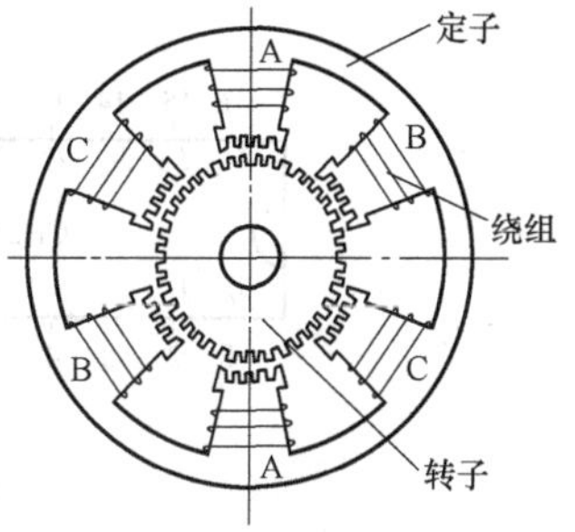

图 6-2 三相反应式步进电动机的结构原理图

1. 相位通电顺序

步进电动机的定子可以是三、四、五、六相甚至于八相，各相绕组在定子上可沿径向排列，也可在定子的轴向上分段排列。对于四相、五相反应式步进电动机，其各相定子齿分别彼此错开 1/4、1/5 齿距，常用的通电顺序有：

双四拍：AB—BC—CD—DA—AB…或 AB— DA—CD—BC—AB…

四相八拍：A—AB—B—BC—C—CD—D—DA—A…

或 A— DA—D—CD—C— BC—B—AB—A…

双五拍：AB—BC—CD—DE—EA—AB…或 AB—AE— DE —CD— BC—AB…

五相十拍：A—AB—B—BC—C—CD—D—DE—E—EA—A…

或 A—EA—E— DE—D—CD—C— BC—B—AB—A…

2. 脉冲分配原理

由步进电动机的工作原理可知，按一定规律对各相定子绕组轮流通电，即控制各相绕组的通、断电，也即控制通电脉冲的分配，可使步进电动机实现转动。步进电动机的脉冲分配任务通常是由环形分配器完成，其作用是将数控装置送来的一串指令脉冲按一定的顺序和分配方式控制各相绕组的通、断电。

环形分配任务有两种实现方法，即硬件环形分配器和软件环形分配器。硬件环形分配器由包括在驱动装置内部的环形分配器实现，软件环形分配器由数控装置中的计算机软件来完成。

（1）硬件环形分配器　硬件环形分配器种类很多，其中比较常用的是由专用集成芯片或通用可编程序逻辑器件组成的环形分配器。CH250 是三相反应式步进电动机环形分配器的专用集成芯片，其引脚图和三相六拍工作时的接线如图 6-3 所示。硬件环形分配器与数控装置的连接如图 6-4 所示。

图 6-4 中，数控装置只需根据加工对象的运行轨迹，按插补运算结果发出脉冲 CLK，每个脉冲的上升沿或下降沿到来时，输出绕组的通电状态，使对应电动机转过一个固定的角度。由于环形分配器的输入、输出信号一般为 TTL 电平，输出 A、B、C 信号变为高电平表示相应的绕组通电，低电平表示相应的绕组断电。DIR 为数控装置所发出的方向信号，其电

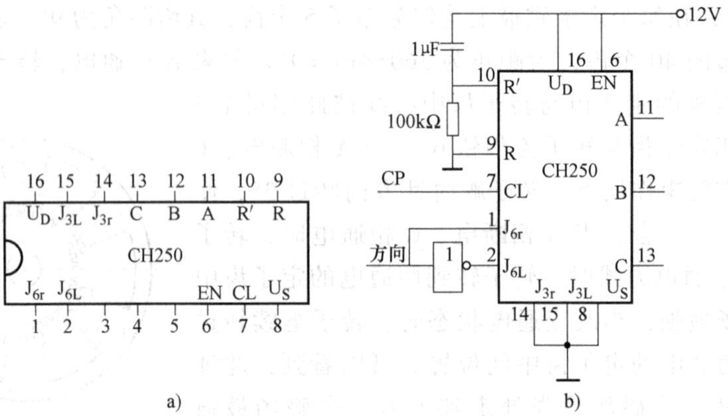

图 6-3 CH250 引脚图和三相六拍工作时的接线图

a）CH250 引脚图 b）接线图

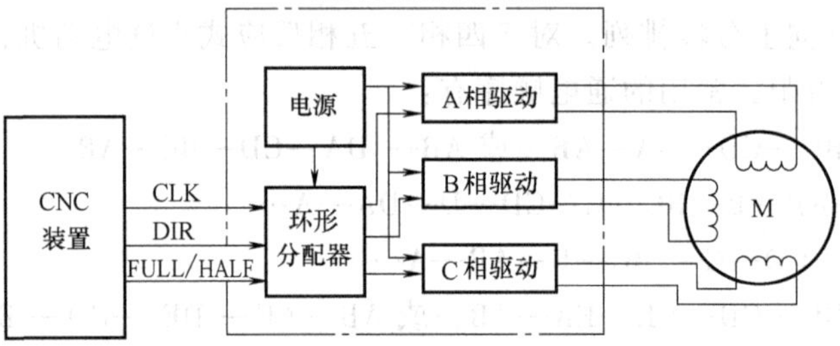

图 6-4 硬件环形分配器与数控装置的连接

平的高低对应电动机绕组通电顺序的改变，即控制步进电动机的正、反转。FULL/HALF 用于控制电动机的通电方式，控制电动机是以整步（对三相步进电动机即为三拍运行）还是半步（对三相步进电动机即为六拍运行）方式运行，一般情况下，根据需要将其设定为固定的电平即可。

（2）软件环形分配器 软件环形分配器只需根据步进电动机的要求编制出不同的环形分配程序，并存入 CNC 装置的 EPROM 中即可。采用软件环形分配器可以简化线路、降低成本，而且方便灵活。软件环形分配器有多种设计方法，如查表法、比较法和移位寄存器法等，其中常用的是查表法。软件环形分配器与数控装置的连接如图 6-5 所示。

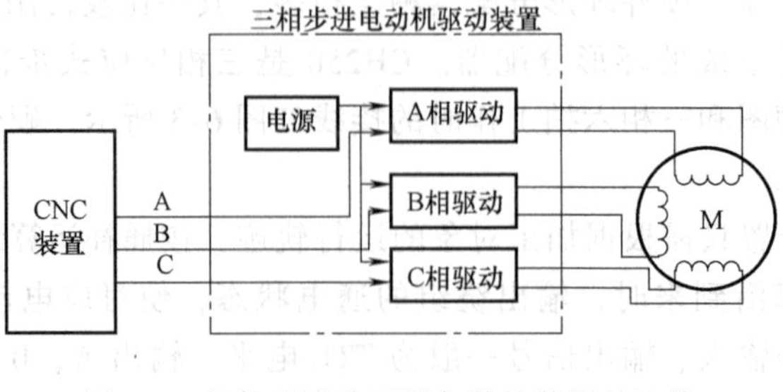

图 6-5 软件环形分配器与数控装置的连接

例如，对于三相六拍软件环形分配器，每当接收到一个进给脉冲指令，环形分配器软件根据表 6-1 所示真值表，按所要求转向按顺序控制 A、B、C 值的输出。如对于正向进给，从上而下输出 A、B、C 输出值。如若上一个进给脉冲到来时，控制 A、B、C 输出接口输出值是 100，则下一个正向进给脉冲指令到来时，其对应的控制输出接口输出值应为 110，再下一个正向进给脉冲，输出为 010，以此类推，使步进电动机实现正向连续运转。反转时，则从下到上按顺序及方向控制输出接口将 A、B、C 的值输出即可。

表 6-1　三相六拍环形分配器真值表

序号	A	B	C	方　向
1	1	0	0	
2	1	1	0	
3	0	1	0	↓正转 ↑反转
4	0	1	1	
5	0	0	1	
6	1	0	1	

三、步进电动机的驱动

步进电动机驱动线路完成由弱电到强电的转换和放大，即将逻辑电平信号变换成电动机绕组所需的具有一定功率的电流脉冲信号。由于数控机床所用的功率步进电动机要求驱动系统必须有足够的驱动功率，而从环形分配器来的进给控制信号的电流只有几毫安，所以对环形分配器输出的脉冲信号必须进行功率放大，以使步进电动机获得足够大的功率驱动负载运行。功率放大器的作用是将环形分配器发出的电平信号放大至几安到几十安的电流送至步进电动机各相绕组，每一相绕组分别有一组功率放大电路。

早期的功率放大电路采用单电压放大电路，后来出现了双电压（高、低电压）放大电路、斩波电路、调频调压和细分电路等。

1. 单电压放大电路

单电压放大电路的工作原理如图 6-6 所示。U_{cp}是步进电动机的脉冲控制信号，当控制信号 U_{cp}为高电平时，功率晶体管 VT 饱和导通，集电极电流流过电动机的一相绕组 W。当控制信号 U_{cp}为低电平时，功率晶体管 VT 截止关断，此时电枢绕组会产生很大的反电动势，这个反电动势经续流二极管 VD 续流，电动机的电枢绕组仍有电流流过。续流二极管 VD 的另一个作用是防止功率晶体管 VT 在截止时被高压击穿。R_d 用来减小泄放回路的时间常数。R_s 的一个作用是限制电枢绕组电流，另一个作用是减小绕组回路的时间常数，使绕组中的电流能够迅速地建立起来，提高电动机的工作频率。电容 C 用来提高绕组脉冲电流的前沿。当功率晶体管导通瞬间，电容相当于短路，使瞬间的冲击电流流过绕组，因此，绕组中脉冲电流的前沿明显变陡，从而提高了步进电动机的高频特性。该电路只供步进电动机的一相绕组工作，若为三相步进电动机，则需三组电路供电。

单电压驱动电路的优点是线路简单，缺点是电流上升不够快，高频时带负载能力低。

2. 高低压放大电路

这种电路的特点是：它采用两套电源给电动机绕组供电，一套是高压电源，另一套是低压电源。步进电动机的绕组每次通电时，首先接通高压，维持一段时间，以保证电流以较快的速度上升，然后变为低压供电，维持绕组中的电流为额定值。高低压放大电路如图 6-7 所示。

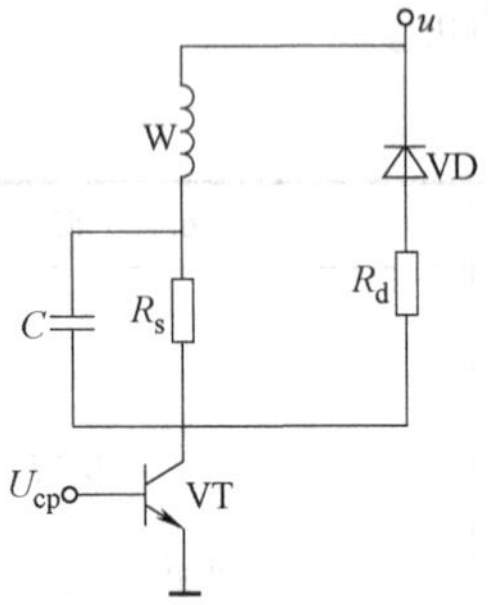

图 6-6　单电压放大电路

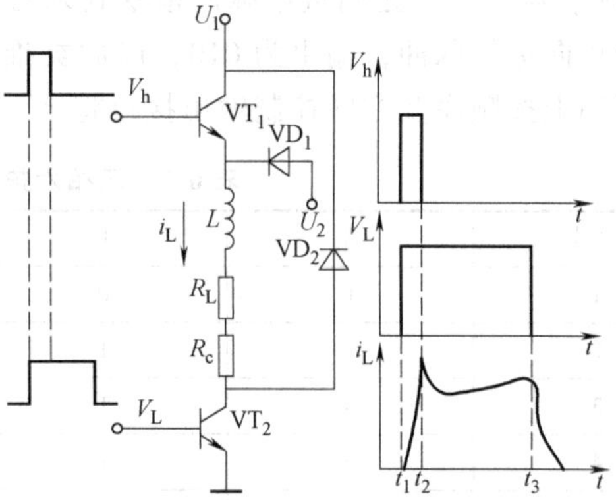

图 6-7　高低压放大电路

这种驱动电路由于采用高压驱动，电流增长加快，绕组上脉冲电流的前沿变陡，使电动机的转矩、起动及运行频率都得到提高。又由于额定电流由低压维持，故只需较小的限流电阻，功耗较小。该电路的优点是在较宽的频率范围有较大的平均电流，能产生较大且稳定的平均转矩，其缺点是电流波顶有凹陷，电路较复杂。

3. 恒流斩波放大电路

为了克服高低压驱动电路的波顶的凹陷造成高频输出转矩的下降，使励磁绕组中的电流维持在额定值附近，常采用恒流斩波放大电路。图 6-8 所示为恒流斩波放大电路及波形图。

图 6-8 中高压功率晶体管 VT_g 的通断同时受到步进脉冲信号 U_{cp} 和运算放大器 N 的控制。在步进脉冲信号 U_{cp} 为高电平时，一路经驱动电路驱动低压晶体管 VT_d 导通，另一路通过晶体管 VT_1 和反相器 D_1 及驱动电路驱动 VT_g 导通，这时绕组由高压电源 U_g 供电。随着绕组电流的增大，反馈电阻 R_f 上的电压不断升高，当升高到比同相输入电压 U_s 高时，运算放大器 N 输出低电平，VT_1 的基极为低电平，VT_1 截止，这样，VT_g 关断高压，绕组继续由低压 U_d 供电。绕组电流下降时，U_f 下降，当 $U_f < U_s$ 时，运算放大器 N 又输出高电平使二极管 VD_1 截止，VT_1 又导通，再次导通 VT_g。这个过程在步进脉冲有效期内不断重复，使电动机绕组中电流波顶的波动呈锯齿形变化，并限制在一定范围内。

这种放大电路在一个步进信号周期内，高压功率晶体管多次通断，使绕组电流在上、下限之间波动，接近恒定值，提高了绕组电流的平均值，有效地抑制了电动机输出转矩的降低。但这种驱动电源的运行频率不能太高。因为运行频率太高，电动机绕组的通电周期会缩短，高压功率晶体管开通时绕组电流来不及升到整定值，导致波顶补偿作用不明显。通过提高高压电源的电压 U_g，可以使补偿频段提高。

4. 调频调压放大电路

前述几种放大电路都是为保证绕组电流有较好的上升沿和幅值而设计的，从而有效地提高了步进电动机的工作频率。但在低频运行时，绕组中会被注入过多的能量而引起电动机的低频振荡和噪声。为解决此问题，便产生了调频调压放大电路。调频调压放大电路能够使步进电动机在低频运行时，供电电压降低，运行在高频时，供电电压升高，即供电电压随着步

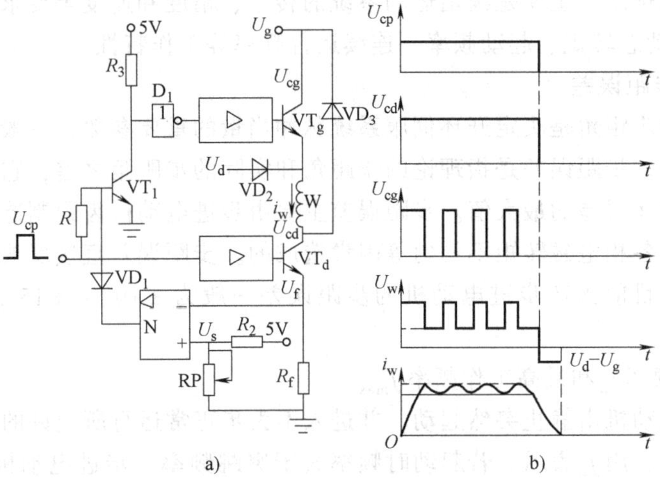

图 6-8　恒流斩波放大电路及波形

a）电路　b）波形

进电动机转速的增加而升高。这样，既解决了低频的振荡问题，也保证了高频运行时的输出转矩。

在数控系统中，调频调压驱动电源可由软件配合适当的硬件电路实现，如图 6-9 所示。U_{cp}是步进控制信号，U_{cT}是开关调压信号。当 U_{cT}输出一个负脉冲信号，晶体管 VT_1 和 VT_2 导通，电源电压通过电感 L_s 向电容 C 充电，充电时间由 U_{cT}负脉冲宽度 t_{on}决定。在 U_{cT}负脉冲过后，VT_1 和 VT_2 截止，此时，若由 U_{cp}步进控制信号控制晶体管 VT_3 导通，则由电感 L_s 产生的反电动势和电容 C 共同向电动机绕组放电。由此可见，向步进电动机供电电压 U_2 的大小取决于 VT_1 和 VT_2 的导通时间，即取决于 U_{cT}负脉冲的宽度。负脉冲的宽度越大，电压 U_2 越高。因此，根据 U_{cp}步进控制信号 U_{cp}的频率，调整 U_{cT}负脉冲的宽度，便可实现调频调压。

步进电动机除了上述的放大电路外，还有细分放大电路。要实现细分，需将绕组中的矩形电流波变成阶梯形电流波。细分放大电路是在一拍中，使通电电流分成多次，绕组电流逐渐增加，直至到达最大值。电流每增加一次，使转子转过一小步。同样，绕组电流的下降也是分多次完成。这样，步进电动机原来的一个步距，便分成许多微步运动来完成，即实现了步距的细分，从而使步进电动机的分辨力提高，运动更加平稳，振动减小，噪声降低，且不易失步。

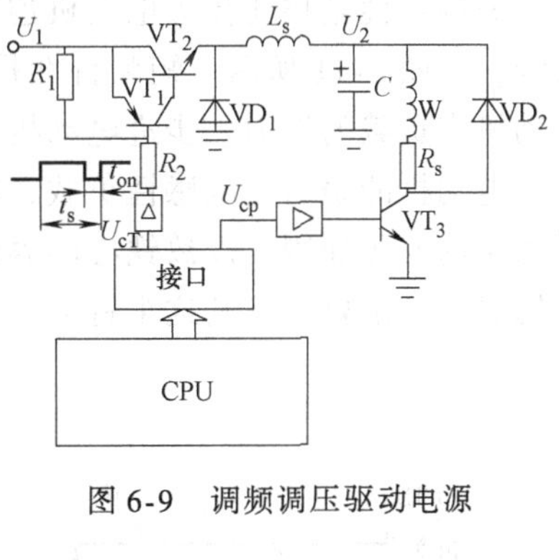

图 6-9　调频调压驱动电源

四、步进电动机的工作特性分析

步进电动机受控于脉冲电流，其输出的角位移与输入脉冲的数量成正比，角速度与频率成正比，改变通电顺序即可改变电动机的转动方向；而且步进电动机具有自锁能力，不需机械制动。步进电动机的缺点是效率低，拖动负载的能力不大，脉冲当量（步距角）不能太大，调速范围不大。

步进电动机的选用，主要是满足运动系统的转矩、精度和速度等要求，因此要充分考虑步进电动机的静/动态转矩、起动频率、连续运行频率等工作特性。

1. 步距角和步距误差

步进电动机的步距角是决定开环伺服系统脉冲当量的重要参数，一般情况下，步距角越小，加工精度越高。步距误差是指理论的步距角和实际的步距角之差，它指在一转内各实际步距角与理论值之间误差的最大值。步距误差主要由步进电动机齿距制造误差、定子和转子间气隙不均匀以及各相电磁转矩不均匀等因素造成的。步距误差直接反映步进电动机的动态特性及工作精度。目前国产步进电动机的步距误差一般为±10′～±15′，精度较高的可达±2′～±5′。

2. 空载起动频率f_q和最高工作频率f_{max}

空载时步进电动机由静止突然起动，并进入不丢步正常运行所允许的最高频率，称为起动频率或突跳频率，用f_q表示。若起动时频率大于突跳频率，步进电动机就不能正常起动。它与负载惯量有关，一般来说随着负载惯量的增加而下降。步进电动机连续运行时，电动机不丢步运行的极限频率f_{max}称为最高工作频率。它是决定定子绕组通电状态最高变化频率的参数，它决定了步进电动机的最高转速。其值远大于f_q，因负载的性质和大小而异，与驱动电源也有很大关系。

3. 加/减速特性

步进电动机的加/减速特性是描述步进电动机由静止到工作频率和由工作频率到静止的加/减速过程中，定子绕组通电状态的变化频率与时间的关系。为了保证运动部件的平稳和准确定位，根据步进电动机的加/减速特性，在起动和停止时应进行加/减速控制。如果没有加/减速过程或者加/减速不当，步进电动机都会出现失步现象。逐渐上升和下降的加速时间、减速时间不能过小，否则会出现失步或超步。步进电动机的加/减速特性如图6-10所示，用加速时间常数t_a和减速时间常数t_d来描述。

4. 矩频特性

矩频特性是描述步进电动机连续稳定运行时输出的最大转矩与连续运行频率之间的关系曲线，如图6-11所示。矩频特性是衡量步进电动机运转时的动态性能指标，它反映了步进电动机带负载的能力。步进电动机的最大输出转矩随连续运行频率的升高而下降。这是因为步进电动机的绕组是电感性负载，输入频率越高，励磁电流就越小。另外，频率越高，由于磁通量的变化加剧，以致铁心的涡流损失加大。因此，输入频率增高后，输出转矩要降低。使用时，一定要考虑其这个特点。

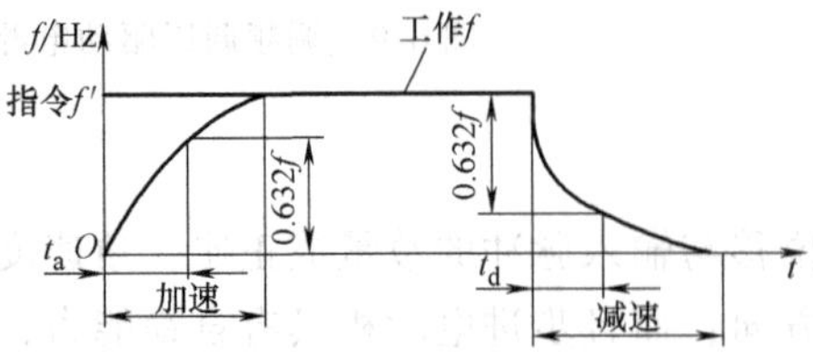

图6-10　步进电动机的加/减速特性

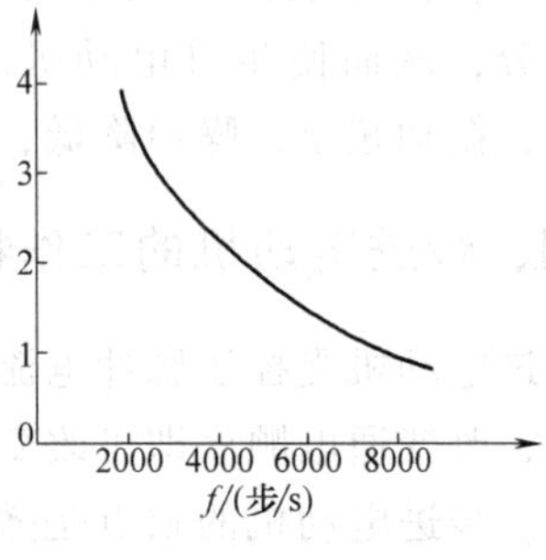

图6-11　步进电动机的矩频特性

第三节　直流伺服电动机及其控制原理

直流伺服电动机是用直流电信号控制的驱动元件，是将输入的电压控制信号快速转换为进给轴的角位移或角速度。直流伺服电动机具有良好的起动、制动和调速特性，可以方便地在宽范围内实现平滑无级调速，尤其是大惯量宽调速直流伺服电动机在数控机床中广泛的应用，为现代数控机床的执行元件提供了较为理想的动力。常用的直流伺服电动机有永磁式直流伺服电动机、励磁式直流伺服电动机、混合式直流伺服电动机和无刷直流伺服电动机等。在进给伺服系统中占主导地位的是永磁式直流伺服电动机。

一、直流伺服电动机的工作原理

直流伺服电动机的结构与普通直流电动机基本相同。它主要包括三大部分：定子、转子、电刷与换向片。其定子磁极是永久磁铁或励磁磁铁，转子又称电枢，由硅钢片叠压而成，表面镶有线圈。电刷与电动机外加直流电源相连，换向片与电枢导体相接。

直流伺服电动机的工作原理如图 6-12 所示，是建立在电磁定律基础上的，当电枢绕组通以直流电时，在定子磁场作用下产生电磁转矩，电刷与换向片使电动机产生的电磁转矩方向恒定，从而使转子沿固定方向均匀地带动负载连续旋转。通过改变电枢两端直流电压的大小，即可改变电动机转速的大小；而改变电枢两端电流的方向，即可改变电动机的旋转方向。只要电枢绕组断电，即可使电动机立即停转，不会出现“自转”现象。

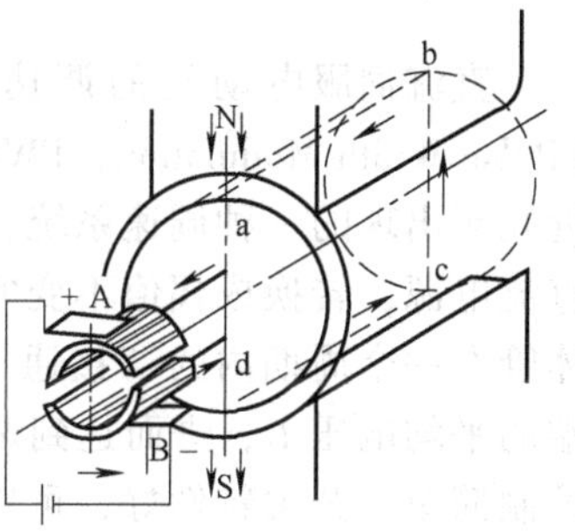

图 6-12　直流伺服电动机的工作原理

二、直流伺服电动机的速度控制原理

直流伺服电动机由定子励磁绕组和磁极建立磁场，转子上的载流导体（即电枢绕组）在定子磁场中受到电磁转矩 T_M 的作用，使电动机转子旋转，如图 6-13 所示。电枢回路的电压平衡方程式为

$$U = E_a + I_a R_a \tag{6-3}$$

式中　R_a——电枢电阻；

I_a——电动机电枢电流；

E_a——反电动势。

导体因电枢转动切割磁力线而产生反电动势，其值为

$$E_a = K_e \Phi n \tag{6-4}$$

式中　K_e——电动机的电动势常数；

n——电枢的转速（r/min）。

其电磁转矩为

$$T_M = K_T \Phi I_a \tag{6-5}$$

式中　K_T——电动机的转矩常数；

Φ——电动机磁场磁通。

将式（6-3）和式（6-4）代入式（6-5）可得

$$n = \frac{U}{K_e \Phi} - \frac{T_M R_a}{K_e K_T \Phi^2} \tag{6-6}$$

由式（6-6）可知，调节电动机的转速有三种方法，即改变电枢电压 U、改变磁通量 Φ、改变电枢回路电阻 R_a，均可得到不同的转速。对于永磁式直流伺服电动机，励磁磁通不可变，因而只有两种调速方法，而改变转子回路电阻一般不能满足要求，通常采用改变转子回路外加电压的调速方法。这种调速方法是从额定电压往下降低转子电压，即从额定转速向下调速。该种调速方法属恒转矩调速，机械特性是一组斜率不变的平行直线，特性比较硬，且调速范围较宽。另外，这种调速方法是用减小输入功率来减小输出功率的，所以具有比较好的经济性。

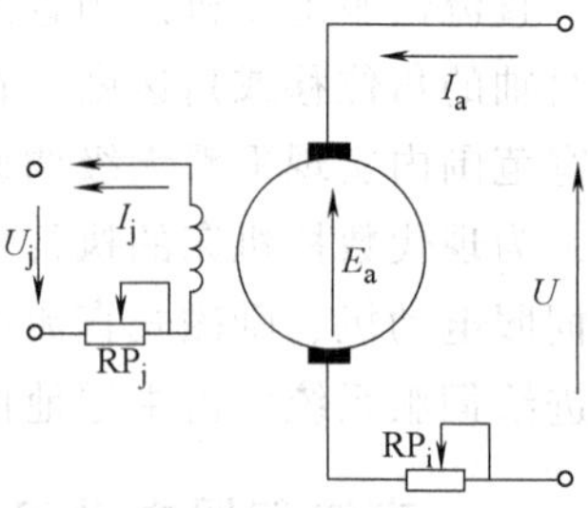

图 6-13　直流电动机速度控制原理图

三、直流伺服电动机的脉宽调速系统

直流伺服电动机的调速系统较多采用晶闸管（SCR）调速系统和晶体管脉宽调制（Pulse Width Modulation，PWM）调速系统。晶体管脉宽调制调速系统，简称 PWM 系统，是近几年出现的一种调速系统，其工作原理是：利用大功率晶体管开关特性，将整流后的恒压直流电源，转换成幅值不变的高频率方波电压，加在直流电动机的电枢两端，并通过控制晶体管在一个周期内的“接通”与“关断”时间来改变方波脉冲宽度，从而改变加在电枢两端的平均电压 U，进而达到调压调速的目的。与晶闸管直流调速相比，晶体管脉宽调制调速控制简单，开关特性好，可以克服晶闸管直流调速的波形脉动，调速性能好。因此晶体管脉宽调制调速在直流进给伺服电动机中得到广泛应用。

图 6-14a 为 PWM 控制原理示意图，在晶体管 VT 的基极加以图 6-14b 所示的方波信号时，在 $0 \leqslant t < t_1$ 期间，晶体管 VT 导通，供电电源 U_s 通过晶体管 VT 施加到电动机电枢两端，电源 U_s 向电动机提供能量。而在 $t_1 \leqslant t < T$ 期间，晶体管 VT 关断，中断了供电电源 U_s 向电动机提供能量，此时，电枢电感在晶体管 VT 导通期间所储存的能量通过续流二极管 VD 使电动机电流继续流通。电枢电压和电流波形如图 6-14b 所示。

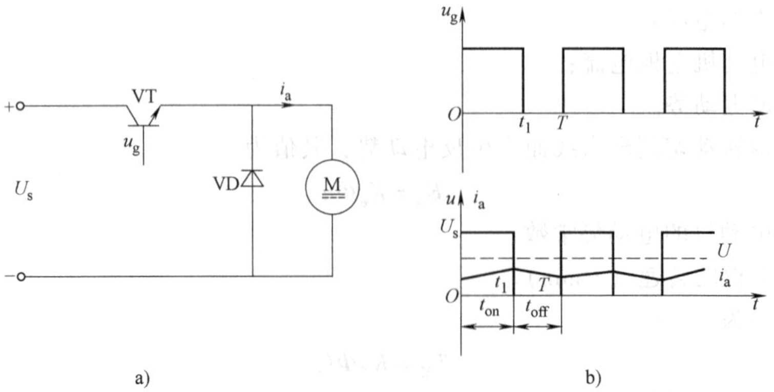

图 6-14　PWM 控制原理示意图

a）PWM 电路图　b）电枢电压和电流波形

晶体管直流脉宽调制调速系统由控制电路、主回路及功率整流电路三部分组成。其中控制电路由速度调节器、电流调节器和脉宽调制器（包括固定频率振荡器、调制信号发生器、脉宽调制及基极驱动电路）组成。系统的核心部分是主回路和脉宽调制器。

PWM主回路有T形和H形两种形式，在数控机床进给直流伺服电动机驱动中常采用H形。H形PWM主回路又有单极性和双极性两种工作方式。图6-15所示为H形双极性PWM主回路。

晶体管VT_1、VT_2、VT_3、VT_4驱动信号分别为矩形波信号u_{b1}、u_{b2}、u_{b3}、u_{b4}，并保证$u_{b1}=u_{b4}$，$u_{b2}=u_{b3}=-u_{b1}$。当速度控制电压U_D为正，电枢电压U大于电枢感应电动势E，电动机处于正向电动状态。在$0\leqslant t<t_1$期间，驱动信号u_{b1}、u_{b4}为正，晶体管VT_1和VT_4饱和导通，驱动信号u_{b2}、u_{b3}为负，晶体管VT_2和VT_3截止，电源U_D经VT_1和VT_4向电动机提供能量$U=U_D$；在$t_1\leqslant t<T$期间，驱动信号u_{b2}、u_{b3}为正，VT_2和VT_3饱和导通，VT_1和VT_4截止，电源U_D经VT_2和VT_3向电动机提供能量$U=-U_D$。当脉冲控制信号的脉宽$t_1>T/2$时，加在电动机转子绕组两端的平均电压大于零，电动机正转。当$t_1<T/2$时，加在电动机转子绕组两端的平均电压小于零，电动机反转。当$t_1=T/2$时，加在电动机转子绕组两端的平均电压等于零，电动机停转。

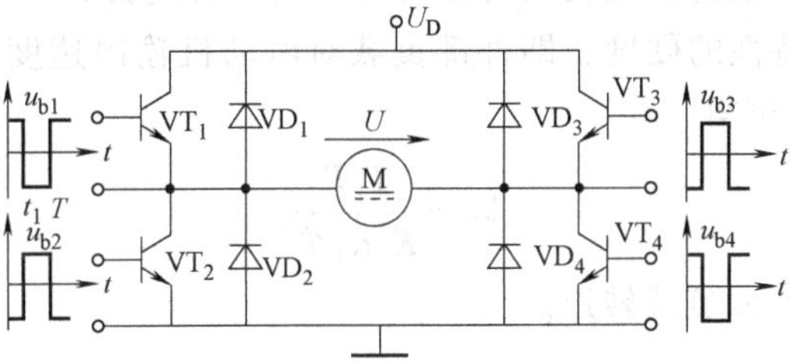

图6-15　H形双极性PWM主回路

图6-16为转速、电流双闭环PWM控制电路。电路中，速度反馈信号和电流反馈信号分别将电动机的实际转速与主电路电流反馈给速度调节器和电流调节器，实现系统转速稳态的无静差。调制波发生器的作用是产生恒定频率的振荡源以作为比较的基准。它可以是三角波，也可以是锯齿波。脉宽调制器实际上是一种电压-脉宽转换电路。它为功率晶体管的基极提供一个宽度可由速度控制信号调节且与之成正比的脉冲电压。控制信号u_c是由速度给定信号U_n^*经速度调节器和电流调节器得到的，其大小与速度给定信号U_n^*成正比，其正、负随速度给定信号U_n^*的正、负而变化。最终实现电动机的转速n与速度给定信号U_n^*呈线

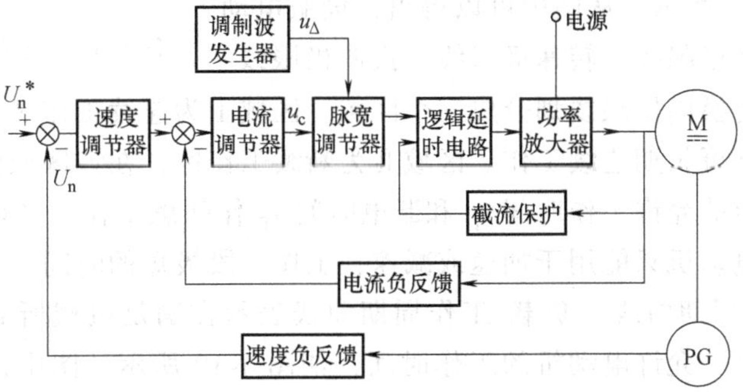

图6-16　转速、电流双闭环PWM控制电路

性关系，电动机的转向由速度给定信号 U_n^* 的正、负所控制。

逻辑延时电路是保证在向一个晶体管发出关断脉冲后，延时一段时间，再向另一个晶体管发出导通脉冲。其目的是防止晶体管处于交替工作状态时，关断的晶体管并未完全关断，另一个晶体管又导通，造成两个晶体管直通而使电源正、负极短路。截流保护的作用是防止电动机过载时流过功率晶体管或电枢的电流过大。

四、直流伺服电动机的特性

1. 机械特性

在输入的电枢电压 U 保持不变时，电动机的转速 n 随电磁转矩 T_M 变化而变化的规律，称为直流电动机的机械特性（图 6-17）。在励磁电压不变且忽略电枢反应影响的情况下，电枢控制的直流伺服电动机的机械特性方程由式（6-6）可得

$$n=\frac{U}{K_e\Phi}-\frac{T_M R_a}{K_e K_T \Phi^2}=n_0-\Delta n \tag{6-7}$$

式中 n_0——理想空载转速，$n_0=\dfrac{U}{K_e\Phi}$，即负载转矩为零时的电动机转速。

当电动机带动某一负载时，电动机转速与理想空载转速会有一个差值 Δn，Δn 的值大小反映了直流电动机机械特性的硬度，即外部负载对电动机输出速度的影响，Δn 越小，机械特性越硬。由式（6-7）可得

$$\Delta n=\frac{T_L R_a}{K_e K_T \Phi^2} \tag{6-8}$$

式中 T_L——电动机轴上的负载转矩。

2. 调节特性

直流伺服电动机的另一重要特性是调节特性，调节特性是指直流电动机在一定的电磁转矩 T_M（或负载转矩）下电动机的稳态转速 n 随电枢的控制电压 U 的变化而变化的规律。对于永磁直流伺服电动机，由于其伺服系统的要求，已经不能简单地用电压、电流、转速等参数描述其性能，而需要用一些特性曲线对其性能做全面描述。

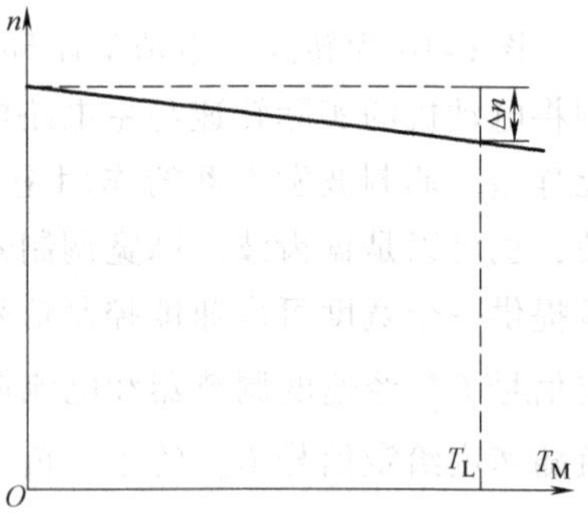

图 6-17 直流电动机的机械特性

（1）转矩-速度特性曲线 转矩-速度特性曲线又称工作曲线，如图 6-18 所示。从图中可以得出，伺服电动机的工作区域被温度极限线、转速极限线、换向极限线、转矩极限线以及瞬时换向极限线划分成三个区域。区域Ⅰ为连续工作区，在该区域中，转矩和转速的任意组合都可长期连续工作。区域Ⅱ为断续工作区，在该区域内，电动机只能根据负载周期曲线所决定的允许工作时间 t_R 和断电时间 t_F 作间歇工作。区域Ⅲ为加速和减速区域，在该区域内，电动机只能用于加速或减速，工作一段极短的时间。

（2）负载-工作周期曲线 负载-工作周期曲线表示在满足机械所需转矩，而又确保电动机不过热的情况下，允许电动机的工作时间，如图 6-19 所示。图中，各条曲线为不同的过载倍数曲线（过载倍数 = 负载转矩/连续额定转矩）。横坐标为工作时间 t_R（min），纵坐

标为加载周期比 d。

$$d = t_R / (t_R + t_F) \tag{6-9}$$

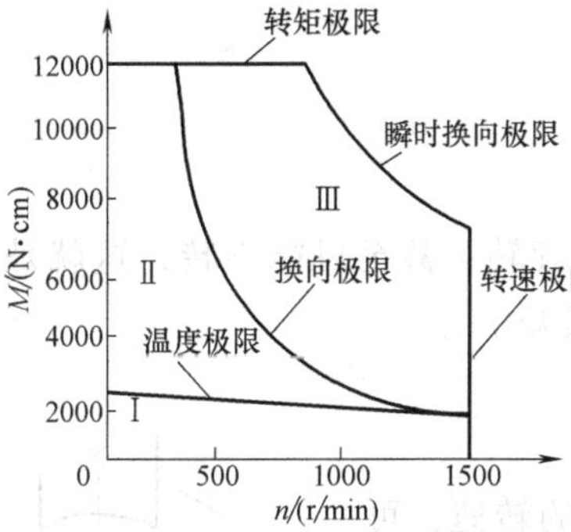

图 6-18　转矩-速度特性曲线

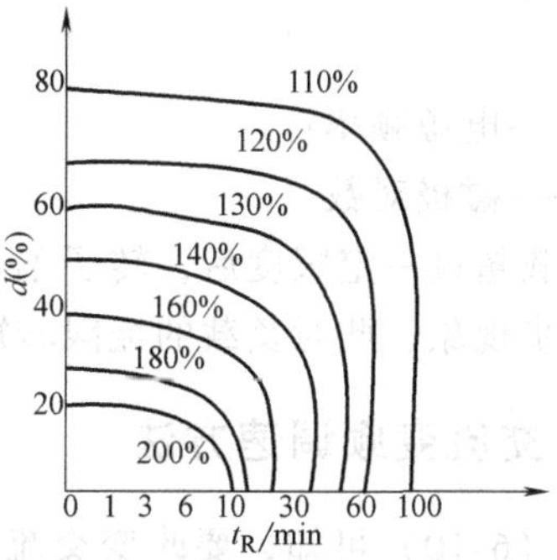

图 6-19　负载-工作周期曲线

第四节　交流伺服电动机及其控制原理

直流电动机具有优良的调速性能，但也存在一些固有的缺点：如电刷和换向器易磨损，需经常维护；换向器换向时会产生火花，使电动机的最高转速受到限制，也使应用环境受到限制；结构复杂，制造困难，制造成本高。而交流电动机却克服了上述缺点，且转子惯量比直流电动机小，具有更好的动态响应。在同样体积下，交流电动机的输出功率可比直流电动机的高 10% ~70%。此外，交流电动机的容量可比直流电动机大，以达到更高的电压和转速。因此，自 20 世纪 80 年代中期以来，以交流伺服电动机作为驱动元件的交流伺服系统得到迅速发展，逐渐取代了直流伺服电动机，是当今全数字伺服驱动系统的发展趋势。

一、交流伺服电动机的工作原理

交流伺服进给电动机多采用三相交流永磁同步电动机。交流永磁同步电动机的结构如图 6-20 所示，主要由三部分组成：定子、转子和检测元件。其中定子有齿槽，内装三相对称绕组，形状与普通异步电动机的定子相同。但其外圆多呈多边形，且无外壳，以利于散热，避免电动机发热对机床精度的影响。

交流永磁同步电动机的工作原理如图 6-21 所示，它是基于转子磁场与定子磁场相互作用的原理来进行工作的。当给定子三相绕组通以三相交流电时，就产生一个旋转磁场，该旋转磁场以同步转速 n_s 旋转。根据磁极同性相斥、异性相吸的原理，定子的旋转磁极与转子的永磁磁极互相吸引，并带动转子一起旋转，使得转子也以同步转速 n_s 与旋转磁场一起旋转。

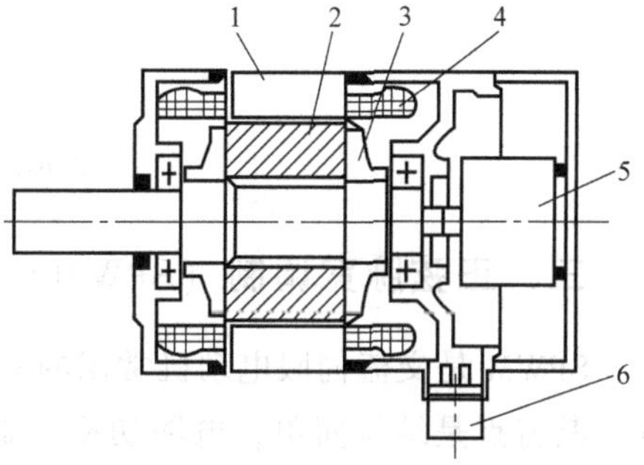

图 6-20　交流永磁同步电动机的结构
1—定子　2—转子　3—压板　4—定子三相绕组　5—脉冲编码器　6—出线盒

当转子轴上加有负载转矩之后，转子磁极轴线将落后定子磁场轴线一个 θ 角，随着负载增加，θ 角也随之增大，负载减小时，θ 角也减小，只要负

载不超过一定限度，转子始终跟着定子的旋转磁场以恒定的同步转速 n_s 旋转。设转子转速为 n，则

$$n = n_s = 60\frac{f}{p} \tag{6-10}$$

式中 f——电源频率；

p——磁极对数。

当负载超过一定限度后，转子不再按同步转速 n_s 旋转，甚至可能不转，这就是同步电动机的失步现象，此时负载的极限转矩称为最大同步转矩。

二、交流变频调速方法

由式（6-10）可知，要改变交流永磁同步电动机的转速，可采用两方法：一种是改变磁极对数 p，这是一种有级的调速方法，可以通过切换定子绕组接线的方式来实现，但只能产生 2 种或 3 种速度；另一种是改变电源频率 f，这是交流永磁同步电动机的一种较理想的调速方法，可以实现无级调速，其效率和功率因数也很高。因此交流永磁同步电动机常采用变频调速方法实现调速。

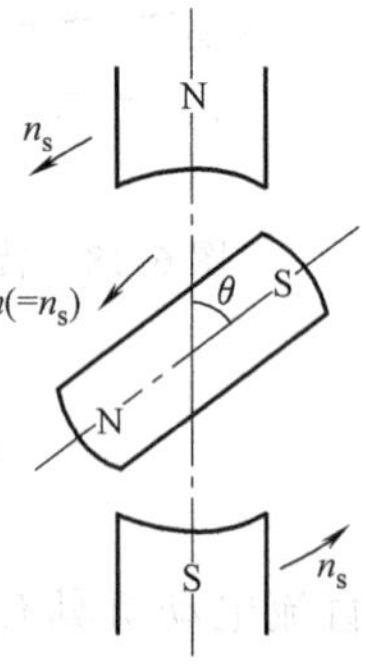

图 6-21 交流永磁同步电动机的工作原理

对交流电动机实现变频的装置叫作变频器。变频器有交-交变频器、交-直-交变频器等种类。交-交变频器不经过中间环节，直接将电网电源固定频率的交流电变换为另一种频率的交流电。交-直-交变频器是先将电网电源交流电通过整流变为直流电，再经过电容或电感或电容、电感组合电路滤波后供给逆变器，由逆变器输出的是电压和频率可调的交流电。

数控机床通常采用的是交-直-交变频器，其组成有整流电路、滤波电路、逆变电路和控制电路，如图 6-22 所示。图中，整流电路可以是二极管整流，也可以是晶闸管整流。滤波元件是电容的称为电压型变频器，滤波元件是电感的称为电流型变频器。逆变电路可以采用大功率晶体管、门极关断晶闸管和功率场效应晶体管等。

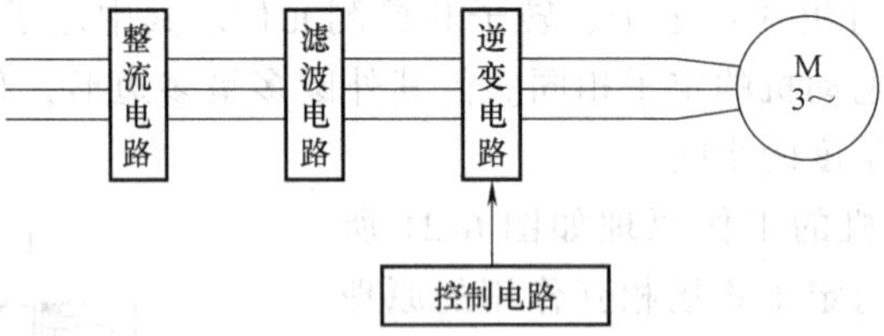

图 6-22 交-直-交变频器组成

三、正弦脉宽调制（SPWM）变频器的基本原理

SPWM 是交流伺服电动机常用的一种最基本的调速方法，其变频器属于交-直-交变频装置，其特点是结构简单，电网功率因数高，且不受逆变器负载大小的影响，系统动态响应快，输出波形好，使电动机可在近似正弦波的交变电压下运行，脉动转矩小，有比较宽的调速范围及较好的调速性能，在数控机床的交流驱动中得到了广泛应用。

1. 三相双极性桥式 SPWM 调频电路

图 6-23 所示为三相双极性桥式 SPWM 调频电路。图中，左侧为桥式整流器，由 6 个整流二极管组成。它将 50Hz 交流电经整流变压器变到所需电压后，再经二极管整流和电容滤波，形成恒定直流电压，送入图中右侧逆变器（点画线所围部分）。逆变器由 6 个全控式功率晶体管和 6 个续流二极管组成。功率晶体管的基极由正弦调制脉冲信号控制。从逆变器输出的三相交流电为频率和电压均可调的等效于正弦波的脉宽调制波（SPWM 波），由其驱动交流伺服电动机运转。

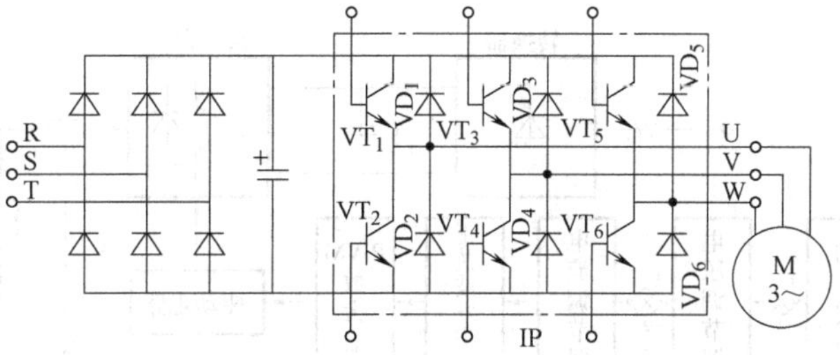

图 6-23　三相双极性桥式 SPWM 调频电路

下面以一相（如 U 相）双极性逆变电路为例，分析 SPWM 变频器的工作原理。调制脉冲信号的形成如图 6-24 所示。由正弦波发生器生成频率与幅值可调的正弦波称为调制波，三角波发生器生成的三角波称为载波，两波形分别输入比较器的两个输入端，比较器输出控制 VT_1、VT_4 基极的调制脉冲信号。

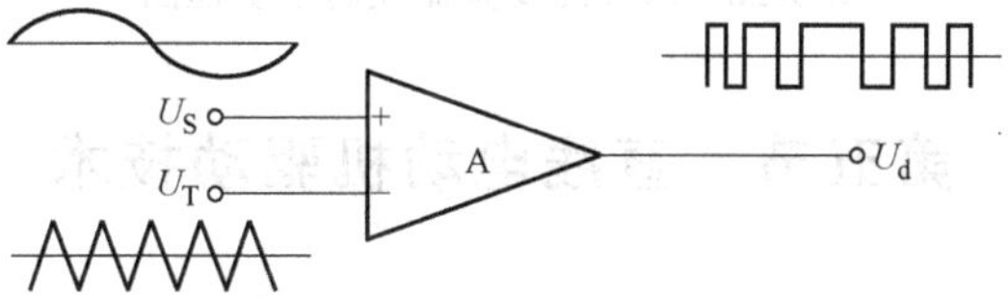

图 6-24　调制脉冲信号的形成

在调制波的正半周，当正弦波大于三角波时，VT_1 导通、VT_4 关断，使负载上得到的相电压为 $u_A = U_d/2$；当正弦波小于三角波时，VT_1 关断、VD_4 续流二极管释放能量，负载上的相电压为 $u_A = -U_d/2$，从而实现双极性调制。在调制波的负半周，VT_4 导通、VT_1 关断。逆变器输出电压为一组等幅、等距，但不等宽的脉冲系列，其脉宽按正弦分布（等效正弦电压波）。双极性三相 SPWM 等效正弦交流电波形如图 6-25 所示。

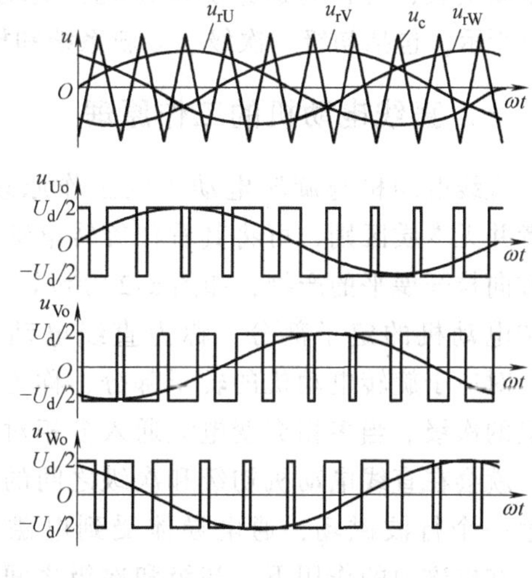

图 6-25　双极性三相 SPWM 等效正弦交流电波形

从图中可以看出，输出电压的频率和相位与调制波的频率和相位相同，输出电压的基波幅值随调制波的幅值变化而变化。通过改变调制波的幅值，可改变逆变器输出电压的幅值；通过改变调制波的频率，可改变逆变器输出基波的频率。

2. SPWM 变频器控制系统

图 6-26 所示为 SPWM 变频器控制系统框图。正弦波发生器接收经过电压、电流反馈调节的信号，输出一个具有与输入信号相对应频率与幅值的正弦波信号，此信号为调制信号。三角波发生器生成三角波信号称为载波信号。调制信号与载波信号相比较，形成控制各相功率晶体管基极的调制脉冲信号。调制脉冲信号送至功率晶体管基极，对 SPWM 的主回路进行控制，实现对永磁交流同步电动机的变频调速。

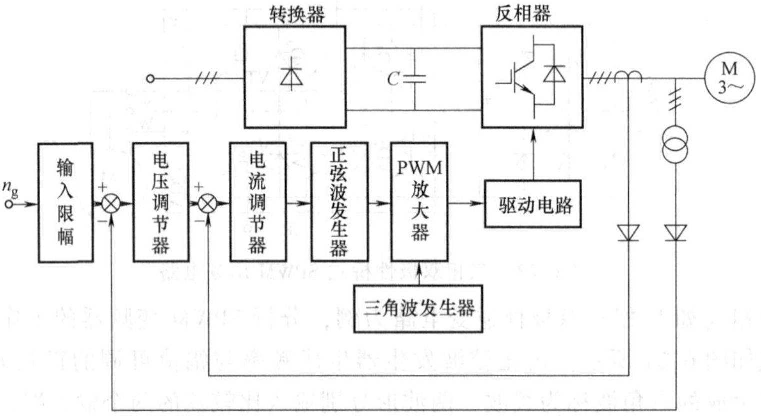

图 6-26　SPWM 变频器控制系统框图

第五节　直线电动机驱动技术

随着近几年来超高速加工技术的发展，传统的“旋转电动机 + 滚珠丝杠”难以满足高速度和高加速度的要求，直线电动机开始在高速精密数控机床上得到应用。直线电动机是指可以直接产生直线运动的电动机，直线电动机具有更大的加速度以及更快的速度输出，可直接驱动负载，可作为进给驱动系统，实现进给系统的“零传动”。直线电动机的组成如图 6-27所示，包括初级、次级、导轨系统和检测系统。

一、直线电动机的工作原理

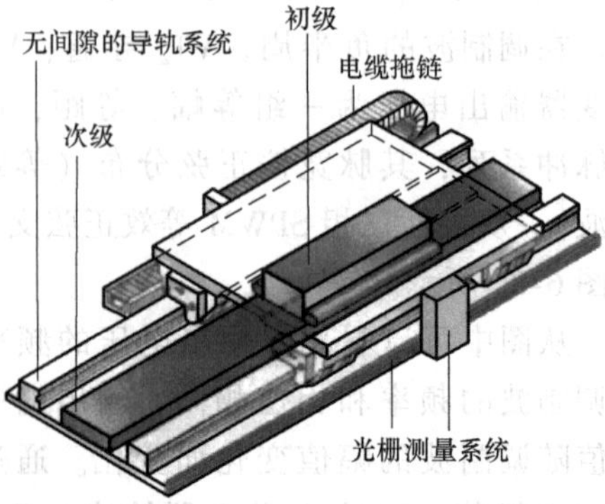

图 6-27　直线电动机的组成

直线电动机与旋转电动机的工作原理相似，两者并无本质区别，可将其看作旋转电动机沿圆周方向拉开展平的产物，如图 6-28 所示。对应于旋转电动机的定子部分，称为直线电动机的初级；对应于旋转电动机的转子部分，称为直线电动机的次级。当多相交变电流通入多相对称绕组时，就会在直线电动机初级和次级之间的气隙中产生一个行波磁场，通电导体受到电磁力矩作用，在电磁力的作用下，初级和次级之间产生相对移动。除此之外，二者之间还存在一个垂直力，可以是吸引力，也可以是推斥力。

直线电动机根据其驱动分为直流直线电动机、步进直线电动机和交流直线电动机三大类。在数控机床上多采用交流直线电动机。

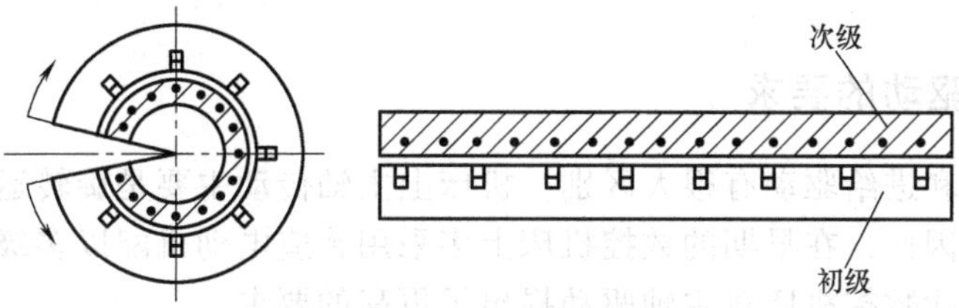

图 6-28　旋转电动机与直线电动机的比较

根据其结构不同直线电动机又可分为短次级和短初级两种形式，如图 6-29 所示。为了减小发热量和降低成本，高速机床用直线电动机一般采用图 6-29b 所示的短初级结构。

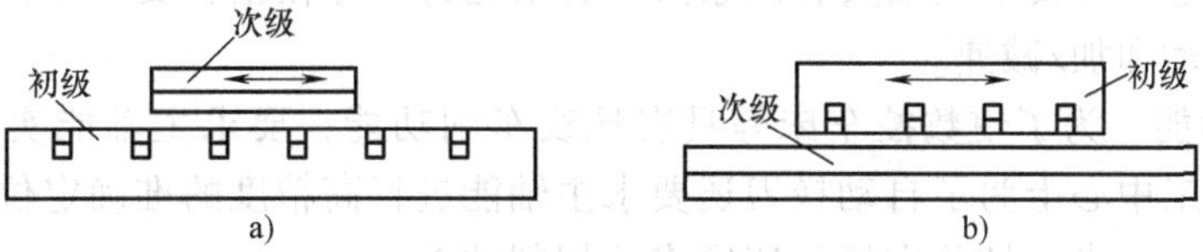

图 6-29　直线电动机的结构形式
a）短次级　b）短初级

交流直线电动机根据励磁方式又可以分为永磁（同步）式和感应（异步）式两种。永磁式直线电动机的次级由永久磁铁组成，其初级是含铁心的三相绕组。感应式直线电动机的初级和永磁式直线电动机的初级相同，而次级是用自行短路的电栅条。永磁式直线电动机在单位面积推力、效率、可控性等方面均优于感应式直线电动机，但成本高，工艺复杂，不利于机床的安装、使用和维护。感应式直线电动机在不通电时无磁性，因此有利于机床的安装、使用和维护。

二、直线电动机的使用

使用直线电动机驱动系统，具有如下特点：

1）直线伺服电动机驱动系统中，电磁力直接作用于运动体（工作台）上，无机械连接，实现了进给系统的“零传动”，其输出直接是直线位移，因此不存在机械滞后或齿轮传动固有的齿侧间隙误差，其精度完全取决于位置检测系统的精度。

2）直线电动机系统在动力传动中没有低效率的中间传动部件，因此能达到高效率，可获得很好的动态刚度。

3）直线电动机驱动系统由于无机械零件相互接触，因此无机械磨损，不需要定期维护，也不像滚珠丝杠那样有行程限制，可使用多段拼接技术满足超长行程要求。

4）直线电动机的运动部件和机床的工作台已集成为一体，直线电动机进给单元只能采用全闭环控制系统。

5）直线电动机上通常装有全数字伺服系统，可以达到极好的伺服性能。由于直线电动机和工作台之间无机械连接，可实现工作台对指令位置的快速响应，从而使得跟随误差减至最小而达到较高的精度，并能实现非常平稳的进给运动。

第六节　主轴驱动系统

一、对主轴驱动的要求

机床主轴驱动和进给驱动有很大区别。机床上主轴传动主要是旋转运动，无须丝杠或其他直线传动装置，因此，在早期的数控机床上多采用感应电动机配以多级变速器作为主轴驱动的主要方式。现代数控机床对主轴驱动提出了更高的要求。

(1) 对功率的要求　要求主传动电动机输出功率范围应在2.2～250kW之间，既要输出大的功率，又要求主轴结构简单，因此传统的驱动方案已难以满足此要求。

(2) 比较宽的调速范围　数控机床主轴驱动系统要求在1:1000范围内进行恒转矩和1:10的恒功率调速，且要求主轴具有四象限的驱动能力，即在正、反两个转向中在任意一个方向都可进行转动和加/减速。

(3) 定位功能　为了使数控车床等具有螺纹车削功能，要求主轴能实现与进给驱动的同步控制；在加工中心上为了自动换刀还要求主轴能进行高精度的准确定位；为了保证端面加工的表面质量，要求主轴具有恒线速度表面切削功能。

为了实现上述要求，早期的数控机床多采用直流主轴驱动系统，但由于直流电动机的换向限制，该类系统所能获得的恒功率调速范围都非常小。随着交流伺服驱动系统的广泛应用，目前大部分数控机床都采用交流主轴驱动系统。

二、直流主轴电动机的结构与性能

为了满足数控机床对主轴驱动的要求，直流主轴电动机的结构与永磁式直流伺服电动机不同。因主轴电动机要求有大的输出功率，因此它常常不采用永磁式结构而采用他励式结构。如图6-30所示，直流主轴电动机也是由定子和转子两大部分组成。转子与永磁直流伺服电动机相同，由电枢绕组和换向器组成；而定子则由主磁极和换向极组成。有的主轴电动机在主磁极上兼有主磁极绕组和补偿绕组。

主轴电动机在结构上的共同特点是：为改变换向性能，在电动机结构上都有换向极，为缩小体积，常采用轴向强迫通风冷却或热管冷却方式以改善冷却效果。电动机的主磁极和换向极均由硅钢片叠成，以便在负荷变化或在加速、减速时有良好的换向性能。电动机外壳结构为密封式，以适应恶劣加工环境。

直流主轴电动机的性能，可由如图6-31所示的转矩-速度特性曲线来描述。在基本转速n_1以下时，为恒转矩调速范围，可通过改变电枢电压方式来调速；在基本转速以上时，为恒功率调速范围，采用控制励磁的调速方式调速。一般来说，恒转矩速度范围与恒功率速度范围之比为1:2。

直流主轴电动机一般都有一定过载能力，且大都能在过载150%（即连续额定电流的1.5倍）可连续工作几分钟到半小时。

三、交流主轴电动机的结构与性能

交流主轴电动机与交流伺服进给电动机不同，交流主轴电动机均采用交流感应电动机。这是因为若采用永磁式交流电动机，受永久磁铁的限制，若其容量做得很大时，会造成电动机成本过高。另一个原因是主轴驱动系统对电动机性能的要求并不是很高，调速范围也不要太大，采用感应电动机完全可以满足数控机床对主轴驱动的要求。

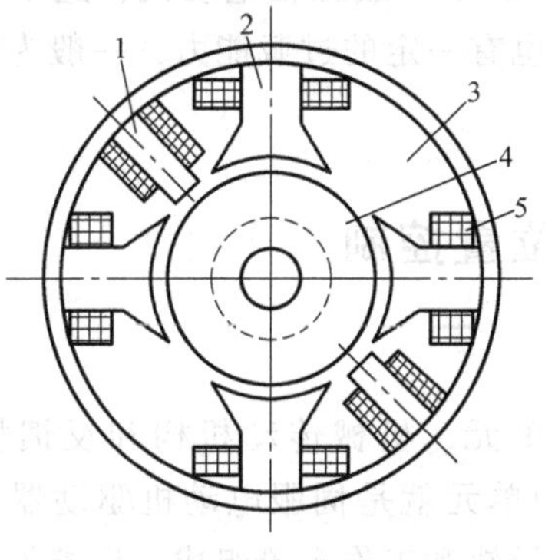

图 6-30　直流主轴电动机示意图
1—换向极　2—主磁极
3—定子　4—转子　5—绕组

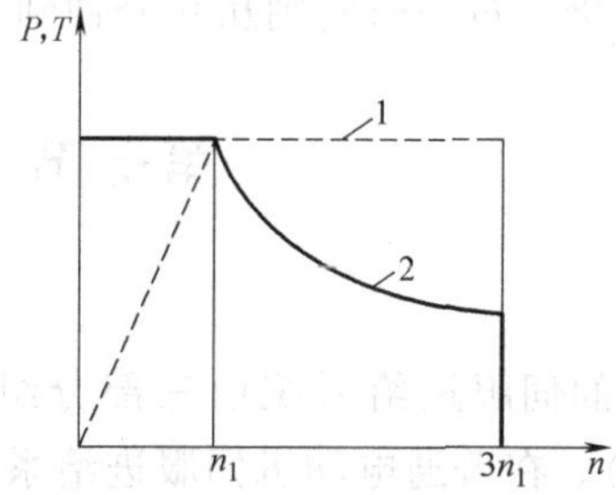

图 6-31　转矩-功率-速度特性曲线
1—功率特性曲线　2—转矩特性曲线

交流感应电动机从结构上可分为带换向器和不带换向器两种。通常多采用不带换向器的三相感应电动机。其结构是定子上装有对称三相绕组，而在圆柱体的转子铁心上嵌有均匀分布的导条，导条两端分别用金属环把它们连成一体，称为笼型转子，该种电动机也称为笼型电动机。交流主轴电动机是专门设计的，为了增加输出功率，缩小电动机的体积，采用了在空气中对定子铁心直接冷却的办法，没有机壳，而且在定子铁心上做有轴向孔以利通风等。电动机外形多呈多边形而非圆形。交流主轴电动机的结构和普通感应电动机的比较如图6-32所示。图中，左半部分为交流主轴电动机的结构，右半部分为普通感应电动机的结构。电动机轴的尾部都同轴安装有检测用脉冲编码器。

交流感应主轴电动机的工作原理是：当给定子的对称三相绕组通以对称三相电源以后，由电源供给的励磁电流，在定子和转子之间的气隙内建立起以同转速旋转的旋转磁场，依靠电磁感应作用，在转子导条内产生感应电动势，在闭合的转子导条中就有电流流过，从而产生电磁转矩，实现由电能向机械能的变换。

交流主轴电动机的性能可由图 6-33 所示的功率-速度特性曲线描述。从图中曲线可见，

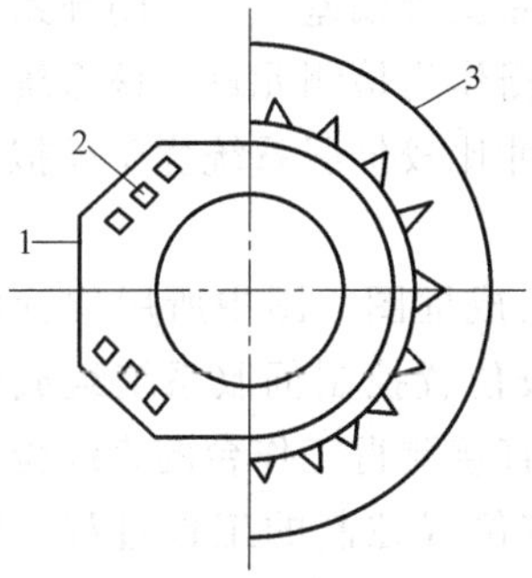

图 6-32　交流主轴电动机的结构和普通感应电动机的比较
1—定子　2—轴向散热孔　3—外壳

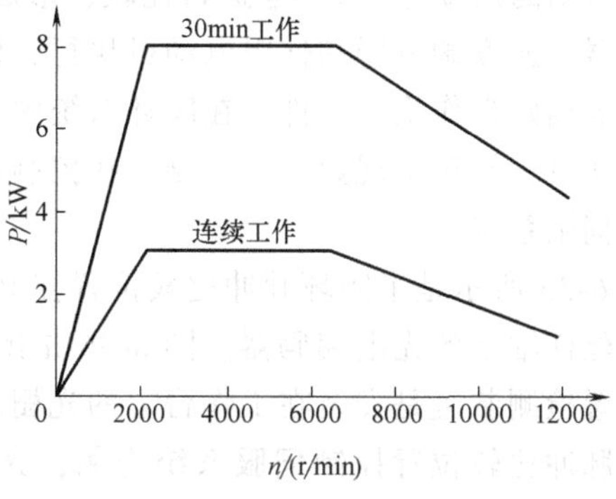

图 6-33　功率-速度特性曲线

交流主轴电动机的特性曲线与直流主轴电动机类似；在基本速度以下为恒转矩区域，而在基本转速以上为恒功率区域。但有些电动机如图 6-33 所示那样，当电动机速度超过一定值之后，其功率-速度曲线会往下倾斜，不能保持恒功率。对于一般主轴电动机，这个恒功率的速度范围只有 1∶3 的速度比。另外，交流主轴电动机也有一定的过载能力，一般为额定值的 1.2～1.5 倍，过载时间则从几分钟到半小时不等。

第七节　伺服进给位置控制

典型的伺服进给系统由三部分组成：伺服控制单元、机械传动机构和反馈检测单元（图 6-34）。在普通电动机伺服进给系统中，伺服控制单元就是伺服电动机驱动器；机械传动机构则是由电动机、减速器、联轴器、滚珠丝杠、导轨和工作台等组成；反馈检测单元则主要有安装在伺服电动机上的编码器和安装在导轨上的光栅尺等。

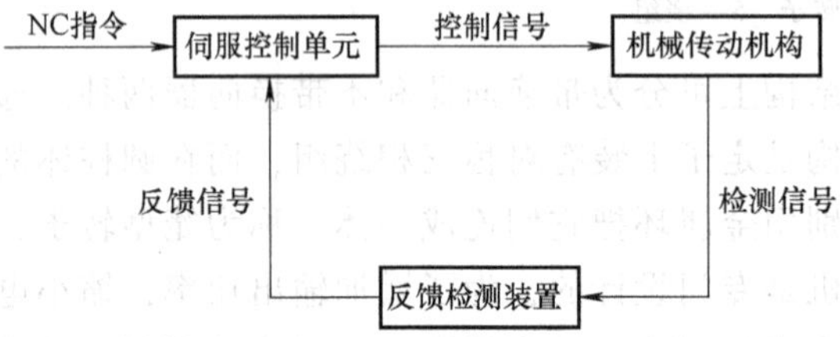

图 6-34　伺服进给系统的典型结构框图

位置控制是伺服进给系统的基本环节和运动精度的重要保证。位置控制分为开环、半闭环和闭环控制。在数控机床的半闭环、闭环伺服系统中，按位置反馈元件工作方式及比较方式不同，可分为脉冲比较、相位比较、幅值比较和全数字式伺服系统。目前，应用广泛和具有发展前景的是数字脉冲比较伺服系统和全数字式伺服系统。

一、脉冲比较（又称数字比较）伺服系统

脉冲比较（又称数字比较）伺服系统将来自于数控插补器的指令脉冲数 P_C 与由位置检测元件检测的反馈脉冲数 P_F 进行比较，形成位置数字偏差 e，再经 D-A 转换和放大后给位置调节器、速度调节器和伺服电动机执行，以减少和消除位置偏差。在半闭环系统中，通常使用光电编码盘作检测元件；在闭环系统中，多使用光栅作为检测元件。该系统的优点是结构比较简单，易于实现数字化控制。在控制性能上，脉冲比较伺服系统优于模拟方式、混合方式的伺服系统。

图 6-35 所示是半闭环脉冲比较位置控制伺服系统组成框图，图中所用位置检测装置是安装在丝杠轴上的光电编码器。图 6-36 是闭环脉冲比较位置控制伺服系统组成框图，图中所用位置检测装置是安装在工作台上的光栅尺，光栅尺直接测得工作台的直线位移。这里以半闭环脉冲比较位置控制伺服系统为例，介绍脉冲比较位置控制的工作过程。图 6-35 中，光电编码器与伺服电动机的转轴相连接，随着电动机的转动产生脉冲序列输出，其脉冲频率与转速成正比。设指令脉冲为 P_C，位置反馈脉冲为 P_F。当工作台处于静止状态时，如果指令脉冲 P_C 为 0，这时反馈脉冲 P_F 也为 0，经比较环节，偏差 $e=P_C-P_F=0$，则伺服电动机

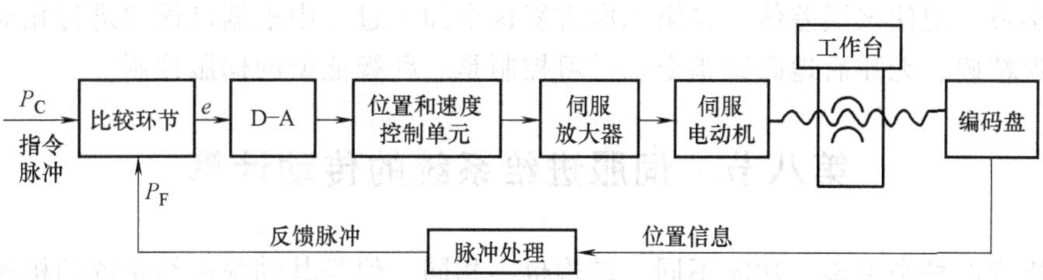

图 6-35　半闭环脉冲比较位置控制伺服系统

的速度指令为 0，工作台保持静止不动。若有指令脉冲输出，即 $P_C \neq 0$，在工作台尚未移动之前，反馈脉冲 P_F 仍为 0，若指令脉冲为正向进给脉冲，此时比较器输出的偏差信号 $e>0$，由位置、速度控制单元驱动伺服电动机带动工作台向正向运动。随着电动机运转，光电编码器有正向脉冲 P_F 被送入反馈脉冲计数器，P_F 值增大，偏差 e 逐渐减小，只要反馈脉冲的数量 P_F 与指令脉冲的数量 P_C 不等，比较器就有输出，$e=P_C-P_F>0$，电动机继续正转，反馈计数器值 P_F 继续增加，直到反馈脉冲数等于指令脉冲数时，其偏差 $e=0$，工作台将停在指令位置上。当指令脉冲为反向运动脉冲时，控制过程与 P_C 为正时基本相似。只是偏差 $e<0$ 时，工作台反向进给，直到到达指令位置。

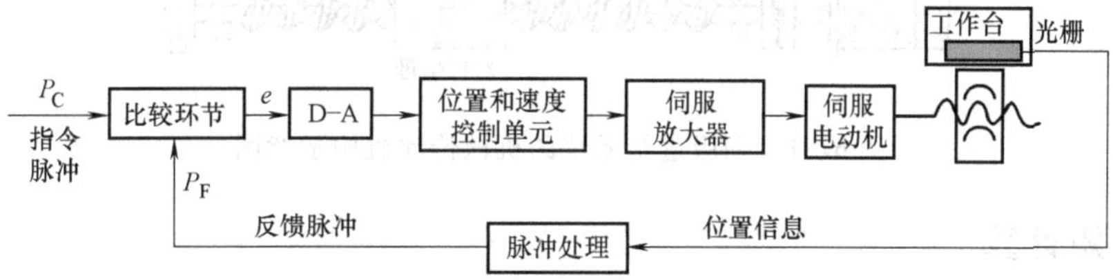

图 6-36　闭环脉冲比较位置控制伺服系统

二、全数字式伺服系统

所谓全数字式伺服系统是指系统中的控制信息全用数字量处理。随着数字信号微处理器性能的提高，伺服系统的信息处理可完全用软件来实现，由位置环、速度环和电流环构成的三环反馈控制全部实现数字化。

全数字式伺服系统可采用现代控制理论，通过计算机实现最优控制，具有更高的动、静态控制精度。在检测灵敏度、时间及温度漂移和抗干扰性能等方面优于模拟和模拟数字混合伺服系统。普通数控机床的伺服系统是根据传统的反馈控制原理设计的，很难达到无跟踪误差控制，即很难同时达到高速度和高精度。但全数字式伺服系统可以通过计算机软件采用以下新技术，达到同时满足高速度和高精度的要求。

（1）前馈控制　前馈控制的引入，构成了同时具有反馈和前馈复合控制的系统结构，它在理论上可以实现完全的“无差调节”，即同时消除系统的静态位置误差、速度与加速度误差以及外界扰动引起的误差。

（2）预测控制　它通过预测机床伺服系统的传递函数来调节输入控制量，以产生符合要求的输出，是目前用来减小伺服系统跟踪误差的另一种方法。

（3）学习控制或重复控制　这种控制方法适合于周期性重复加工的控制，可以获得高速、高精度的效果。其工作原理是：当系统跟踪第一个周期指令时产生伺服滞后误差，系统经过对其学习，记住该误差值，在第二次重复这个加工过程中根据该误差进行相应补偿或控制，以实现精确、无滞后地跟踪指令。学习控制是一种智能型的伺服控制。

第八节　伺服进给系统的传动计算

数控机床的种类繁多，功能不同，结构也不相同，但是其伺服进给系统的机械传动机构基本相同，一般由伺服电动机、联轴器、滚珠丝杠、导轨和工作台组成（图 6-37）；为满足快速精密加工要求，现代数控机床开始采用直线电动机伺服驱动装置，对于这类驱动系统，其机械传动机构是由直线电动机、导轨和工作台组成。

通常情况下，伺服进给系统的传动计算主要包括转矩、转动惯量和刚度的计算，主要作用是为电动机选型校核和系统建模提供基础。一般情况下，伺服进给系统的转矩、转动惯量和刚度都是折合到电动机轴上的。

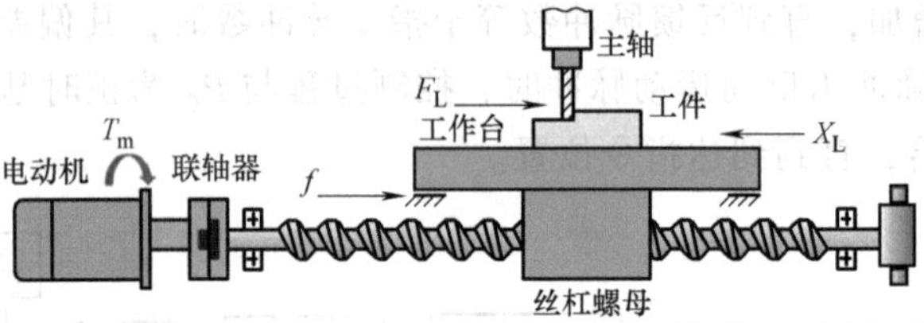

图 6-37　伺服进给系统的机械传动机构示意图

一、转矩计算

伺服进给系统的转矩通常由三部分组成：静态负载转矩、滚珠丝杠副预紧力转矩和电动机加速转矩。

（1）静态负载转矩　静态负载转矩是由外加载荷产生的摩擦力矩，可以表示为

$$T_f = \frac{FP_h}{2\pi} \tag{6-11}$$

式中　P_h——滚珠丝杠副导程；

F——滚珠丝杠外加轴向载荷，包括由切削、工件和工作台质量、导轨、支撑轴承等导致的摩擦力。

（2）滚珠丝杠副预紧力转矩　当滚珠丝杠副预加载荷时，由预紧力产生的摩擦转矩为

$$T_p = \frac{F_p P_h}{2\pi} \cdot \frac{1-\eta^2}{\eta^2} \tag{6-12}$$

式中　F_p——滚珠丝杠副预紧力；

η——效率，取 0.9。

（3）电动机加速转矩　电动机转速从 n_1 升至 n_2 时，加速转矩为

$$T_a = J_m \frac{2\pi(n_1 - n_2)}{60t_a} \tag{6-13}$$

式中　n_1、n_2——电动机转速；

t_a——加速时间；

J_m——电动机的转动惯量。

当电动机从静止升至 n_{max}时，最大加速转矩为

$$T_{amax} = J_m \frac{2\pi n_{max}}{60 t_a} \tag{6-14}$$

式中　n_{max}——电动机最高转速。

（4）电动机最大起动转矩和连续工作转矩　在电动机选型和校核中，需要用到电动机的最大起动转矩和连续工作转矩。最大起动转矩等于静态负载转矩、滚珠丝杠副预紧力转矩和电动机加速转矩之和，即

$$T_r = T_{amax} + (T_f + T_p) \tag{6-15}$$

连续均匀运转时的电动机转矩等于静态负载转矩和滚珠丝杠副预紧力转矩之和，即

$$T_M = T_f + T_p \tag{6-16}$$

二、转动惯量计算

在如图 6-37 所示的伺服进给系统中，进给系统的转动惯量由电动机转动惯量、联轴器转动惯量、滚珠丝杠转动惯量、折合到电动机轴上的工作台和工件转动惯量组成。

（1）圆柱体的转动惯量　电动机、滚珠丝杠、联轴器等圆柱体的转动惯量可由式（6-17）计算：

$$J_i = \frac{1}{2} m_i r_i^2 \tag{6-17}$$

式中　m_i——各旋转件质量；

r_i——各旋转件回转半径。

（2）移动件转动惯量　工作台、工件等沿直线移动重物折合到电动机轴上的转动惯量可由式（6-18）计算：

$$J_j = m_j \left(\frac{P_h}{2\pi}\right)^2 \tag{6-18}$$

式中　m_j——各移动件质量。

（3）负载转动惯量　除电动机外其他部件的转动惯量为

$$J_L = \Sigma J_i + \Sigma J_j \tag{6-19}$$

式中　J_i——除电动机外各旋转件的转动惯量；

J_j——各移动件的转动惯量。

（4）传动系统总惯量　包括电动机惯量在内的传动系统总惯量为

$$J = J_m + J_L \tag{6-20}$$

式中　J_m——电动机的转动惯量。

习题

1. 数控机床对伺服进给驱动系统的基本要求有哪些？
2. 简述反应式步进电动机的工作原理。
3. 步进电动机的硬件环形分配器和软件环形分配器各有什么特点？
4. 步进电动机伺服放大电路的作用是什么？常用的伺服放大电路有哪几种？
5. 直流伺服电动机在结构上有何特点？

6. 简述永磁直流伺服电动机 PWM 调速系统的工作原理。
7. 简述交流永磁同步伺服电动机的结构特点和工作原理。
8. 简述交流永磁同步伺服电动机的 SPWM 变频调速系统的工作原理。
9. 简述直线电动机的组成及其特点。
10. 试简述数字脉冲比较位置控制系统的组成及其位置控制原理。

第七章　数控机床机械结构

第一节　数控机床机械结构概述

数控机床的机械结构同普通机床有许多相似之处，但作为一种机电一体化装备，它具有许多有别于传统机床的结构特点。传统机床存在着刚性不足、抗振性差、热变形大、摩擦阻力大及存在传动间隙等缺点，难以满足数控机床对加工精度、表面质量、生产率以及使用寿命等要求。现代的数控机床，特别是加工中心，在机床整体布局、外部造型等方面，以及支承部件、主传动系统、进给传动系统、刀具系统、辅助功能等部件的结构都已发生了很大的变化，形成其特有的机械结构特点。如在进给传动系统方面，采用了静压导轨、滚动导轨和滚珠丝杠等低摩擦的传动副，以减小摩擦力；具有较短的传动链并采用合理的预紧方法，如采用大力矩、宽调速的伺服电动机与丝杠直接相连，应用预加载荷的滚动导轨和滚动丝杠副，将丝杠支承设计成两端轴向固定的、并可预拉伸的结构等方法以提高传动系统的刚度；采用轻量化的材料，并进行轻量化结构设计，使进给系统具有更小的惯量，具有更好的灵活性及快速响应性；采用具有消除间隙措施的传动副等，以提高进给系统的传动精度。

在主传动方面，目前数控机床的主传动电动机多采用新型的交流调速电动机，而非普通的交流异步电动机或传统直流调速电动机；主轴系统高的转速和大的输出功率，使数控机床可实现大功率切削和高速切削；比较大的变速范围，使得用户在加工时可根据需要选用合理的切削用量，以获得最优的生产率、加工精度和表面质量；采用日趋完善的直流和交流主轴电动机调速系统，以方便地实现宽范围无级变速，减少了中间传递环节，有些数控机床更是采用了电主轴结构，实现了主轴系统的“零传动”，提高了系统的传动精度及速度控制的可靠性。

第二节　数控机床主传动结构

一、数控机床主传动的要求

数控机床的主轴驱动是数控机床的重要组成，随着数控技术的不断发展，传统的主轴驱动已难以满足要求，现代数控机床对主轴驱动提出了更高的要求。

1）具有更大的调速范围，并能实现无级调速。数控机床为了保证加工时可选用合理的切削用量，以获得高的生产率、加工精度和表面质量，要求必须具有比传统机床更大的调速范围。

2）具有足够大的驱动功率。机床主轴系统必须具有足够大的驱动功率或输出转矩，以适应现代高速、高效、强力切削的加工需要。

3）具有较高的精度和刚度，传动平稳，噪声低。

4）具有良好的抗振性和热稳定性。加工过程中，由于断续切削、加工余量不均匀、运动部件不平衡以及切削过程中的自振等原因引起较大的冲击力或交变力的干扰，使主轴产生振动，从而影响了加工精度和表面加工质量，严重时可能破坏刀具或主传动系统；主传动系统的发热将导致系统中的零部件产生热变形，降低了传动效率以及零部件之间的相对位置精度和运动精度，由此造成加工误差。因此要求主轴具有良好的抗振性和热稳定性，为此可采取动平衡措施以减小主轴系统的振动，采取强制冷却措施以保证主轴系统的热稳定性。

5）动态响应性要好，升降速时间短，系统具有较高的灵敏度。一些数控机床还要求具有旋转轴联动功能、恒线速切削功能，如数控车床；为满足换刀需要，加工中心要求主轴能够实现高精度的准停控制，有的还要求具有角度分度控制功能等。除满足上述要求之外，数控机床主轴结构的设计还需便于数控系统实现对主轴速度和位置的控制。

二、机床主轴类型及结构、特点

机床主轴系统主要包括两种类型：一种是采用主轴伺服电动机经机械传动机构驱动的机械主轴，另一种将驱动电动机与主轴做成一体的电主轴。目前，后者在速度要求高的高档数控机床中应用得较为普遍。

1. 机械主轴

数控机床的机械主轴通常由主轴箱体、驱动装置、轴承及诸多附件组成，如图 7-1 所示。其驱动装置一般采用直流或者交流主轴电动机，要求电动机具有较宽的转速调节范围和较大的输出转矩，且恒转矩运行时，功率能随转速成正比上升；恒功率运行时，转矩随转速升高而成反比降低，也即低速加工时具有比较大的转矩，以适应实际加工需要。因受电动机的功率和速度限制，为满足各种加工工艺对转矩要求，以及大范围调速要求，常在电动机与主轴之间增加一级变速机构。电动机到主轴之间常采用带传动方式，可通过改变带轮的大小实现不同速度和力矩范围的控制。在机床主轴速度要求不太高的场合，常采用这种结构形式，如数控车床的主轴。

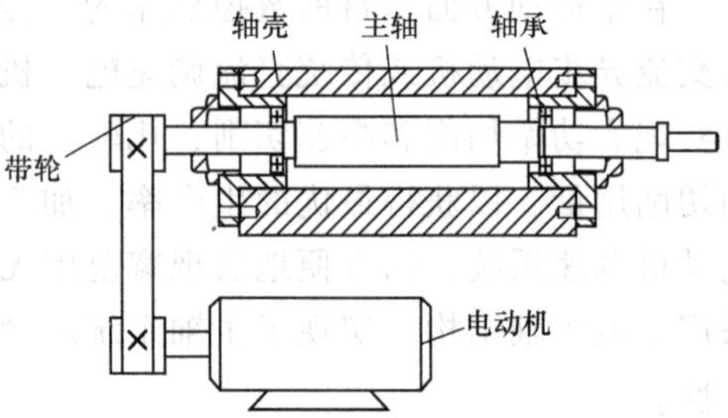

图 7-1　机械主轴系统

为适应自动换刀需要，机械主轴结构还需要设计一套如图 7-2 所示的液压驱动的拉刀和弹簧系统。通过图中碟形弹簧的弹力作用使拉刀杆向后端靠紧，带动拉刀杆前端的弹簧夹头拉紧刀柄靠紧主轴前端的锥孔，以实现刀具的卡紧；当需要换刀时，可通过后端的松紧刀装置推动拉刀杆向前移动，使得拉刀杆前端的弹簧夹头松开，刀柄的拉钉销脱离弹簧夹头，从而实现换刀。

2. 电主轴

随着高速加工的需要，越来越多的高档数控机床开始采用电主轴结构。图 7-3 所示是电主轴的结构示意图。与传统机械主轴不同，电主轴将驱动电动机与主轴结构做成一个整体，无传统主轴中传动带和齿轮等中间传动环节，满足了主传动系统的“零传动”要求，可以实现高加速度，并有效解决了高速运转情况下的振动和噪声等问题，提高了机床的加工精度和表面加工质量，有效地提高了生产效率。

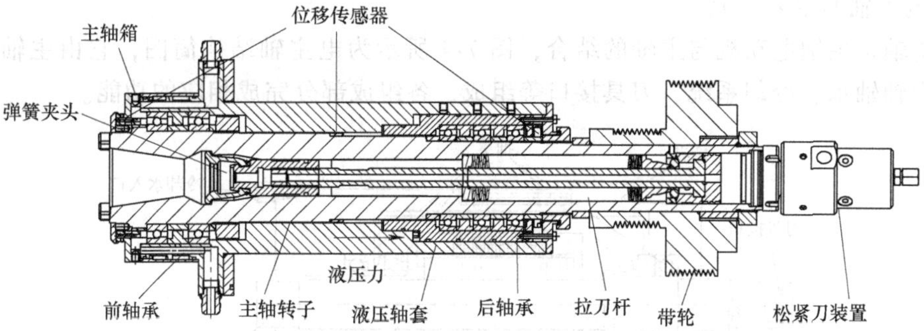

图 7-2　机械主轴结构示意图

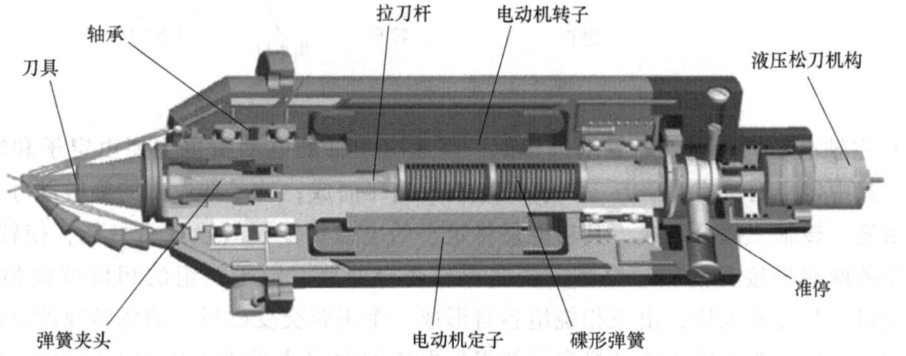

图 7-3　电主轴的三维结构示意图

电主轴的性能很大程度上决定了数控机床所能达到的加工速度和精度，与传统主轴相比，电主轴的结构和原理都进行了改进，因此具有更好的优势，主要体现在以下几方面。

（1）高集成度　主轴电动机的定子、转子直接装入主轴组件的内部，形成嵌入式电动机主轴结构，变频电动机的空心转子通过过盈配合与机床主轴零件直接套装在一起成为一个整体；带冷却套的电动机定子装配在主轴单元的壳体内直接与机床连接，由此省去了传动带、齿轮等中间传动环节，把机床主传动链的长度缩短为零，实现了机床主轴系统的“零传动”，避免了传动带来的能量损失以及传动链导入的振动和误差，由此提高了系统回转精度。由于实现了电动机和主轴的一体化、单元化，便于制造商对电主轴进行系列化、规模化和专业化生产，目前电主轴已成为专门的数控机床功能部件之一。

（2）转速高　目前用于超高速加工的电主轴转速一般都在 10000r/min 以上，有的甚至高达 60000～100000r/min。

（3）易于控制　电主轴将电动机及主轴结构集成为一体，使机械结构大大简化，它具有较小的转动惯量，因此具有较好的快速响应性，可实现很高的速度和加速度及定角度的快速准停。通过电动机矢量控制等控制技术，可获得较宽的调速范围，具有较好的功率-转矩特性，因此可实现大功率高速精密加工和大转矩低速磨削。

（4）运行平稳，自激振动小　电主轴具有结构紧凑、振动小、噪声低、动态精度高等特点，在加工过程中，可加工出表面质量很高的零部件。进行高速加工时，可加工常规加工方法无法加工的材料与工件，比如钛合金零件以及薄壁件等。

3. 电主轴的主要组成

电主轴是主轴电动机与主轴的结合，图 7-4 所示为电主轴结构简图，它由主轴电动机、主轴、主轴轴承、冷却系统、刀具接口等组成，各组成部分完成相应的功能。

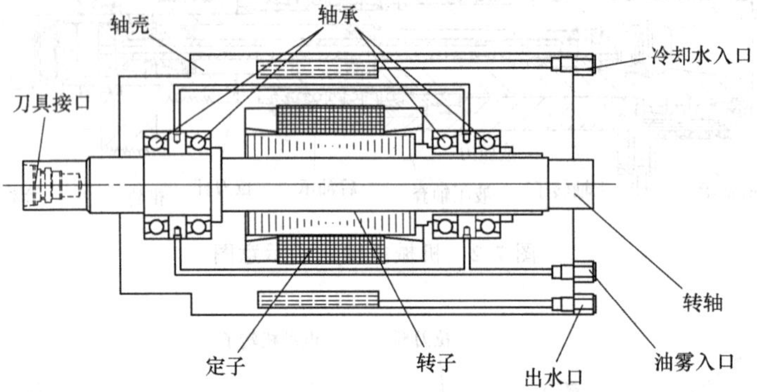

图 7-4　电主轴结构简图

（1）主轴电动机　同其他电动机相似，高速电主轴的电动机也主要由定子和转子两部分组成。其中定子由具有高磁导率的优质硅钢片迭压而成；转子即主轴的旋转部分，由转子铁心、鼠笼、转轴三部分组成，其功能是将定子的电磁场能量转换成机械能，使转子旋转。其中鼠笼的两端焊接有铜质短路环，使之形成闭合回路。定子绕组的相位彼此相差 120°，当给其通以三相交流电后，由三相绕组各自形成一个正弦交变磁场，磁场转速就是电主轴的同步转速。可通过改变输入电动机定子绕组的电流的频率或激磁电压大小来改变主轴转速。在加速和制动过程中，常通过改变频率来进行加减速，以免电动机温升过高。输入定子绕组的三相交流电的相序决定了电动机旋转磁场的方向，因此可通过改变输入电流的相序改变电主轴的旋转方向。

电主轴的电动机主要分为同步型和异步型两种。永磁同步电动机有很好的动态响应性，且转矩密度高，转动惯量小，但永磁同步电动机有弱磁现象，而且难以提高主轴电动机功率，使其在电主轴上的使用受到限制。目前高速电主轴大多采用内置异步式交流感应电动机，其优点是制造工艺相对成熟、结构简单、易于实现驱动系统高速化，但缺点是低速性能不好、转子发热严重、温度对转子参数影响大、很难实现精密控制。电主轴常需配备中心冷却系统以减少主轴加速时温升引起的轴向热变形，保证系统精度。

为使电主轴旋转部件达到比较高的动平衡精度，避免高速运行时不平衡引起系统的振动，电主轴取消了与其他旋转部件间的键联结和螺纹联接，电动机的转子采用过盈配合的方法安装在机床主轴上，通过摩擦力来实现大转矩的传递。

（2）主轴轴承　主轴轴承是高速电主轴最重要部件，电主轴运转精度、寿命等性能常常取决于主轴轴承，因此要求其具有较高的刚度和较长的使用寿命。在高速电主轴中应用的精密轴承通常有精密角接触球轴承、精密圆锥滚子轴承，液体和气体静压、动压轴承以及磁悬浮轴承等，以下为几种常见主轴轴承的特点：

1）角接触球轴承。高速主轴用的滚动轴承大多为采用 15°或 25°压力角的角接触球轴承，其精度等级以精密级（C 级）和超精密级（B 级）为主，它同时可承受轴向和径向载荷，具有高速性好、刚度高、结构简单、品种繁多、价格低廉、易于维护等优点，在电主轴系统中得到广泛应用。陶瓷球轴承，又称混合球轴承，在高速电主轴上应用也极为广泛，该类轴承的滚动体使用 Si_3N_4 陶瓷球，轴承内外套圈仍为 GCr15 钢套圈。高速下陶瓷球的离心力较钢球小，这是因为陶瓷的密度只有轴承钢的 40%，从而减少了其对轴承外圈的压力，陶瓷具有更好的耐磨耐热性能，混合陶瓷球轴承的寿命是传统轴承的数倍。

2）液体静压轴承。为减少主轴高速运转发热，应用液体静压轴承的主轴的轴径不宜过大，与采用滚珠轴承的主轴相比其径向刚度较低，但轴向刚度远超过采用滚珠轴承的主轴，这因为滚珠轴承受离心力限制，其压力角一般为 15°或 25°，导致其轴向刚度较小。因此对于轴向切削力较大的加工场合，如采用球头铣刀加工工具或模具时，宜采用液体静压轴承主轴。另外，液体静压轴承的油膜具有很大的阻尼，动态刚度很高，特别适合于断续切削过程，如铣削加工等。

采用静压轴承的电主轴结构紧凑，动、静态刚度较高。当其与自动液压刀具夹紧机构同时使用时，可以利用同一动力源。它的主要缺点是价格较高，使用维护较为复杂。

3）磁悬浮轴承。磁悬浮轴承由径向电磁轴承、轴向电磁轴承以及辅助支承等组成，主轴转子与支承间隙一般在 0.1mm 左右，主轴在运行过程中，轴承处于悬浮状态。由于空气间隙的摩擦热量很小，故采用磁浮轴承的高速主轴可以达到更高的主轴转速。若主轴的最高转速相同，磁浮主轴可采用较大的轴径，有较高的刚性（约为滚珠轴承主轴的 10 倍）和较大的承载能力。

磁浮轴承的电主轴具有较高的转速、较大的功率、转动时能够自动平衡、刚度高、无需润滑、理论寿命无限长等诸多优点，可方便地进行过程监控、易于安装力测量传感器。其缺点是电主轴机械结构复杂、价格昂贵，而且需要一整套的传感器系统和控制电路，还必须有很好的冷却系统，否则主轴的温升会很大，影响工件的加工精度。德国、日本等一些先进机床上已经开始利用磁浮轴承作为电主轴的轴承单元。

三、刀具系统

刀具系统能在高速下进行切削加工，应满足以下基本条件。

1. 较高的系统精度

系统精度包括系统定位夹持精度和刀具重复定位精度，前者是指刀具与刀柄、刀柄与机床主轴的连接精度；后者是指每次换刀后刀具系统精度的一致性。刀具系统具有高的系统精度，才能保证高速加工条件下刀具系统应有的静态和动态稳定性。

2. 较高的系统刚度

刀具系统的静、动刚度是影响加工精度及切削性能的重要因素。刀具系统刚度不足会导致刀具系统振动，从而降低加工精度，并加剧刀具的磨损，降低刀具的使用寿命。

3. 较好的动平衡性

高速切削加工条件下，微小质量的不平衡都会造成巨大的离心力，在加工过程中引起机床的急剧振动。因此，高速刀具系统的动平衡非常重要。

刀具系统包括拉刀机构和刀具部分。主轴拉刀系统通过连接在拉杆前端的弹簧夹头拉住刀具的拉钉，实现对刀具的装卡和拉紧，保证刀柄与主轴端面和锥面紧贴。刀具的夹持精度和重复定位精度将直接影响加工质量，刀具系统的动静刚度将直接影响切削性能和加工质量，刚度的不足将引起刀具系统的振动，进而降低加工精度、加剧刀具磨损、降低刀具系统使用寿命，同时刀具系统极其微小的不平衡将引起机床的剧烈振动，所以刀具系统的动平衡性能尤为关键。图 7-5 所示是传统的 BT 刀柄结构示意图，该种结构主轴锥孔锥度为 7:24 的通用系统。高速主轴系统对加工刀具提出了很高的要求，传统 BT 刀柄结构已很难满足高速加工需求，其主要原因在于当主轴以 10000r/min 以上的转速运行时，由于高速运转所产生的离心力的作用使得主轴膨胀，导致联接机构刚度下降，使刀柄与主轴接触部分产生较大间隙，并引起严重质量偏心，造成加工特性变差。目前高速切削应用较广泛的有德国的 HSK 刀具系统、美国的 KM 刀具系统、日本的 NC5、BIG-PLUS 刀具系统等，它们均属于两面拘束刀柄。

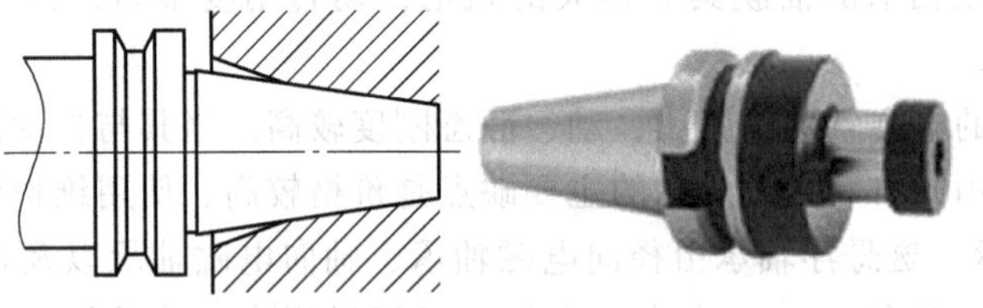

图 7-5　传统 BT 刀柄结构示意图

（1）HSK 刀具系统　HSK（High Speed Knife）刀柄是由德国阿亨工业大学机床研究室专为高速机床主轴开发的一种主轴/刀柄连接机构，并于 2001 年颁布了 HSK 刀具系统正式 ISO 标准 ISO 12164，HSK 刀具刀柄如图 7-6a 所示。该种结构主轴锥孔采用 1:10 的 HSK 真空系统。HSK 刀柄采用锥面、端面过定位的结合形式，增大了刀柄与主轴的有效接触面积，径向和轴向的双面定位大大提高了刀柄与主轴的结合刚度。此外，HSK 刀柄还具有重复定位精度高、静动态刚度高、尺寸小、重量轻、自动换刀动作快、高速运行性能稳定、具有良好的高速锁紧性等优点。经过精密平衡后的 HSK 刀柄转速可达 40000r/min。但由于 HSK 刀柄的定位键槽和主轴的驱动键之间存在较大的间隙，这种刀柄只能应用于铣刀、铰刀和钻头等旋转刀具，而不能用于固定刀具。较大的配合间隙给车刀、螺纹车刀和镗刀等固定刀具在相对于工件中心轴线的切削刃高度（位置）上造成较大的偏差，由此造成零件直径加工误差。为克服此缺点而推出的 HSK-T 型刀柄，它缩小了主轴驱动键和刀柄定位槽的制造公差，大大减小了驱动键和定位槽之间的配合间隙。

（2）KM 刀具系统　KM 工具系统是由美国肯纳（Kennametal）公司及德国维迪亚（Widia）公司联合研制的，如图 7-6b 所示，它采用 1:10 的空心短锥设计，在夹紧机构拉杆上设有两个对称的圆弧凹槽，该槽底为两段弧形斜面，夹紧刀柄时，拉杆向右移动，钢球沿凹槽的斜面被推出，卡在刀柄上的锁紧孔斜面上。刀柄向主轴孔内拉紧后，薄壁锥柄产生弹性变形，使刀柄端面与主轴端面贴紧，实现锥面和端面同时接触双面定位。KM 采用三点接触和双钢珠锁定的方式连接，使 KM 系统具有刚度高、精度高、装夹快捷和维护简单等优点。与 BT 刀柄相比，HSK 刀柄和 KM 刀柄具有更好的静刚度和动刚度。KM 刀柄拉紧力、锁紧力和动刚度值明显大于 HSK 刀柄，整体性能最佳。

第三节　进给传动系统

数控机床进给传动装置的精度、灵敏度和稳定性，将直接影响工件的加工精度。无论是

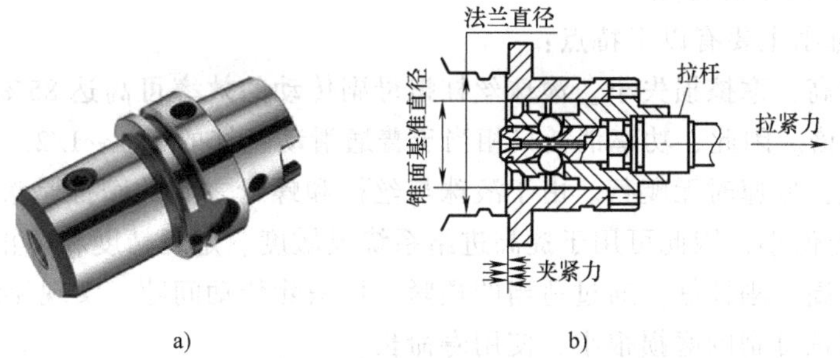

图 7-6　常用高速刀具系统

a）HSK 刀具刀柄　b）KM 刀具刀柄结构

开环还是闭环伺服进给系统，为达到高的传动精度、刚度、灵敏性和稳定性，在机械传动装置的设计中应尽量采用低摩擦的传动副，如滚珠丝杠等，以减小摩擦力；通过选用最佳降速比、进行轻量化结构设计来降低惯量，提高其快速响应性；采用预紧的办法和消隙措施来提高传动刚度、减小反向死区误差等。下面介绍数控机床用典型的进给传动机械装置。

一、滚珠丝杠螺母副进给传动机构

1. 滚珠丝杠副的工作原理及特点

丝杠螺母副的功用是将旋转运动变换成直线运动，它是机床上常用的运动变换机构。滚珠丝杠的结构特点是以滚珠作为丝杠、螺母的中间传动件，以减少摩擦，如图 7-7 所示。图中丝杠和螺母上有弧形的螺旋槽，两者配合形成螺旋线滚道，滚珠装在滚道内。当丝杠回转时，滚珠相对于螺旋线滚道滚动，使丝杠与螺母之间保持滚动摩擦状态。在螺母螺旋槽两端设有回程引导装置以防止滚珠从螺母滚出来，确保滚珠的循环滚动。按照滚珠的循环方式，可将滚珠丝杠螺母副分成内循环方式和外循环方式两大类，如图 7-8 所示。

外循环方式是指循环过程中，滚珠与丝杠脱离接触。外循环方式优点是制造工艺简单、应用广泛；缺点是螺母径向尺寸较大，因用弯管端部回珠器，故刚性差、易磨损，噪声较大。

内循环方式是指在循环过程中滚珠始终保持和外环接触，这种方式螺母结构紧凑，定位可靠，刚性好，不易磨损，返回滚道短，滚珠不易堵塞，摩擦损失小。缺点是结构复杂、制造较困难。

图 7-7　滚珠丝杠螺母副

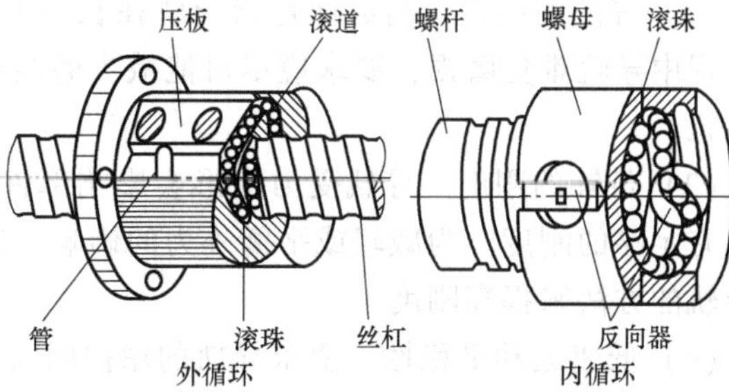

图 7-8　滚珠丝杠循环方式

2. 滚珠丝杠螺母副的特点

滚珠丝杠螺母副主要有以下特点：

1）传动效率高、摩擦损失小。滚珠丝杠螺母副传动的效率可高达85%～98%，是普通滑动丝杠的2～4倍。因此，功率消耗只相当于普通滑动丝杠的1/4～1/2。

2）运动灵敏，低速时无爬行。由于滚珠与丝杠和螺母之间的摩擦是滚动摩擦，静摩擦力及动静摩擦力差值小，因此可用于提高进给系统灵敏度、定位精度和防止爬行。

3）传动精度高，刚性好。通过适当的预紧，可消除传动间隙，实现无间隙传动。

4）滚珠丝杠螺母副的磨损很小，使用寿命长。

5）无自锁能力，具有传动的可逆性。当用于垂直丝杠时，因受重力作用，当传动切断时不能立即停止运动，因此应增加自锁装置。

6）滚珠丝杠螺母副制造工艺复杂，滚珠丝杠和螺母的材料，热处理和加工要求与滚动轴承相当。且螺旋滚道必须磨削，制造成本高。

3. 滚珠丝杠螺母副的选用要点

滚珠丝杠螺母副的选用包括精度选择、尺寸规格（包括导程和公称直径）、支承方式等几方面的内容。机床设计中，应该根据机床的精度要求来选用滚珠丝杠螺母副的精度，根据机床的载荷来选定丝杠的直径，需核算其转动惯量。在加工中心的设计时，一般按额定动载荷来确定滚珠丝杠螺母副的尺寸规格，对细长且承受压载荷的滚珠丝杠应作压杆稳定性核算；对转速高，支承距离大的滚珠丝杠螺母副作临界转速校核；对精度要求高的还应作刚度校核；为保证全闭环系统稳定运行，还应核算滚珠丝杠螺母副的谐振频率，以避免引起系统的共振。

二、数控机床导轨

导轨是数控机床的重要部件之一，主要用来支承和引导运动部件沿一定的轨道运动，它在很大程度上决定了数控机床的刚度、精度与精度保持性。按照运动的形式，导轨可分为直线运动导轨和圆周运动导轨两类，前者如车床、铣床和龙门刨床床身导轨等，后者如立式车床和滚齿机的工作台导轨等。数控机床对导轨的要求包括以下几方面。

（1）导向精度高　导向精度是指机床的运动部件沿导轨移动时的直线和它与其他基面之间的相互位置的准确性。要求导轨具有足够高的导向精度。影响导轨精度的主要原因包括导轨的制造精度、结构形式、装配质量、导轨及其支承件的刚度和热变形，而对于静压导轨还有油膜的刚度等。

（2）好的耐磨性　耐磨性是指导轨在长期使用过程中保持一定导向精度的能力。在工作过程中导轨难免磨损，要求应尽可能减少磨损量，为此应采用摩擦因数小的滚动导轨和静压导轨。

（3）足够的刚度　导轨受力变形会影响部件之间的导向精度和相对位置，因此要求导轨应有足够的刚度。为减轻或平衡外力的影响，数控机床通常采用加大导轨面尺寸或添加辅助导轨的方法来提高刚度。

（4）低速运动平稳性　要求导轨的摩擦阻力小，运动轻便，低速运动时无爬行现象。

（5）结构简单、工艺性好　导轨的制造和维修应方便，以便于调整和维护。

目前数控机床主要采用滑动导轨、滚动导轨和静压导轨三种类型的导轨。

1. 滑动导轨

滑动导轨如图 7-9 所示，它包括金属-塑料形式和金属-金属形式两类。其中数控机床普遍采用金属-塑料形式，它又称贴塑导轨。贴塑导轨一面贴有塑料板，采用特定粘结剂加压固化，另一滑动面为淬火磨削面，快速运动可达 30m/min。金属-金属形式目前已很少被数控机床采用。

滑动贴塑导轨优点是塑料化学稳定性高、摩擦因数低、静动摩擦因数差值小、耐磨损、耐腐蚀、吸振性好、比重小、强度大、加工成型简单，能在任何液体或无润滑条件下工作。

滑动导轨的主要缺点是耐热性差、导热率低，必须注意散热；热膨胀系数比金属大，应采用较薄的塑料板；在外力作用下易产生塑性流动；惯性差，应注意贴塑导轨的装配质量；吸湿性大，从而影响尺寸稳定性。

2. 滚动导轨

滚动导轨结构如图 7-10 所示，它是在导轨面之间放置滚珠、滚柱（或滚针）等滚动体，使导轨面之间为滚动摩擦而非滑动摩擦。较之滑动导轨，滚动导轨灵敏度高、摩擦阻力小，由于动摩擦因数与静摩擦因数相近，运动均匀，低速移动时，不易出现爬行现象；定位精度高，重复定位误差小，牵引力小、移动轻便，磨损小、精度保持性好、寿命长。为提高导轨的刚度，可采用预加载的方式，以提高导轨的颠覆力矩。滚动导轨的缺点是抗振性较差、对防护要求较高、结构复杂、制造比较困难、成本较高。多用于要求工作部件移动均匀、运动灵敏及定位精度要求高的场合。

图 7-9　滑动导轨

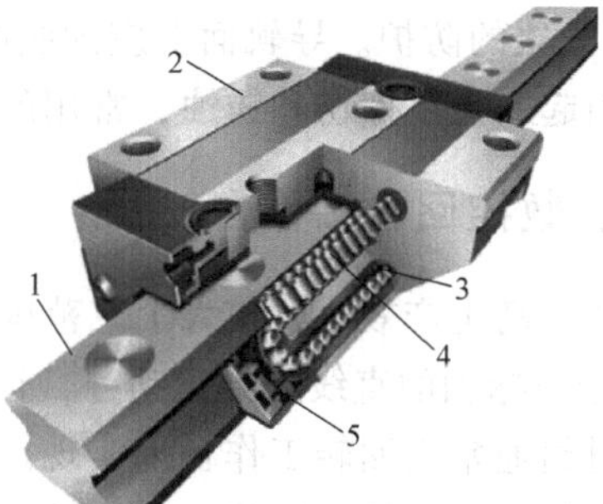

图 7-10　滚动导轨结构示意图

1—轨道　2—滑块　3—保持架　4—滚动体　5—端盖板

滚动导轨按滚动体的结构形式又可分为滚珠导轨、滚柱导轨和滚针导轨。

1）滚珠导轨。承载能力小，刚度低。适用于运动的工作部件质量不大（通常小于 100～200kg）和切削力不大的机床。为保持精度，避免导轨面压出凹坑，常以淬火钢作导轨面。

2）滚柱导轨。其承载能力及刚度都优于滚珠导轨，但对安装精度要求高，小的安装偏斜都会引起比较大的偏移及侧向滑动，使导轨精度下降，磨损加剧。目前对于载荷较大的数控机床多采用滚柱导轨。

3）滚针导轨。该类型导轨的滚针较之滚柱导轨的滚柱的长径比大，结构紧凑，具有较好的承载能力。适用于导轨尺寸受限的数控机床。

3. 液体静压导轨

液体静压导轨是将具有一定压力的液体，经节流器输送到导轨面上的油腔中，形成承载油膜，由此将相互接触的导轨表面隔开，实现液体摩擦。液体静压导轨主要用于大型、重型数控机床。其优点是由于导轨的工作表面完全处于纯液体摩擦状态下，工作时摩擦因数极低（一般为0.005～0.001），机械效率高，可大大降低驱动功率；导轨的运动不受载荷和速度的限制，且低速时移动均匀，不会出现爬行现象，保证了低速运行的稳定性；纯液体摩擦导轨无磨损或极少磨损，因此能长期保持导轨的导向精度，具有较长的使用寿命；由于液体具有较好的吸振作用，因此抗振性好；承载能力大、刚性好；摩擦发热少，导轨的温升小。不足之处是油膜厚度难以保持恒定不变，不易调整，结构比较复杂，需要一套液压系统来提供压力。

4. 气体静压导轨

气体静压导轨是利用恒定压力的空气膜，将两运动部件均匀分离，以实现高精度的运动。其优点是摩擦因数小，无发热。缺点是会随空气压力的波动而使导轨与运动部件间的空气膜发生变化，较之液体静压导轨，其承载能力也小，故常用于数控坐标磨床和测量机中。

5. 导轨副的调整与维护

1）间隙调整。保证导轨面之间合理的间隙，避免大的摩擦力和大的磨损，及由此造成的运动失稳以及准确性和导向精度的降低。

2）可通过滚动导轨的预紧以提高导轨的刚度、消除间隙。

3）导轨的润滑可通过人工加油、油杯供油、液压油润滑等方式，以降低摩擦因数、减少磨损、防止导轨面锈蚀等。

4）导轨的防护。导轨面上应加装必要的防护装置以防止切屑、磨粒或切削液散落在导轨上而引起磨损、擦伤和锈蚀，常用的防护装置有刮板式、卷帘式和叠层式防护罩等。

三、数控回转工作台

为了提高生产效率，扩大工艺范围及适应某些零件的加工需要，数控机床除了沿 X、Y 和 Z 三个坐标轴的直线进给运动外，往往还带有绕 X、Y 和 Z 轴的圆周进给运动。数控机床的圆周进给通常由回转工作台来实现。作为数控机床的重要部件，工作台的型式尺寸往往表征了数控机床的规格和性能。数控铣床的回转工作台除了用来进行各种圆弧加工或与直线进给联动进行曲面加工外，还可以实现精确的自动分度，例如加工箱体零件、分度盘的轴向孔等。对于具有自动换刀功能的多工序加工中心来说，回转工作台已成为其不可或缺的部件。

数控机床常用的回转工作台有分度工作台和数控回转工作台两种。

1. 分度工作台

分度工作台只能完成分度运动，不能实现连续的圆周进给运动。由于结构原因，分度工作台的分度运动通常仅限于完成规定的角度（如45°、60°或90°等）。其工作原理是在分度时，按照数控系统的指令，使工作台及其上安装的工件回转规定的角度，以改变工件相对于主轴的位置，从而实现工件各个表面的加工。即分度工作台的功能主要是完成分度辅助运动，即在需要分度时将工作台及其工件回转一定的角度。

数控机床的分度工作台有牙盘式和定位销式两种。牙盘式工作台定位精度和重复定位精度较高，磨损小，使用寿命长，但制造较为困难，而定位销式工作台的定位精度则取决于定位销的制造精度。图7-11所示为数控分度工作台。

2. 数控回转工作台

数控回转工作台的外形和分度工作台无多大区别，但在结构上具有一定的特点。和数控机床的进给驱动机构相似，数控回转工作台要求能实现连续的自动进给，区别在于数控机床的进给驱动机构是直线进给运动，而数控回转工作台是圆周进给运动，所以在结构上两者有许多共同之处。数控回转工作台的功能是使工作台进行连续圆周进给，以完成切削工作，并使工作台分度。数控回转工作台的定位精度完全由控制系统决定。图 7-12 所示为数控回转工作台。

图 7-11 数控分度工作台

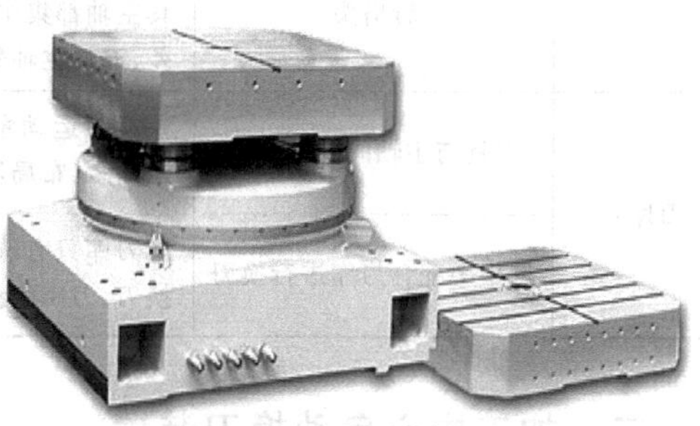

图 7-12 数控回转工作台

第四节 自动换刀装置

为了进一步提高生产效率、改进工件加工质量及改善劳动条件，现代数控机床正朝着功能复合化、工序集中化方向发展，即在一台机床一次装夹中完成钻、扩、铰、镗、铣削等多道工序。为此，要求数控机床必须具备自动换刀装置。自动换刀装置（Automatic Tool Changer，ATC）是指储备有一定数量的刀具并能完成刀具的自动交换功能的装置。采用自动换刀装置能够缩短非切削时间，可使非切削时间减少 20%～30%，易于实现工序的集中，扩大数控机床工艺范围，并减少设备占地面积。目前，加工中心在机械加工中的应用日益广泛。所谓加工中心是指装备有自动换刀装置的数控机床。

自动换刀装置应满足换刀时间短，刀具重复定位精度高，刀具储存数量足够，结构紧凑，便于制造、维修、调整，应有防屑、防尘装置，布局合理等要求。同时也应具有较好的刚性，冲击、振动及噪声小，运转安全可靠等特点。

数控机床自动换刀装置的具体结构取决于数控机床本身的型式、工艺范围以及刀具的种类和数量等因素。常见的自动换刀装置主要有回转刀架换刀、更换主轴头换刀、更换主轴箱换刀和带刀库的自动换刀系统等几种形式，见表 7-1。

一、数控车床的自动回转刀架

数控车床的自动回转刀架是一种简单的自动换刀装置。可根据加工对象的不同，将其设计成四方刀架、六方刀架或圆盘式轴向刀架等多种形式，并相应地安装 4 把、6 把或更多刀具，并按数控装置的指令回转并进行换刀。由于车削精度在很大程度上取决于刀尖位置，因此要求选择可靠的定位方案和合理的定位结构，以保证回转刀架在每次转位后，保持尽可能高的重复定位精度（一般为 0.01 ~ 0.005mm）。由于刀具直接安装在回转刀架上，为保证车削加工精度及稳定性，要求回转刀架在结构上须有良好的强度和刚性，以承受粗加工时的切削力。回转刀架的换刀动作通常包括刀架抬起、刀架转位及刀架压紧等几个动作。

表 7-1　自动换刀装置的主要类型

类　型		特　点	应　用
转塔式	回转刀架	多为顺序换刀，换刀时间短，结构简单紧凑，容纳刀具容量小	各种数控车床、车削中心
	转塔头	顺序换刀，换刀时间短，结构紧凑，刀具主轴都集中在转塔头上；缺点是刚性差，刀具主轴数受限	数控钻床、镗床、铣床
刀库式	刀具与主轴间直接换刀	换刀运动集中，运动部件少，但刀库运动多，布局灵活性差，适应性差	各种自动换刀数控机床，尤其使用回转类刀具的数控铣、钻、镗类立式、卧式加工中心等，需根据工艺范围和数控机床特点，确定刀库容量和自动换刀装置类型
	机械手配合刀库进行换刀	刀库只有选刀运动，采用机械手进行换刀，刀库容量大	

二、加工中心自动换刀装置

加工中心是在普通数控机床的基础上增加了自动换刀装置及刀库，并带有自动分度回转工作台或主轴箱及其他辅助功能，由此使工件在一次装夹后，可以自动完成各个平面或多个角度位置的钻、扩、铰、镗、铣削等多个工序的加工，从而实现了工序的高度集中。加工中心自动换刀装置通常由换刀机械手来完成刀具的自动更换。自动换刀装置应满足换刀时间短、刀具重复定位精度高、结构紧凑、安全可靠等要求。

1. 刀库的种类

刀库是储备一定数量刀具的装置，它通过机械手实现刀库刀具与主轴上刀具的交换。根据刀库存放刀具的数量和取刀方式的不同，刀库可设计成如下不同的形式：

1）直线刀库。刀具在刀库中直线排列、结构简单，存放刀具的数量有限（一般为 8 ~ 12 把），较少使用。

2）圆盘刀库。刀具在刀库中呈圆盘状排列，存刀量 6 ~ 60 把，有多种形式。图 7-13 所示为具有 24 把刀具容量的加工中心用圆盘刀库，可采用任意选刀方式实现刀具选择。

3）链式刀库。链式刀库是加工中心经常使用的刀库形式，其刀座通常安装在链节上，布局灵活。常用的单排链式刀库如图 7-14 所示，一般存刀量小于 30 把，有的可达 60 把。若要进一步增加存刀量，可采用多排链式刀库或加长链刀库，如图 7-15 所示。

此外，为进一步增加刀库容量，还有格子刀库等刀库形式，但换刀动作较复杂。

2. 换刀方式

数控机床的自动换刀装置中，实现刀库中刀具与机床主轴上刀具之间传递和装卸、交换的装置称为刀具交换装置。刀具的交换方式及其具体结构对数控机床的生产效率和工作可靠性具有重要影响。刀具的交换方式很多，一般可分为无机械手换刀和机械手换刀两大类。其中无机械手的换刀系统一般是把刀库放在机床主轴可以运动到的位置，或整个刀库能移动到主轴箱可以到达的位置，刀库中刀具的存放方向一般与主轴上的装刀方向一致。换刀时，主轴运动到刀库换刀位置，由主轴直接取走或放回刀具。

图 7-13　圆盘刀库

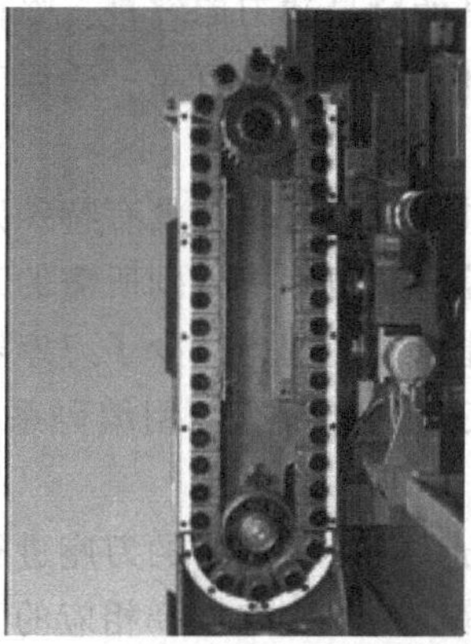

图 7-14　单排链式刀库

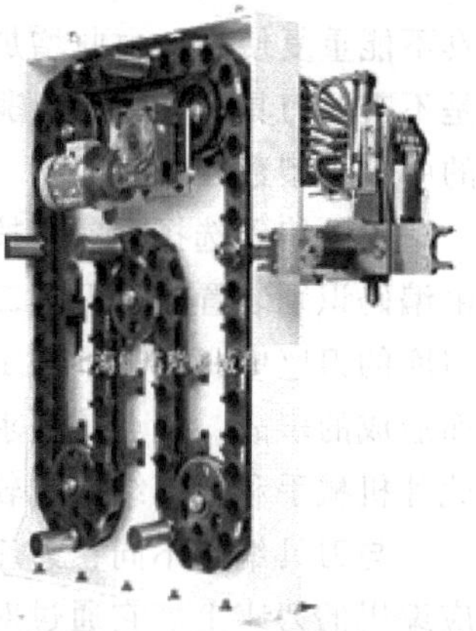

图 7-15　多排链式刀库及机械手

机械手换刀所需换刀时间短，换刀动作灵活，目前在各类加工中心上应用较多。其自动换刀过程如图 7-16 所示，包括如下步骤：

1）刀库将被更换的刀具转到固定的换刀位置。

2）刀库将换刀位置上的刀座逆时针转 90°，主轴箱上升到换刀位置后，机械手旋转一定角度，分别抓住主轴和刀库刀座上的刀柄。

3）主轴刀柄自动放松后，机械手下降，同时拔出主轴孔内和刀座内的刀柄。

4）机械手回转 180°。

5）机械手升，将交换位置后的两刀柄同时插入主轴孔和刀座中，并夹紧。

6）机械手反方向回转一定角度回到初始位置，刀座带动刀具向上（顺时针）转动 90°，回到初始水平位置，换刀过程结束。

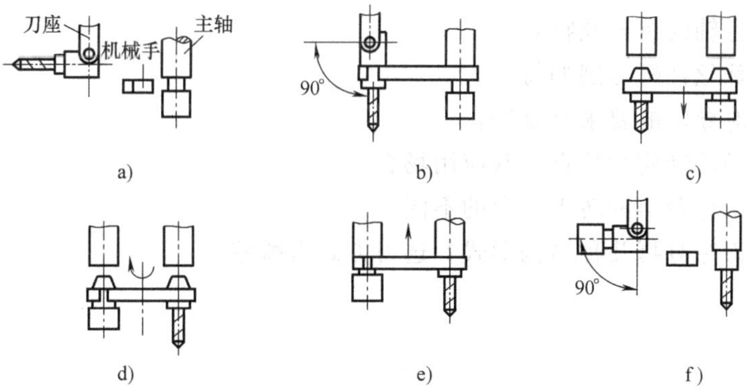

图 7-16　机械手换刀动作顺序

3. 刀具选择方式

数控系统根据换刀指令，由刀具交换装置从刀库中选择各工序所需刀具的操作称为自动选刀。常用的选刀方法有顺序选刀和任意选刀两种，而后者又分为刀具编码选择、刀座编码选择和记忆式选择等选刀方式。

顺序选刀是指在零件加工前，按照加工工序的先后顺序将所需要的刀具按顺序依次插入刀库的刀座中。刀具按顺序使用后将放回原来的刀座内，或放入下一个刀座内。由于加工不同零件，其所使用的刀具不同，刀具排列顺序也不同，因此需对其进行相应的调整。而且刀具不能重复使用，由此增加了刀具的数量和刀库容量，降低了刀具及刀库的利用率。其优点是不需要刀具识别装置，驱动控制简单，工作可靠，适用于加工批量大、工件品种数量较少的中、小型数控机床。

刀具编码选择方式是按照二进制原理对每把具有特殊刀柄结构的刀具进行编码，换刀时由编码识别装置根据刀具二进制编码从刀库中识别所需的刀具。该方式下刀具可任意放置在刀库的刀座中，且在不同工序中能重复使用，减少了刀库容量，避免了因刀具放置顺序错误而造成的事故。缺点是要求每把刀具上都带有专用编码系统，使刀具长度增加，刚度降低，此外机械手和刀库结构也较复杂。

与刀具编码不同，刀座编码方式是对刀库中的刀座进行编码，并将相应的刀具放置在对应编码的刀座上。它通过对刀座编码的识别来选择相应的刀具。该编码方式取消了刀柄上的编码环，大大简化了刀柄结构。由于是通过识别刀座来间接识别其上的刀具的，若操作者不慎错误地将刀具放置于刀库刀座上则会造成事故；在自动换刀过程中还须将用过的刀具仍放回原来的刀座中，增加了换刀动作的复杂性。其优点是加工过程中刀具可重复使用，减少了刀库容量要求。

以上几种方式都是硬件选刀方式，目前多数加工中心通常采用软件选刀方式即记忆选刀方式，该种选刀方式是利用软件设计一个模拟刀库的数据表，该刀库数据表的长度和刀库的刀座数相同，数据表中设置的数据与其刀具号相对应，选刀时由数控装置根据数据表中记录的刀具位置，控制刀库旋转将所选中的刀具送到取刀位置。而使用过的刀具可以任意放置，软件只需记住其存放的位置并记录于表中，因此选刀更为灵活。

习题

1. 试比较数控机床进给系统与普通机床进给系统的机械结构的不同。
2. 数控机床对主传动系统有哪些要求？
3. 试简述电主轴的组成及特点。
4. 试简述滚珠丝杠螺母副的特点。
5. 数控机床对导轨的要求有哪些？
6. 简述几种导轨结构的特点及其应用场合。
7. 简述分度工作台与回转工作台的不同。
8. 加工中心刀库有哪几种结构形式？选刀方式有哪些？

第八章 典型数控系统应用实例

目前，出现了诸多数控系统。据统计，世界高档数控机床市场大多还是采用德国西门子公司生产的 SINUMERIK 系列数控系统、日本 FANUC 公司生产的 FANUC 系列数控系统等。国内数控机床产业依然是国外数控系统垄断高端产品，中低端为国产数控系统占据的格局。由于西门子 840D，华中 HCNC-8 型等数控系统在国际及国内机床产业中具有广泛应用，本章将分别以西门子 840D，华中 HCNC-8 型数控系统为例介绍国内外数控系统及其应用，最后介绍本书相关数控知识的一个综合应用实例——基于运动控制器的开放式数控系统。

第一节 西门子 840D 数控系统及其应用

西门子（SIEMENS）数控系统是西门子集团旗下自动化与驱动集团的产品，西门子数控系统 SINUMERIK 经历了很多代的发展。由于其丰富的功能、可靠的性能，在世界数控机床市场上得到了广泛应用。

一、西门子数控系统简介

1. 产品结构

西门子部分数控系统产品的性能比较如图 8-1 所示。

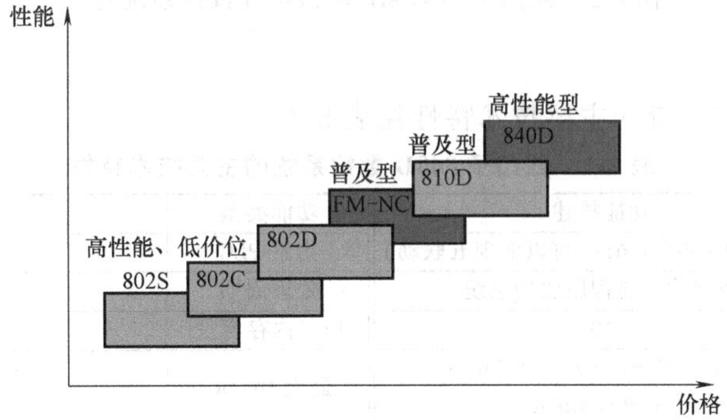

图 8-1 西门子部分数控系统产品的性能比较

2. 常用系统性能特点

1）SINUMERIK 802S、802C baseline 是西门子公司根据中国国情而设计的经济型系统。采用步进电动机驱动系统，可驱动三个进给轴和一个模拟主轴。采用开环控制，主要用于简单机床的数控化改造、升级。

2）具有免维护性能的 SINUMERIK 802D，其可靠性高、易于安装。以上三个系列均集成所有的 CNC、PLC、HMI 和 I/O 于一身。

3）高度集成的 SINUMERIK 810D，在数字化控制的领域中，SINUMERIK 810D 第一次将 CNC 和驱动控制集成在一块板子上（体积更小）。可以控制五或六个轴。适用于车、铣、磨削数控机床。

4）SINUMERIK 840D 是在复杂的系统平台上，通过系统设定而适于各种控制技术的数控系统。840D 与 SINUMERIK-611 数字驱动系统和 SIMATIC S7 可编程序控制器一起，构成全数字控制系统，它适于各种复杂加工任务的控制，具有优于其他系统的动态品质和控制精度。标准的控制系统具有大量的特殊功能，如钻削、车削、铣削、磨削和手动加工技术。该系统也适用于其他特种技术，如剪切、冲压和激光加工等。

二、西门子 840D 系统主要结构

图 8-2 所示是西门子 SINUMERIK 840D 数控系统的结构组成，它包括数控系统模块，驱动模块，显示、输入单元，I/O 接口等。

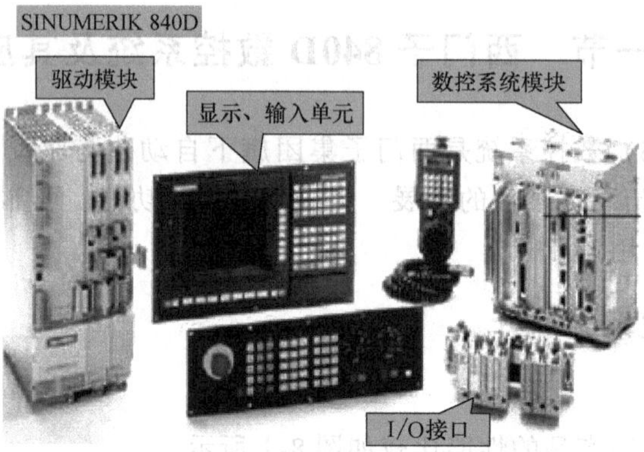

图 8-2　西门子 SINUMERIK 840D 数控系统构成

1. 技术特性

西门子 840D 数控系统的主要技术特性见表 8-1。

表 8-1　西门子 840D 数控系统的主要技术特性

功能类型	功能描述	功能类型	功能描述
控制特性	基于 SIMODRIVE 611（可以实现五联动）	内置 PLC	S7-300cpu315-2ddp
驱动特性	数字式交流伺服驱动系统	处理周期	0.3ms
通道数	10	PLC 内存容量	96KB/288
存储器容量	缓存 2.5MB（可另扩 2.5MB）+硬盘 40GB	最大 DI/DO	2048/2048
最大进给轴数/主轴	31/10	补偿种类	反向间隙+螺距误差+测量系统误差+温度误差
插补方式	直线插补 4 联动 螺旋插补 2D+6	刀具管理容量	600
		通信方式	RS232C+MPI+PROFIBBS+U 盘
操作方式	JOG+MDA+TEACH IN+AUTO+REF	操作显示系统	OP30. OP31. OP32(S). OP10S OP012. OP015（全 CNC 键）+MCP

西门子 840D 系统具有以下特点：

1）驱动数字化。在 840D 中，数控和驱动的接口信号均采用数字量，并通过驱动总线接口，与各轴驱动模块相连。

2）轴控规模大。最大可以配 31 个轴，其中可以配 10 个主轴。可以实现 *X*、*Y*、*Z*、*A*、

B 五轴的联动加工，因而可实现空间任何三维曲线、曲面的加工。

3）操作系统视窗化。采用人们所熟悉的 WINDOWS 操作系统平台，使操作系统实现了可视化，具有操作简单、使用灵活、易掌握等特点。

4）软件系统内容丰富，功能强大。可以实现加工（Machine）、参数设置（Parameter）、服务（Services）、诊断（Diagnosis）、起动（Start-up）等软件功能。

5）具有远程诊断功能。可通过网络实现 840D 与异地 PC 通信，可远程完成修改 PLC 程序和监控机床状态等诊断功能。

6）健全的保护功能。为确保数控系统安全运行，系统将其软件划分为西门子服务级、机床制造厂家级、最终用户级等 7 个软件保护等级，每个等级赋予不同用户不同操作权限，使其更具安全性。

7）硬件高度集成化。系统各硬件模块、板卡等都应用了大量超大规模集成电路，提高了硬件系统的可靠性。

8）采用模块化设计。西门子 840D 系统根据功能和作用将硬件设计制作成不同的功能模块，使系统连接更加简单；在软件中也根据模块化设计思想将其功能划分成若干个功能模块，从而实现了软件的模块化。

9）内装大容量的 PLC 系统。系统内装 PLC 为 S7-300，其最大可配 2048 个输入和 2048 个输出，且采用了 Profibus 现场总线和 MPI 多点接口通信协议，大大减少了现场布线，提高了网络通信与控制能力。

2. 840D 硬件组成及原理

1）840D 数控系统的硬件组成框图如图 8-3 所示。其中 NCU 不仅是 840D 系统的控制中心，也是其连接中心。NCU 通过 D-Bus 总线与主轴驱动系统、进给驱动系统相连，并通过 MPI 或 Profibus 总线与其他外部设备相连。

NCU 模块与系统其他硬件的控制关系为：①NCU 通过 MPI 总线电缆、使用 MPI 协议连接机床控制面板 MCP 和操作员面板 OP；②NCU 通过 MPI 电缆连接手持单元，可实现各进给轴及主轴的点动功能，并完成各进给轴的手摇脉冲发生器进给功能；③NCU 的 PLC 输出接口通过 SIMATIC S7-300IM 连接电缆连接 PLC 外扩单元；④NCU 通过 MPI-PG 电缆与编程器 PG 连接。

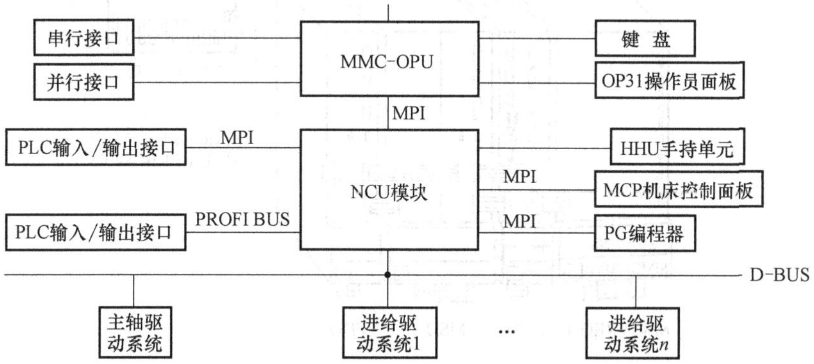

图 8-3　840D 硬件组成框图

2）840D系统结构图如图8-4所示。图中上、中、下三大块分别为MMC、PLC和CNC。MMC是人机控制器，实际上是一台标准的工控机，实现人机交互功能。目前有MMC102、MMC103可供选择，并有OP031、OP032和OP032S等型号相应的键盘和显示。PLC采用S7-300系列中型规模PLC系统。下方是由CNC和611D部分组成的840D系统核心部分，它包括了伺服辅助电源模块MS、数控单元NCU、主轴控制驱动模块MSD和进给控制驱动模块FDD。FDD连接了驱动总线扩展盒，可外接其他部件。驱动总线将NCU、MSD和FDD连接起来，可将NCU命令或信号传递给MSD和FDD，并将后两者的信号返回NCU中。由一根设备总线将电源模块MS与NCU、MSD和FDD连接起来以传递动力。

3）840D内部各部件连接关系如图8-5所示。上部为MMC部分，MMC中有电源模块和ISA适配器，适配器上可插接各电路板，软驱和打印机、24V电源以及操作键盘与MMC的端子X9、X8、X6和X10相连，MPI电缆将机床操作面板以及MMC和NCU上的X101端子连接起来。图中中间部分的NCU还通过端子X111与下部的SIMATIC S7-300连接，并通过X122与编程器PG连接，通过X121与其余I/O装置连接，通过X130A与611D连接，以及通过X172与设备总线连接。图中SIMATIC S7-300中的PS表示电源，IM是NCU与S7-300之间的接口模块，SMs是输入/输出端口。

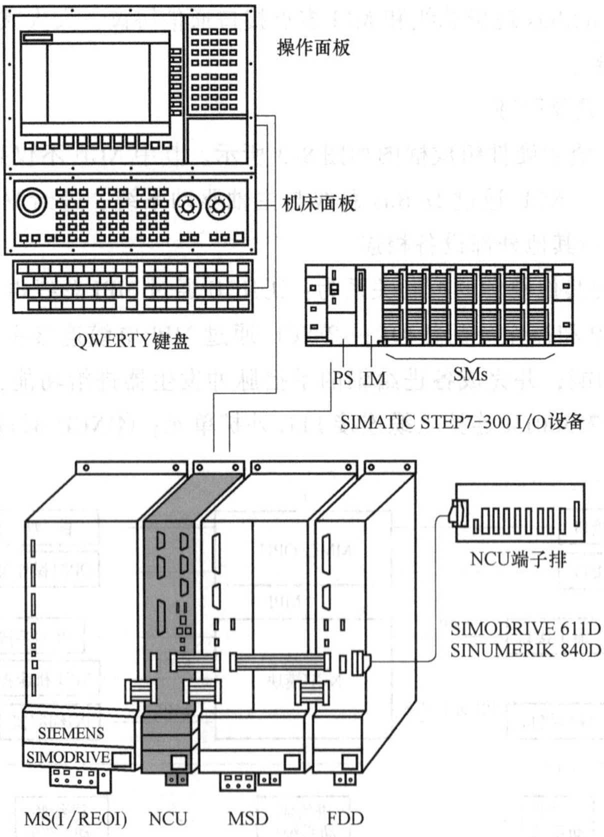

图8-4 840D系统结构图

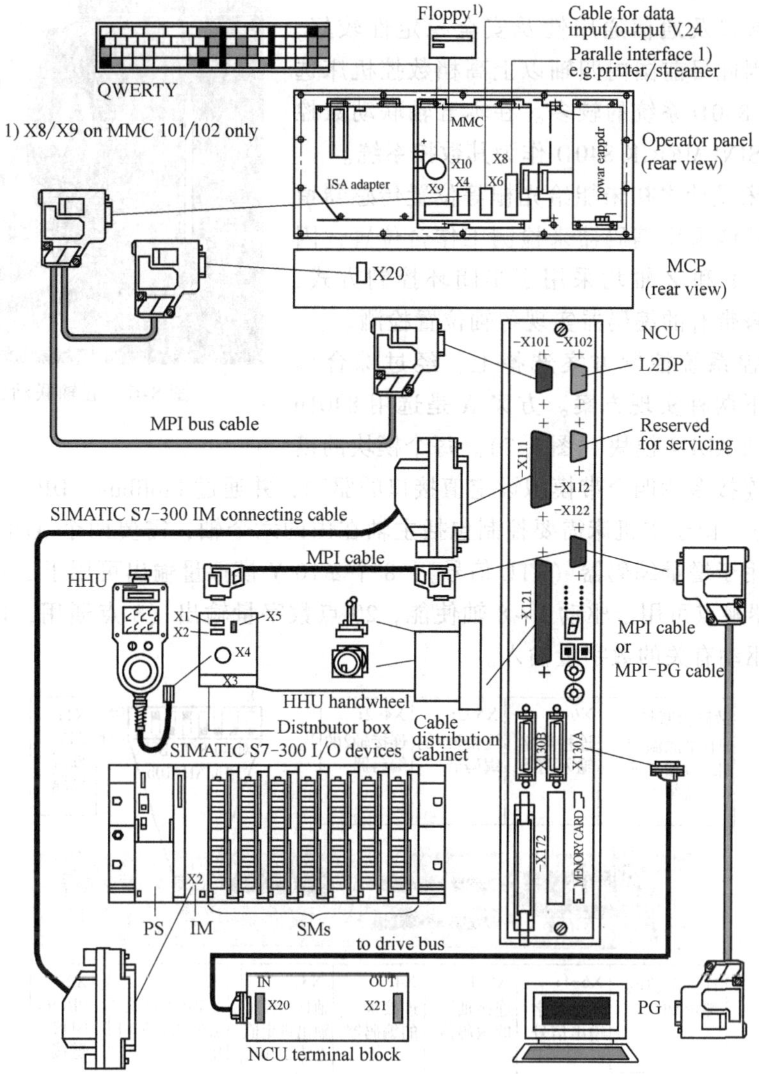

图 8-5　840D 内部各部件连接关系图

三、840D 系统在五轴联动镗铁床中的应用

1. 五轴联动镗铣床结构

该设计机床为双转台卧式结构，如图 8-6 所示。*X* 轴为移动工作台，*A* 轴和 *B* 轴均位于工作台上，且 *A* 轴随同 *B* 轴一起旋转。*Y* 轴和 *Z* 轴随同主轴箱一起运动。该机床规格为 1000mm×800mm×800mm，*X*、*Y* 和 *Z* 轴均采用导程为 20mm 的滚珠丝杠驱动，回转轴则采用蜗轮蜗杆驱动方式。

2. 控制方案选择

FANUC 数控系统和西门子数控系统是高档数控系统应用较多的数控系统，其中 FANUC 31i 和 SINUMERIK 840D 等系统都具有多轴联动控制功能以满足五轴数控机床的控制要求，但因技术封锁等原因，FANUC 系统虽功能强大、可靠性好，但是限制颇多，系统开放性较差，系统购置及技术支持困难，而西门子系统开放性、拓展性、接口及通信通用性及安全稳定性较好，且价格适中，因此目前国内四轴以上高档数控机床选用 SINUMERIK 840D 系统的较多。在本五轴联动数控机床上拟选用 SINUMERIK 840D 作为其数控系统。

图 8-6　五轴联动镗铣床

由于该机床设计之初未能给光栅等位置传感器留有安装空间，只能采用编码器来检测工作台位置，因此本机床的 X、Y 和 Z 轴均采用了半闭环控制方式，利用电动机本身带有的编码器实现各轴位置检测。

在具体数控系统控制方案选择上，经过综合调研，提出了如下两种实现方案。方案 A 是选用 840Di 数控系统，附加 ADI 4 模块（图 8-7）。每个模块的模拟驱动接口可连接多达四个带模拟设定值接口的驱动，并通过 Profibus - DP 实现运动控制功能（同步模式），由于本机床需要控制包括主轴在内的六个轴，需要两个 ADI 4 模块，它具有 8 点输入可用于增量编码器（TTL 信号），8 个 ±10 V 模拟量输出可用于 1 ~ 8 轴的速度控制，8 个继电器触点可用于驱动 1 ~ 8 轴使能，20 点数字量输出（8 点通用，12 点可用于驱动），20 个与驱动有关的数字量输入。

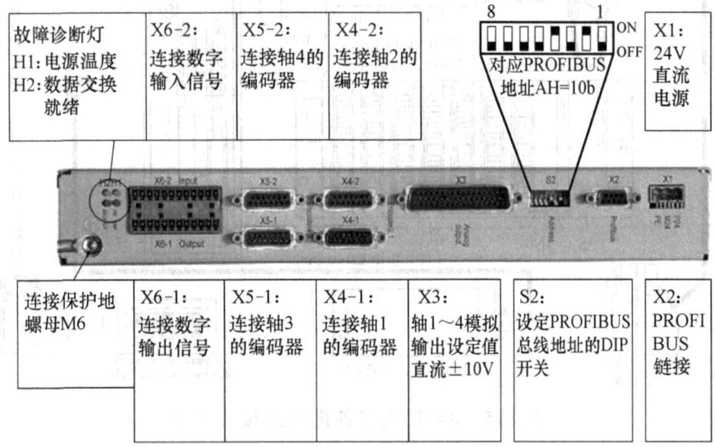

图 8-7　ADI 4 模块接口

方案 B 是选用 840D 数控系统，附加 ANA 数模转换模块，由后者将两组数字给定信号通过数模转换成 ±10 V 模拟量电压信号提供给驱动模块 611A 。ANA 模块的转换原理如图 8-8 所示。该模块的输入信号为 1Vpp ~ 正弦波信号。

由于方案 A 要用两块 ADI 4 模块，有过多的接口空置，经综合考虑后决定采用方案 B。

3. 系统配置及连接

综合考虑成本与需求，并兼顾后续扩展需要，最终确定的系统的主要配置如下：

电源模块（原有）——SIMODRIVE UE-MODUL INT. 28/36KW

NCU 模块（新添）——SINUMERIK840D NCU. 571. 5，400MHz 64MB

主轴模块（原有）—— SIMODRIVE LT-MODUL INT. 50A

伺服模块（原有）—— SIMODRIVE LT-MODUL INT. 2 ×25A（2 块）

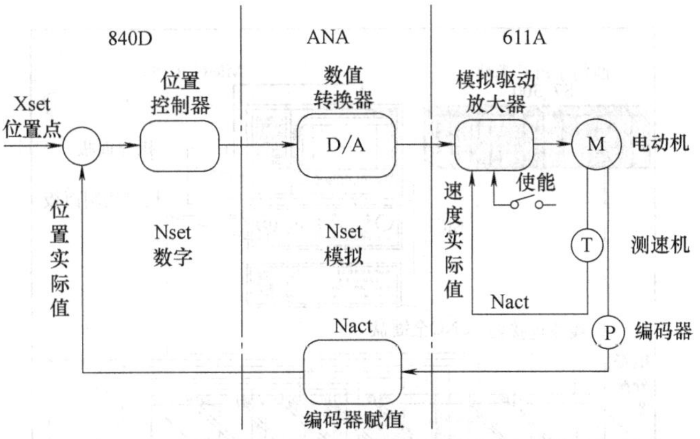

图 8-8　ANA 模块原理

伺服模块（原有）—— SIMODRIVE LT-MODUL INT. 50A（1 块）

主轴电动机（原有）——1PH7131-2NF02-OBAO（1 台）

X 轴伺服电动机（原有）——1FT5102-1AA71-4FAO（1 台）

Y 轴伺服电动机（原有）——1FT5102-1AA71-4FBO（带制动）（1 台）

Z 轴伺服电动机（原有）——1FT5104-1AA71-1FAO（1 台）

A 轴伺服电动机（原有）——1FT5104-1AC71-4FAO（1 台）

B 轴伺服电动机（原有）——1FT5072-1AC71-4FAO（1 台）

ANA 模块（新添）—— SIMODRIVE LT -TRAEGER-MODUL 50MI（3 块）

PLC 模块（新添）—— S7-317-2DP + IM361 + IM321 ×32 + IM322 ×32 + EM331 ×8

控制单元（新添）——PCU50-Windows XP-1.2GHz/40GB/256MB

控制面板（新添）——MCP483C，19" wide，mechanical keys

OP 单元（新添）——OP010 10.4" TFT with membrane keys

其他（新添）——Mini BHG-5N 手持单元及 SIMATIC S7 PC Adapter USB 等

整个系统连接如图 8-9 所示。

4. 机床控制面板制作

MCP483C 是西门子公司提供的标准的铣床控制面板，也可根据用户需要设计制作按钮。根据五轴镗铣机床的特点和功能要求，设计制作了五轴镗铣机床操作面板，其控制面板的功能配置如图 8-10 所示。控制面板采用系统自带的 I/O 节点，并采用系统分配的地址，编制了相应的控制程序。根据功能需要，考虑到控制轴较多，要逐个返回参考点比较麻烦、费时，故采用了自动回零设置，机床上电按回零键后，系统依 $Z \rightarrow Y \rightarrow X \rightarrow A \rightarrow B$ 次序自动完成返回参考点操作。操作面板上还设计了自动返零完成指示灯，以及伺服使能，主轴转速挡位控制、切削液开关、刀具夹紧、排屑等按钮及指示灯。考虑到操作的方便，微型手持单元的三个功能键 <F1>、<F2>、<F3> 分别安排为启动使能、松刀/夹紧、排屑。

5. 系统参数设定与调节

在进行了机床与数控系统、驱动等部件的电气连线之后，对系统相关参数进行了设定，包括对控制轴参数的设定、单位参数的设定、坐标系统的设定等，并利用 840D 内置的“IBN-Tool”工具对各伺服进给轴控制环参数，包括位置环增益 MD32200、速度环比例参数 MD1407、积分时间参数 MD1409 以及电流环增益 MD1120、积分时间 MD1121、滤波器参数

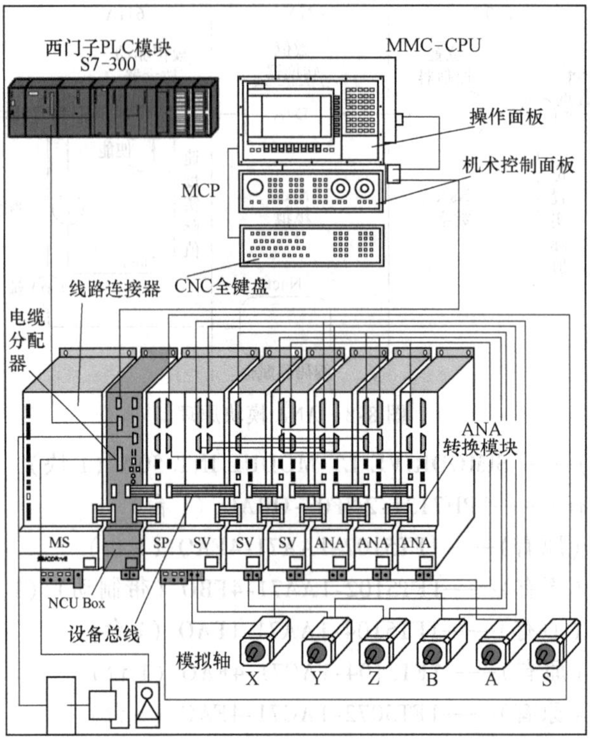

图 8-9　系统连接图

图 8-10　控制面板及功能配置

MD1201～1225 等进行了反复试验调节，并通过检测位置误差，对各轴螺距误差、斜度误差参数、间隙补偿参数等进行了调节与设定。通过对伺服参数的调节，经检测该数控镗铣床的各轴重复定位误差达到 5μm，达到了设计要求。

第二节　华中数控系统简介

原华中理工大学于 1993 年成功研制出华中Ⅰ型数控系统，1994 年组建成立华中数控股份有限公司，1999 年成为国家数控工程中心，之后研制成功“世纪星”系列数控系统。为了打破国外高端数控系统垄断局面，华中数控公司于 2011 年推出 HNC-8 型高档数控系统，其功能及部分性能指标已达到了国外高档数控系统的先进水平，并在国产四轴及其上数控机床上开始得到应用。本节以 HNC-8 系列高档数控系统为例，简要介绍国内数控系统的特点及主要技术指标。

一、HNC-8 系列数控系统简介及配置

该系列产品是全数字总线式高档数控装置，采用模块化、开放式体系结构，基于具有自主知识产权的 NCUC 工业现场总线技术。支持总线式全数字伺服驱动单元和绝对值式伺服电动机，支持总线式远程 I/O 单元，集成手持单元接口，采用电子盘程序存储方式，支持 CF 卡、USB、以太网等程序扩展和数据交换功能。采用 LED 液晶显示屏，主要应用于数控铣削中心、车铣复合等多轴多通道高档数控机床。

HNC-8 系列主要包括 HNC-848 高档型数控系统、HNC-818 标准型数控系统和 HNC-808 精简型数控系统三类。HNC-818 型数控系统面板如图 8-11 所示，HNC-818A 为普通型，采用 8.4in 液晶屏；HNC-818B 为改进型，采用 10.4in 液晶屏；HNC-818C 为增强型，采用 15in 液晶屏。

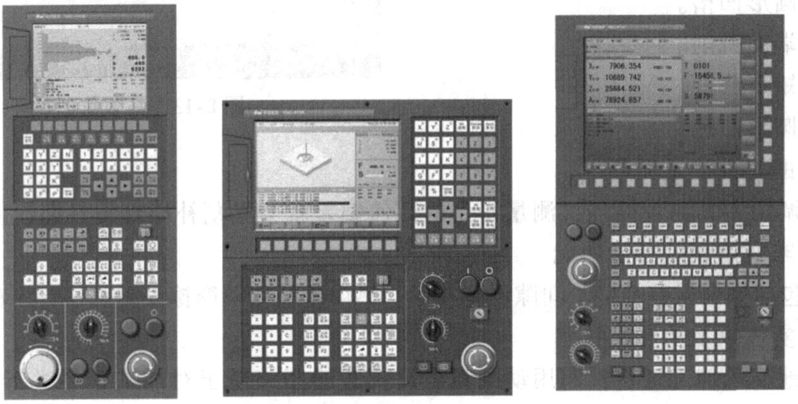

HNC-818A　　HNC-818B　　HNC-818C

图 8-11　HNC-818 型数控系统面板

HNC-8 系列数控设备接线示意图如图 8-12 所示。

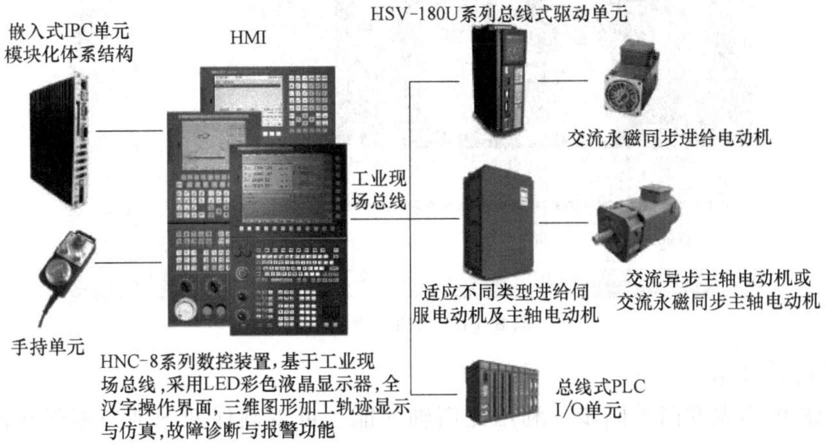

图 8-12　HNC-8 系列数控设备接线示意图

二、HNC-8系列数控系统主要特点

1. 模块化、开放式体系结构

采用模块化、开放式体系结构，总线式传输实现小型化、配线少、高可靠性与高性能的GK8绝对值编码器反馈电动机组合，其厚度只有42mm，便于安装。低功耗，可靠性高。

2. 高速PLC功能

内置32000步的大容量PMC，具有超强的处理速度，单步处理速度可达60ns，可用于复杂的机械顺序控制和外围设备控制。PMC和CNC之间通过高速总线连接。

3. 具有多种高效铣削循环功能，如图8-13所示。包括：

G181：栅格棋盘钻孔。

G182：圆弧槽。

G183：圆周槽。

G184：矩形凹槽。

G185：圆形凹槽。

G186：端面铣削。

G188：矩形凸台。

G189：圆形凸台。

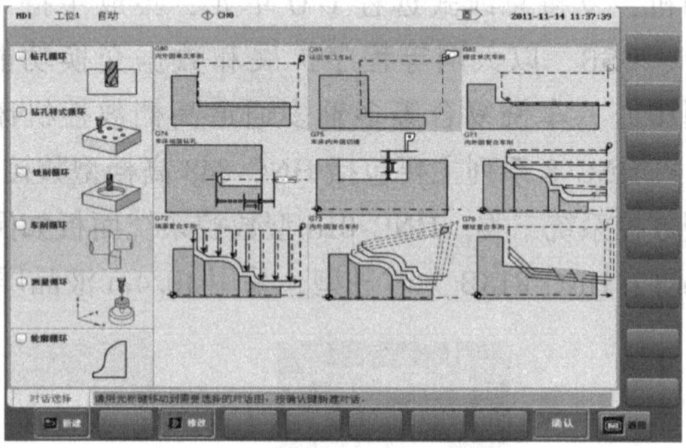

图8-13　高效铣削循环

4. 先进的工件测量循环

只需要调用刀具测量循环，测量得到的几何偏差就会立刻补偿到刀具磨损值中。

5. 具有丰富的误差补偿功能

提供了包括螺距误差补偿、间隙误差补偿、热误差补偿及摩擦误差补偿等多种补偿功能。

6. 三维实体以及防碰撞技术

可逼真地显示加工过程，利用动画和刀具轨迹绘图，易于对加工程序进行检验与确认，如图8-14所示。

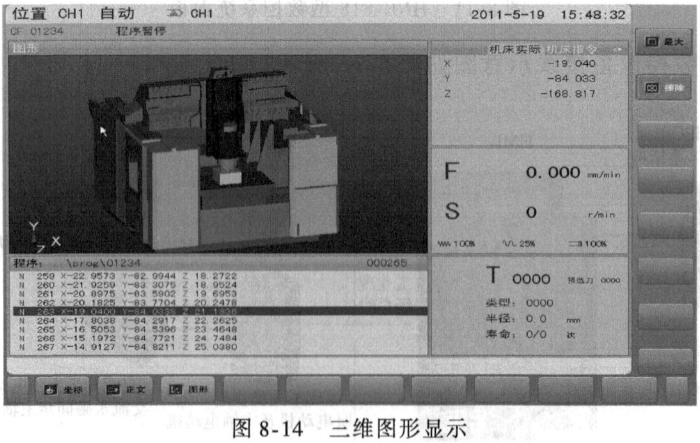

图8-14　三维图形显示

7. 同步进给技术

HNC-818可实现龙门轴同步，利用龙门轴功能，可以确保两根或三根机械刚性连接轴能够无偏的同时运动，实现高度的位置同步控制功能。

8. 采用总线结构，互联简单、控制精度高

采用具有我国自主知识产权的 NCUC（NC Union of China Field Bus）总线传输技术，传输速度达到 100Mb/s，同步定位精度达到 100ns，单台设备最多连接 128 个网络节点。减少连线，更高可靠性。总线连接示意如图 8-15 所示。

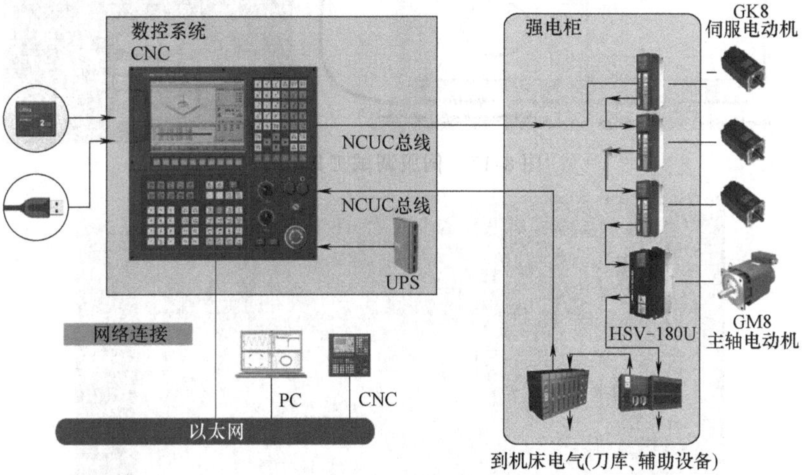

图 8-15　总线连接示意图

9. 实用的伺服调整技术

基于指令域示波器的波形显示，在 CNC 中即可调整伺服状态，便于定位伺服故障。HNC-818 系统内嵌的在线调试示波器还具有在线诊断和采样数据导出功能。在线示波器的功能如图 8-16 所示。

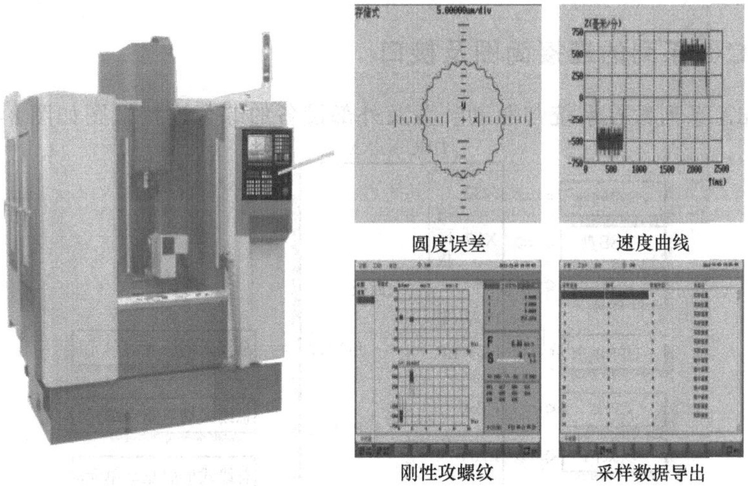

图 8-16　在线示波器功能

10. 先进的伺服调整工具

伺服调试工具软件 SSTT（图 8-17）能进行数据采样和在线伺服参数修改。SSTT 软件运行在 PC 上，通过以太网口总线对驱动装置控制参数进行在线修改和自整定。

11. 对话式编程

对基本运动指令以图形化格式进行封装，提供程序会话式编写方式，可将图样上各元素转化成加工过程中的数据块来完成零件加工，如图 8-18 所示。

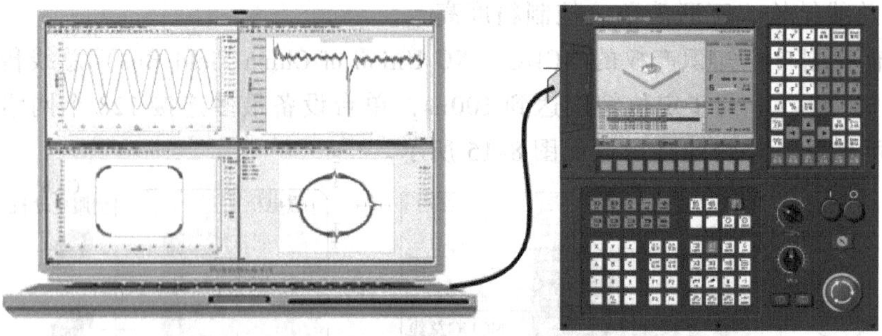

图 8-17　伺服调试工具软件

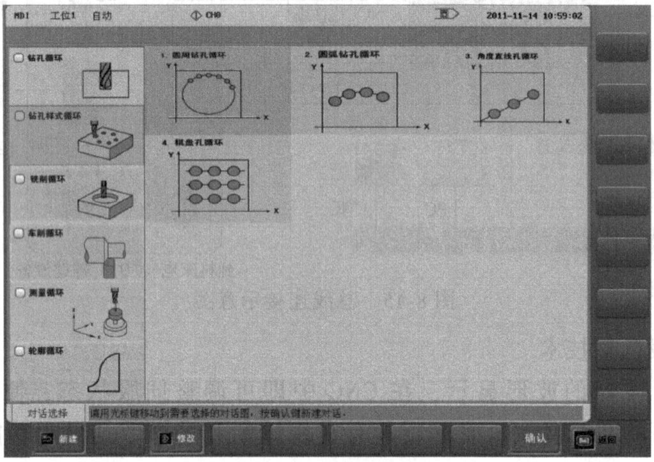

图 8-18　对话式编程

三、HNC-8 系列的连接简图及接口

1）HNC-8A 系列数控系统与驱动装置及外部设备的综合连接框图如图 8-19 所示。

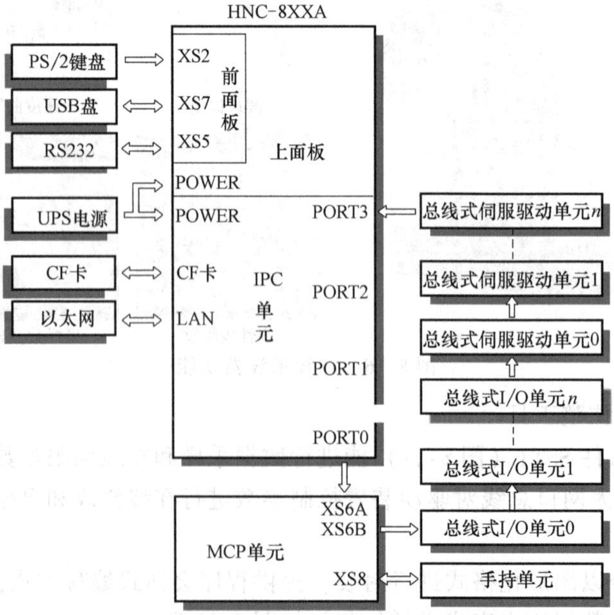

图 8-19　HNC-8A 系列总体框图

2）总线 I/O 单元接口如图 8-20 所示。

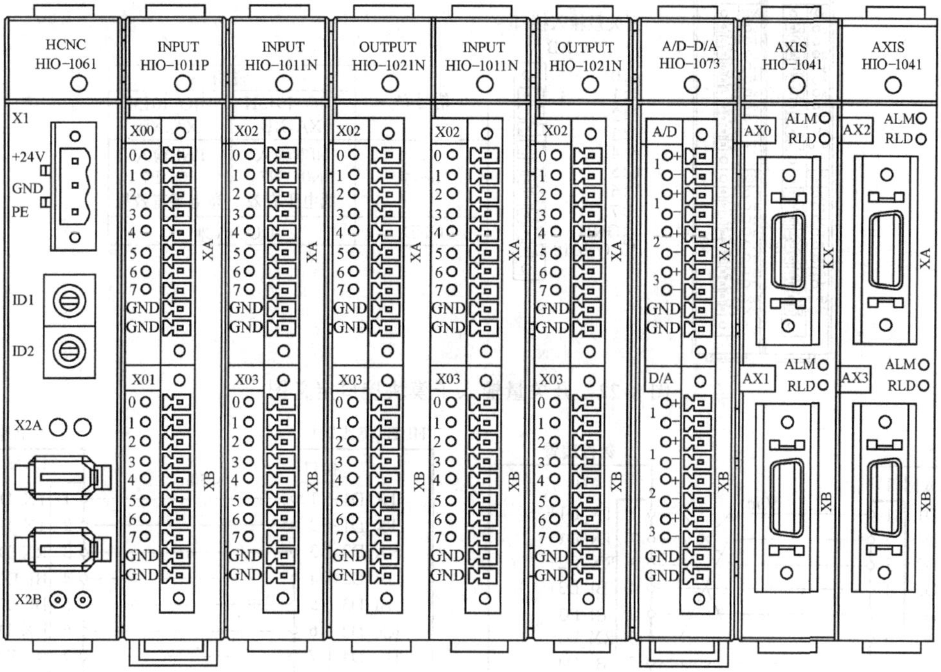

图 8-20　HIO-1000A 型总线 I/O 单元接口

3）通信子模块接口定义如图 8-21 所示。

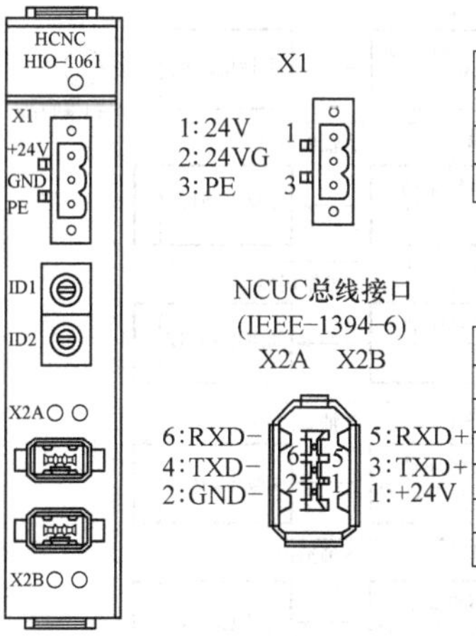

信号名	说明
24V	直流24V电源
24VG	直流24V电源地
PE	接大地

信号名	说明
24V	直流24V电源
GND	
TXD+	数据发送
TXD-	
RXD+	数据接收
RXD-	

图 8-21　通信子模块接口定义图

4）开关量输入子模块接口定义如图 8-22 所示。

5）通过以太网接口与外部计算机直接连接，如图 8-23 所示。也可通过 HUB（集线器）连入局域网，再与局域网上的其他任一计算机连接，如图 8-24 所示。

6）HNC-818C 总体连接图如图 8-25 所示。

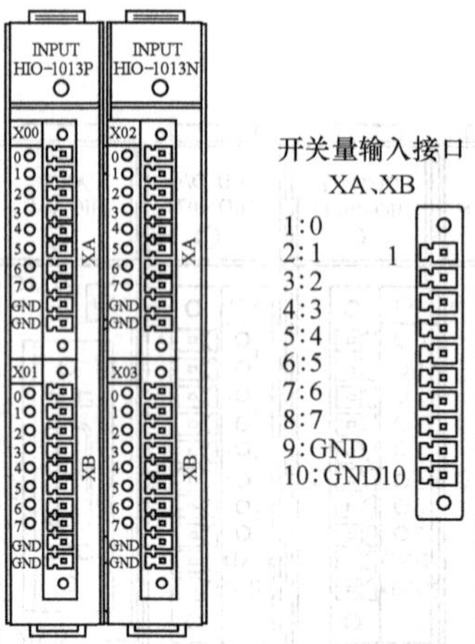

信号名	说明	
	HIO-1013N XA、XB	HIO-1013P XA、XB
0～7	NPN输入 N0～N7 低电平有效	PNP输入 P0～P7 高电平有效果
GND	DC 24V地	

图 8-22　开关量输入子模块接口定义图

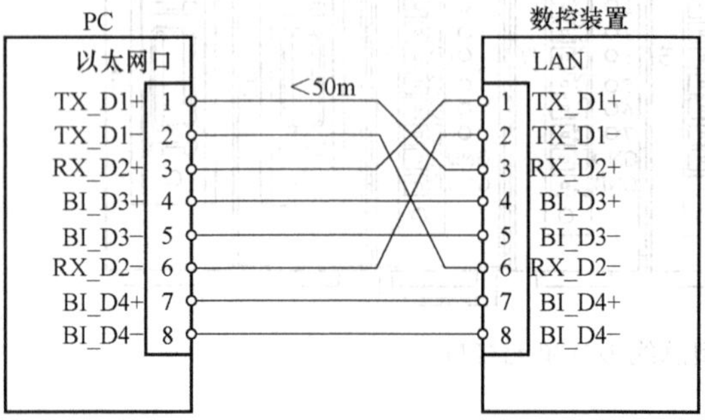

图 8-23　直接连接

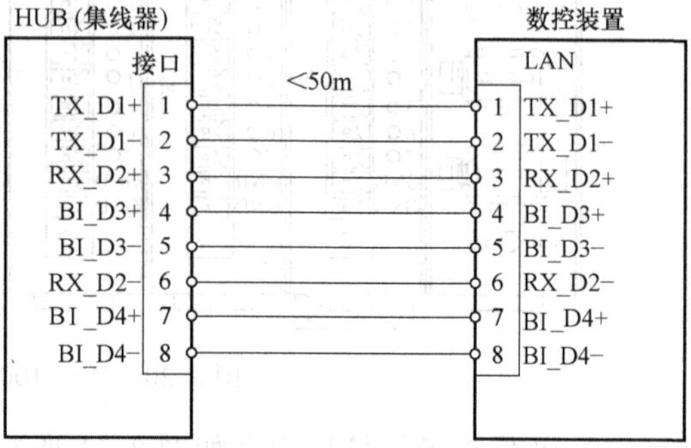

图 8-24　通过集线器连接

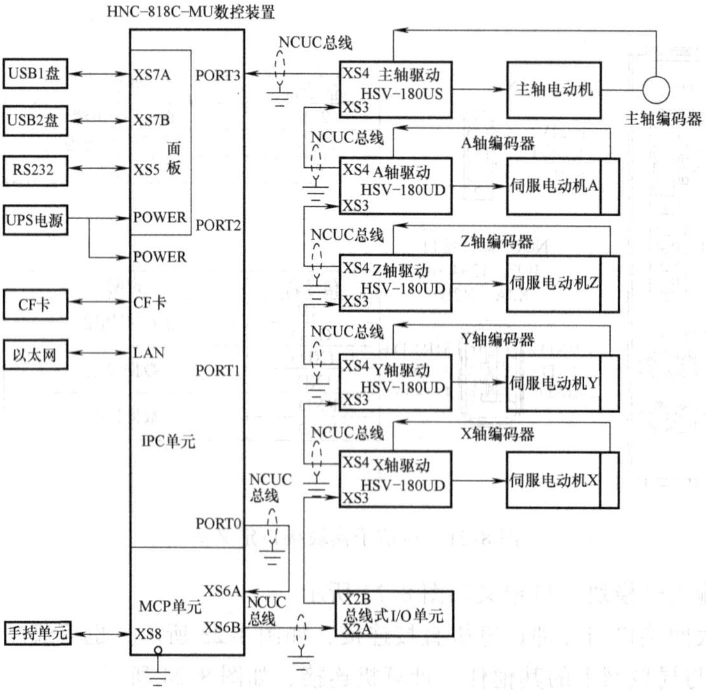

图 8-25　HNC-818C 总体连接示意图

第三节　MX-3 型开放式运动控制系统简介

由于机械设备控制的不同要求，工艺方法的千差万别，商品化数控系统固有的封闭性，成本高等多方面原因，上述商品化的数控系统如西门子、FANUC 以及华中 HNC-8 等机床专用数控系统难以满足现实需要，亟需面向专用设备可二次开发的以开放式运动控制器为核心的控制装置。该种开放式运动控制器可通过计算机总线或者接口与计算机相连通信，基于计算机已有的强大开发软件环境可针对具体需求开发出所需要的人机界面和控制功能，实现专用设备的控制。

下面介绍一个开放式运动控制系统——MX-3 型数控系统，它是由西安交通大学智能诊断与控制装备研究所和机械基础教学实验中心联合开发的基于开放式运动控制器的机床数控系统，通过对该数控系统的介绍，旨在提供一种自行开发数控系统的思路及模式，同时也是本书涉及的相关数控技术知识的一个综合应用实例。

一、硬件配置及总体结构

本控制器设计的目标定位是满足应用最为广泛的三轴联动数控机床的需要。针对该要求，提出如下硬件配置：

1）由于要进行三个伺服进给轴及主轴的控制，因此要求运动控制器可控制轴数应不少于四轴，运动控制器要具有比较好的开放性，以便用户可根据自己的实际需要方便地对其进行二次开发。为此在综合调研的基础上，选用由固高公司生产的可同时进行四轴运动控制型号为 GUC-400-ESV-M01-L2/F4GGUC 的运动控制器。该运动控制器的组成及实物如图 8-26 所示。控制功能特性见表 8-2。

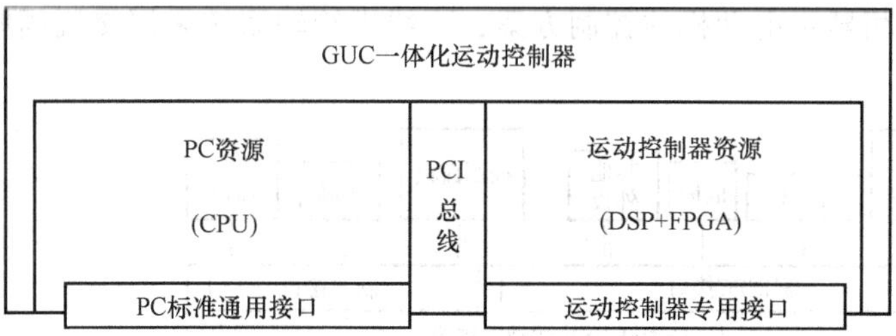

a)

b)

图 8-26　GUC 运动控制器组成原理图及实物图
a）组成原理图　b）实物图

表 8-2　GUC-400-ESV 运动控制器控制功能特性

功能	特　性
四轴电动机控制信号	每轴输出差分脉冲，最高频率 1MHz 每轴输出电压范围为 -10V ~ +10V，精度 16 位 每轴编码器反馈通道，四倍频可达 8MHz 每轴 Home、Index 及探针硬件捕获功能 每轴正负限位及伺服报警输入

（续）

功能	特　性
运动控制功能	支持直线插补、圆弧插补 每轴手脉跟随功能 插补方式：立即插补、缓冲区插补 小线段的连续轨迹的速度优化策略：前瞻预处理功能 支持闭环与开环控制 数字滤波：PID + 速度前馈 + 加速度前馈 缓冲区本地 IO 管理和运动延时功能 刀向跟随功能（选配） 螺旋线插补功能（选配） 反向间隙补偿 龙门结构双驱动控制功能
逻辑 I/O 功能	16 路通用数字输入/16 路通用数字输出 扩展数字 I/O 模块

2）伺服驱动及电动机选型见表 8-3。

表 8-3　伺服驱动及电动机等硬件产品选型

项目	名称	型号
X、*Y*、*Z* 轴伺服驱动器	安川 SGDM 交流伺服驱动器	SGDM-15ADA
X、*Y*、*Z* 轴伺服电动机	安川 SGMGH 交流伺服电动机	SGMGH-13ACA6C
主轴变频器	安川 F7 系列变频器	CIMR-F7B41P5
主轴电动机	SFC 三相异步电动机	IFBEJ-50-1.5-B
手脉、操作面板	自制	—

3）显示器选用液晶触摸屏。

4）MX-3 型数控系统硬件平台总体结构。针对三轴联动控制需要，提出了图 8-27 所示的控制平台总体结构，其数控装置由嵌入式 PC、运动控制单元以及显示器（触摸屏）、键盘、鼠标、控制面板、手脉等外设构成；伺服系统由主轴系统和直线进给轴系统组成，其中主轴系统采用变频器带三相异步电动机的控制方案，直线进给轴系统采用交流伺服电动机的半闭环控制。

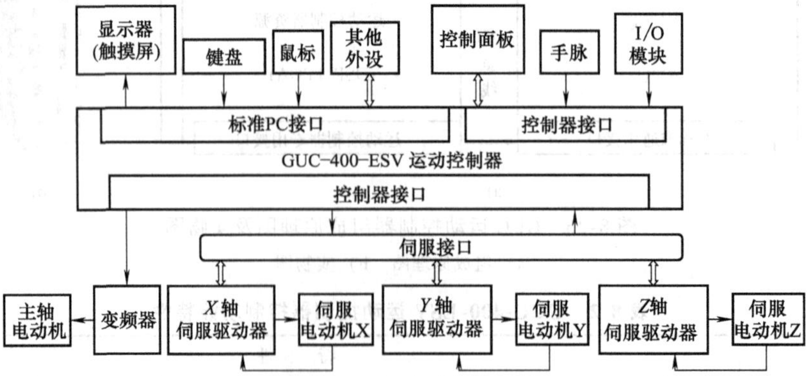

图 8-27　平台总体结构

二、软件系统

1. 操作系统平台构建

虽然 GUC 运动控制器支持 DOS 系统和 Windows 系统。但由于 DOS 是单任务的系统，程序大小受到 640K 内存容量的限制，并且程序开发过程复杂、操作界面资源不丰富。随 Windows 操作系统的发展及其向各技术领域的普及，开发 Windows 环境下的数控系统已经成为越来越多数控厂家及科研机构的首选方案。在利用 PC 技术的开放式数控系统中，Windows 操作系统有 DOS 操作系统所无法企及的优越性：

1）Windows 是一种开放式的操作系统，更易于体现数控系统的开放特性。

2）Windows 所访问的内存不像 DOS 系统那样受到 640K 容量的限制。与传统的数控系统相比，运行于 Windows 环境的数控系统其性能大大提高，例如：数控加工代码的大小不再受限，文件管理和编辑、系统配置的实现更加方便，人机交互符合 Windows 风格，界面丰富、一致性较强，可以利用各种软件开发工具及资源，使系统的开发周期大大缩短。

3）Windows 提供了基于中断的高精度实时响应，软件开发时不需要和系统硬件打交道，可以同时使用多个实时实例，能够完全满足数控系统控制功能的要求。

4）Windows 支持多线程。多线程技术便于建立数控系统的多任务机制，不同的处理任务在不同的线程中独立工作，这样更有利于数控系统功能的剪裁与扩充。

5）Windows 操作系统在设备驱动方面也比 DOS 系统具有明显的优势。Windows 操作系统可以利用的硬件资源更丰富，驱动程序的开发与安装更方便。

综合考虑了操作系统的版本更新、系统特性以及应用的广泛程度等因素，MX-3 型数控系统选用 Windows XP 来构建开放式数控系统的操作系统平台。

2. 模块设计

NC 功能平台可实现数控系统的数控功能，为人机控制层提供服务，是人机控制层的基础。为便于系统集成者能根据具体需要进行特定功能数控系统的开发，NC 功能平台应具备数控系统的一些基础功能模块，由这些基础功能模块构成了 NC 功能平台的基础功能模块库，如图 8-28 所示。

NC 平台功能模块库包括了系统管理类和系统控制类两大类功能模块。

（1）系统管理类功能模块　系统管理类功能模块负责对系统的监管，保证系统的正常运行，以及为系统控制功能模块提供必要的支持和服务，包括参数管理模块、系统初始化模块、NC 程序管理模块、系统显示模块、故障诊断模块等。

1）参数管理模块。参数管理模块负责管理开放式数控系统正常运行所需要的各类参数，包括：运动控制器基本参数（如通信方式、通信地址、工作模式等），运动控制器专用输入信号参数（如运动轴限位触发电平、运动轴 Home 信号触发沿、运动轴编码器计数方向等），运动轴参数（如运动轴控制模式、控制 PID 参数、控制补偿参数等），机床机械参数（如运动轴个数、运动轴行程范围、机械传动参数等）等。该模块实现对这些参数的统一管理，方便用户修改以及进行系统初始化处理。

2）系统初始化模块。系统初始化模块的任务是按照特定的格式与形式，根据用户设置的各类参数来对系统进行相应的初始化，它是系统运行时首先要调用的功能模块，是系统正常运行的重要保证。

3）NC 程序管理模块。NC 程序管理模块提供对零件加工程序的管理，完成零件加工程序的编写、修改与编辑，以及加工程序的输入/输出处理。

4）系统显示模块。其功能是向用户直观地显示系统实时运行状态，使用户能及时准确

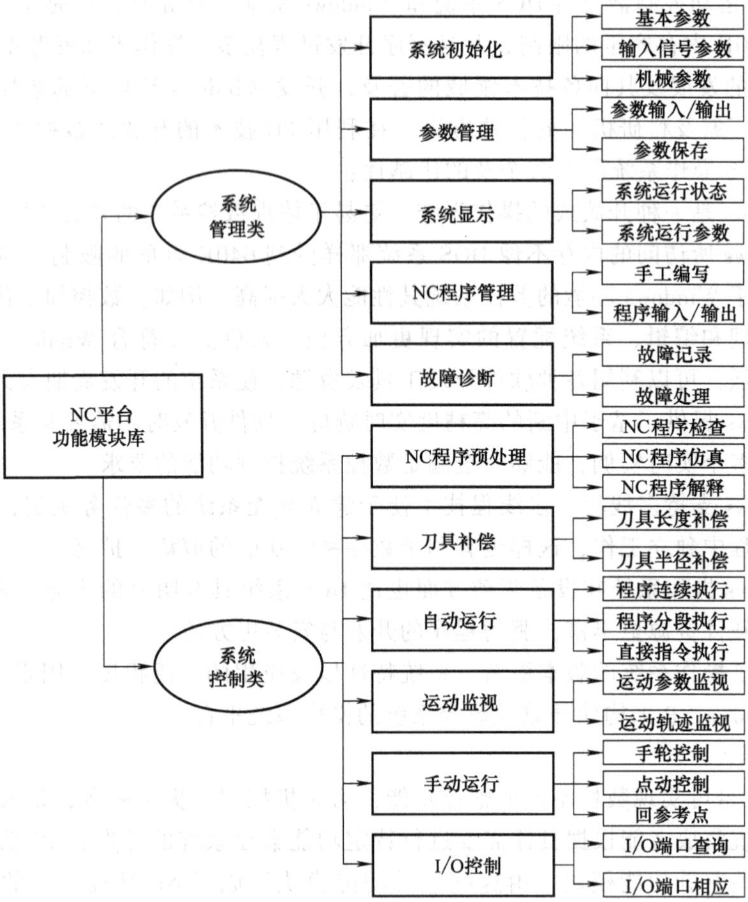

图 8-28　NC 功能平台的功能模块库结构

把握系统工作状态，以便于对系统的操作与调整。

5）故障诊断模块。用于记录系统日常运行状态参数，便于用户根据记录来对数控系统进行日常维护，最大限度减小系统的故障发生率。在系统发生故障时，可以及时中断当前任务，并给出故障处理建议，方便用户排除故障，大大增加了系统的可维护性。

（2）系统控制类功能模块　系统控制类功能模块提供了数控系统完成数控加工功能所必需的服务，具体包括 NC 程序预处理、刀具补偿、自动运行、手动运行、运动监视、I/O 控制等功能模块。

1）NC 程序预处理模块。完成数控加工程序的检查、翻译、解释等一系列任务，将数控加工程序转化为运动控制器所能识别的表达形式。

2）刀具补偿模块。根据刀补参数及加工程序中给定的刀补类型，自动将数控加工程序所描述的零件轮廓转化为实际加工中刀具中心的运动轨迹。

3）自动运行模块。自动运行模块提供了 NC 加工程序自动运行的方式与途径。它提供了多种程序自动执行方式，包括程序连续执行、程序分段执行、直接指令执行等。

4）运动监视模块。主要监视包括系统指令位置、实际位置、补偿位置以及进给速度、倍率等状态。通过监视可了解系统运动执行情况，以便用户可以根据需要调整相应的控制参数。

5）手动运行模块。提供了用户进行交互操作设备来控制系统运转的方式与途径，可完成机床的手轮控制、点动控制、回参考点控制等手动控制功能。

6）I/O 控制模块。负责系统数字量信号的输入/输出控制。系统的控制面板、限位开关、回零开关等开关量均通过 GUC 运动控制器提供的数字量 I/O 接口连入数控系统。数控系统工作时，I/O 控制模块首先实时对各路输入端口的状态进行查询，并根据其状态与功能定义进行相应的运算，最后根据运算结果实现对应的程序功能并及时刷新输出端口的状态。

3. 功能模块的标准模型

为便于实现 NC 功能平台的开放性，方便用户对功能模块的利用与扩展，需要为 NC 平台的功能模块定义一个统一结构形式标准模型，MX-3 系统的标准模型如图 8-29 所示。其中每一个功能模块均包括数据、方法和接口三部分。其中数据和方法共同实现功能模块的核心功能，可通过设定不同的数据结构与处理方法来实现满足特定需求功能的扩展。接口是功能模块与外界发生联系的通道，它实现了模块与模块之间的互联，并提供了调用功能模块的途径与方法。

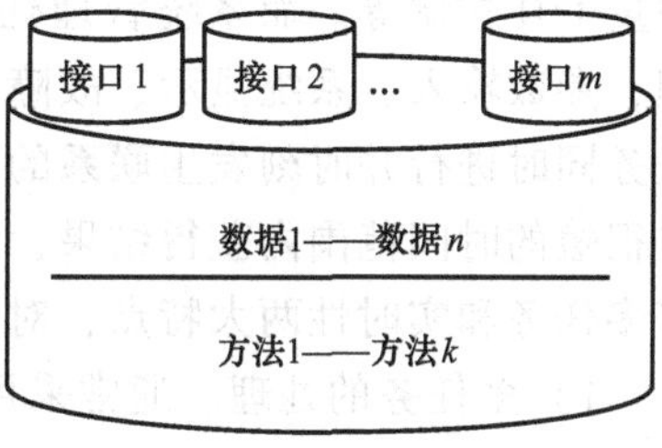

图 8-29　NC 功能平台功能模块标准模型

4. 功能模块的实现机制

NC 平台功能模块库中的模块不仅具有统一的标准模型，而且在实现机制上也相同，以便使各功能模块具有更强的兼容性和互操作性，有利于系统的整合与集成，增强系统的稳定性与开放性。

MX-3 型开放式数控系统中，GUC 运动控制器是硬件核心，是数控功能实现的基础。GUC 运动控制器包括 PC 资源和运动控制器资源两部分，功能模块库中各模块功能的实现过程实质上就是对这两部分资源的利用过程。MX-3 型开放式数控系统功能模块实现机制如图 8-30 所示。NC 平台功能模块对 PC 资源的利用可通过操作系统提供的 API 接口并进行编程来完成；而对运动控制器资源的利用通常是一个复杂的过程，GUC 运动控制器已完成了这方面的工作，它对运动控制器资源的利用途径进行了封装，并以动态链接库的形式提供给了开发者。

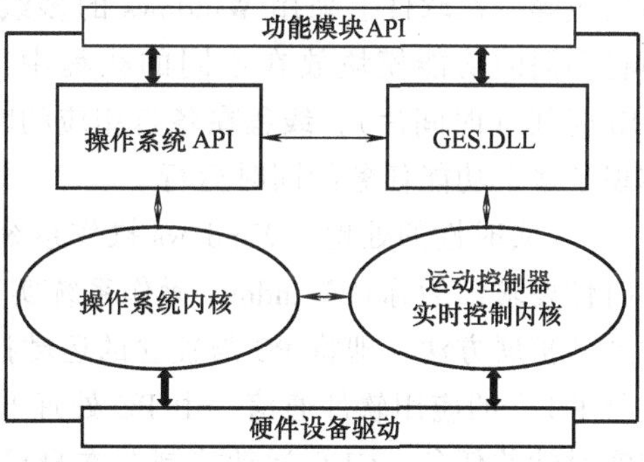

图 8-30　NC 功能平台模块功能的实现机制

图中“GES. DLL”是 GUC 运动控制器提供给开发者的用于访问运动控制器实时控制内核的动态链接库文件。功能模块根据自身的功能定义，通过操作系统 API 和 GES. DLL 分别对系统操作内核和运动控制器实时控制内核进行访问以利用 PC 资源和运动控制器资源，经过一定的算法实现特定的模块功能，并通过硬件设备驱动程序来驱动相应的硬件设备，从而最终实现系统的控制功能。另外，系统开发者可通过功能模块提供的标准 API 接口函数实现对相应功能模块的调用以便开发所需要的系统控制软件。

5. 控制软件

开放式数控系统的控制软件直接面向系统的使用者，使用者通过控制软件，按照一定的操作规范和方法可实现对开放式数控系统的控制，以完成数控设备的加工任务。控制软件的设计质量直接关系到开放式数控系统的功能及性能。MX-3 是以 Microsoft 公司的 Visual C++6.0 为工具进行开发的。

（1）多任务、实时性的处理　根据对开放式数控系统体系结构中 NC 功能模块的分析，开放式数控系统的控制软件应该完成系统控制和系统管理两大任务。其中系统控制功能是核心，主要完成对机床自动加工过程的控制，包括 NC 程序预处理、插补运算、伺服控制、开关量 I/O 控制等。而系统管理任务是基础，它负责协调整个系统的工作，包括 NC 程序管理、参数输入、系统显示、故障诊断等。数控加工中各任务的运行都不是独立的，而是多个任务同时进行并时刻发生联系的。且对于有些任务，不仅要求其运行的结果正确，而且要求在很短的时间范围内获得结果，即对特定任务的实时性要求。因此，开放式数控系统软件具有多任务和实时性两大特点，对多任务、实时性问题的处理直接关系到控制软件的性能。

1）多任务的处理。通常采用并行处理技术来处理多任务的问题，并行处理技术有多种方法，大致可分为硬件方法（如多处理器技术）和软件方法（如分时技术、多重中断技术）。在 MX-3 控制软件开发中同时用到了上述两种方法。在硬件处理上由于采用了“PC+运动控制器”的结构，其中运动控制器的 DSP 和 FPGA 具有独立的运算功能，因此“PC+运动控制器”的结构实质上是一种“双 CPU 硬件结构”。控制软件通过合理的组织与规划，将系统的任务一部分交给 PC 的 CPU 执行，另一部分由运动控制器的 CPU 来执行，从而部分实现了系统的多任务并行处理。

由于 PC 上处理的任务要求也能够进行并行处理，如在 NC 程序自动运行的过程中还要求系统对运动状态进行查询与显示，同时还能够完成对运动控制 I/O 状态的查询并做出相应的反应等。在软件上采用 Windows 的多线程编程机制，其实质就是 CPU 的分时处理技术，即将不同的功能模块放在不同的线程中，运行时操作系统为每一个运行线程分配一定的 CPU 时间（时间片），线程在各自相应的时间片内工作，因为时间片非常短，故在宏观上就实现了多个功能任务的同时运行。

2）实时性的处理。Windows 操作系统并不是一个实时的系统，故不能满足数控系统的实时性要求。为弥补 Windows 操作系统实时性的不足，采取了对 Windows 系统进行实时功能的外部扩展方法，即将 PC 与独立的运动控制器产品相连接，运动控制器通过 PCI 或 ISA 总线与 PC 上的应用软件通信。由 PC 处理非实时性或弱实时性的任务，而由运动控制器来处理实时性的任务。GUC 运动控制器本身已完成了大部分实时性控制功能的开发，如插补运算、伺服控制等，并以动态链接库的形式提供给控制软件开发者。在开发系统的控制软件时，主要是系统的管理功能模块以及一些弱实时性功能模块的开发，实时控制功能则调用相应的指令由运动控制器来完成。

在 PC 上实现的功能模块也有一定的实时性要求，且不同的功能模块对实时性的要求程度也不同。例如：显示的功能对实时性的要求最低，而 NC 程序预处理功能要求在上一段程序运行结束前必须完成下一段程序的预处理，故对实时性有一定的要求；运动控制功能负责将运动指令及时下载到运动控制器，有较高的实时性要求；运动控制器 I/O 状态查询模块完成传统数控机床 PMC 的任务，涉及一些机床紧急情况的处理，如机床限位、紧急停止等，故对这部分功能实时性的要求最高。MX-3 系统采用多线程编程的方法来解决 PC 上运行的功能模块的实时性问题，按照线程对实时性的不同要求，设置了相应的优先级别，见表8-4。

表8-4 控制软件主要功能线程及其优先级别

功能模块	线程	优先级
系统显示功能模块	系统参数显示线程	BELOW NORMAL
运动监视模块	坐标、图形显示线程	BELOW NORMAL
I/O控制模块	通用I/O端口查询线程	NORMAL
NC程序预处理模块	NC程序预处理线程	NORMAL
自动、手动运行模块	运动控制线程	ABOVE NORMAL
I/O控制模块	专用I/O端口查询线程	HIGHEST

（2）控制软件的结构模式与工作流程　在前面章节已介绍常用的软件结构有两种模式，即中断型和前后台型。根据MX-3开放式数控系统“PC+运动控制器”的硬件结构特点，其控制软件的结构模式应属于前后台式。其中在运动控制器平台上开发的程序相当于“前台程序”，在PC平台上开发的程序相当于“后台程序”。前台程序是直接关系到机床的动作的实时性服务程序，通常包括插补、伺服控制、机床监控等功能。在基于GUC运动控制器的开放式数控系统中，该部分功能以动态链接库的形式提供给控制软件开发者。后台程序不直接与机床的动作相关联，它由软件开发者根据控制系统的特定要求通过编程实现，包括两方面任务：一是完成系统管理、显示、NC程序预处理、刀具补偿等功能，以实现数控系统非实时和弱实时的功能；二是以指令的方式在后台程序中调用及组织前台程序的动态链接库，以具体实现前台程序相应的实时控制功能。MX-3开放式数控系统控制软件的结构模式如图8-31所示。

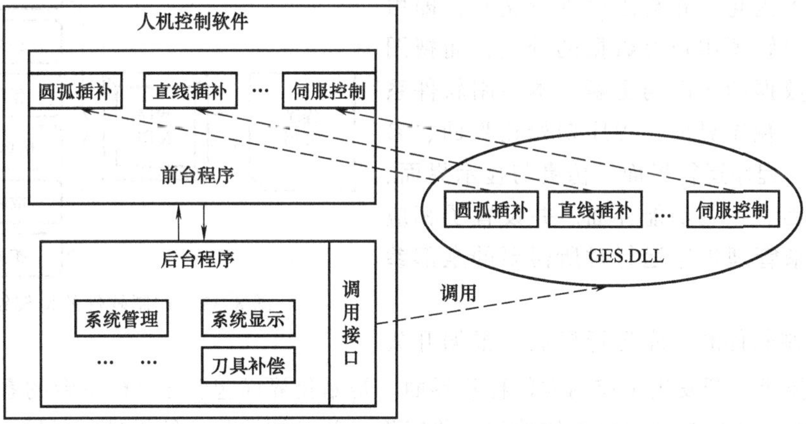

图8-31　控制软件的结构模式

MX-3开放式数控系统人机控制软件的工作流程如图8-32所示。系统在进行完系统参数设置及系统初始化过程后，系统控制软件主要完成功能循环和I/O循环两部分任务。功能循环要完成开放式数控系统的各项控制功能，实现数控机床的加工任务，它由操作者的指令触发，并根据所执行控制功能的具体条件而停止。I/O循环实现对运动控制器数字量输入/输出端口的定时查询，其生命周期伴随系统运行的全过程，它包含了传统数控系统PMC的功能，实现系统与外界环境的交互以及通过I/O实现的开放式数控系统的操作功能。

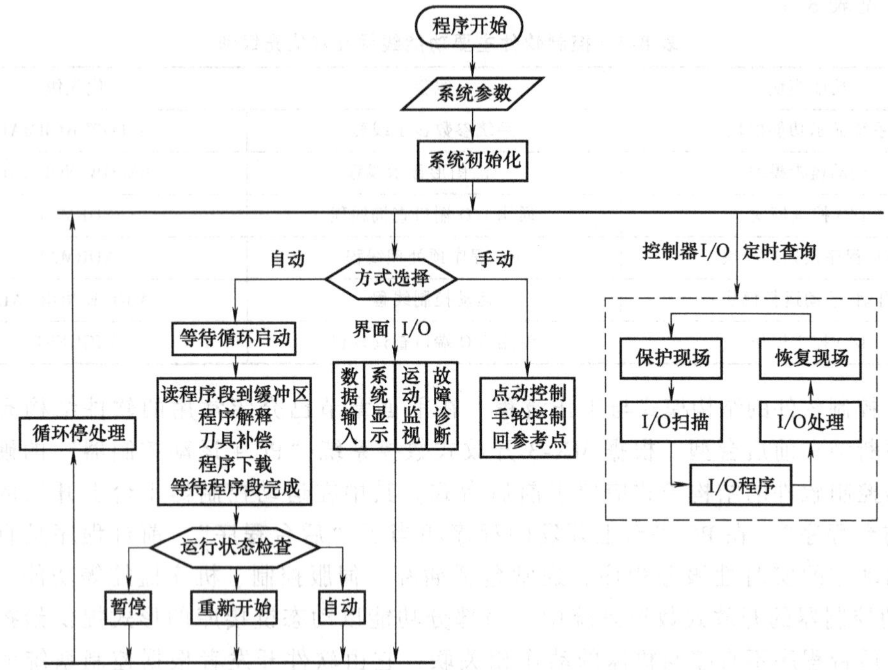

图 8-32 控制软件的工作流程

(3) 控制软件的框架 MX-3 系统控制软件的框架结构如图 8-33 所示，它采用了 MFC 提供的文档/视图的结构形式，该结构能够实现数据显示和数据操作的分离。文档对象代表应用程序已打开的文件，而视图窗口提供了该文档数据的可视化，并与用户进行交互，即由文档对象负责管理用户对数据的处理，而视图窗口显示对数据的访问与更新。本控制软件系统设置了以下视图界面：程序初始化界面、参数设置界面、程序运行界面、仿真与显示界面、故障诊断界面、扩展功能界面。并设置了相应的程序文档来管理程序运行时所需要的全部参数和文件。

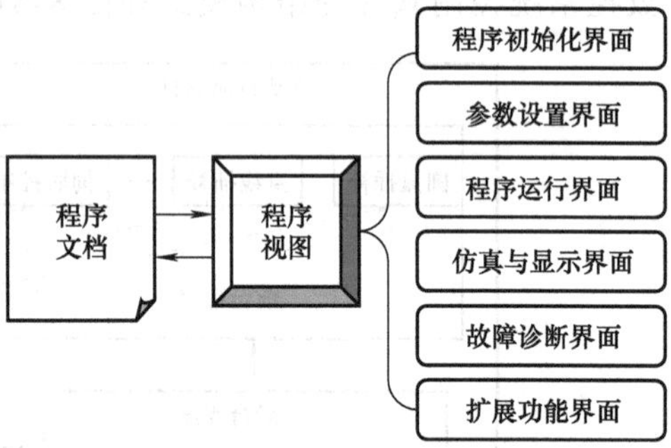

图 8-33 控制软件的框架结构

(4) 控制软件的程序运行界面 根据开放式数控系统要求，开发出了控制软件程序界面。初始化界面包含了 NC 平台的系统初始化模块，在该界面中程序自动完成系统的初始化工作，并对初始化的结果进行反馈；参数设置界面具体实现 NC 平台参数管理模块的功能，它实现对系统所需参数的分类管理和显示，以便于用户的查看和修改；程序运行界面是系统正常工作时所显示的主界面，如图 8-34 所示，它包括运动状态监视、加工程序管理、系统显示、运动指令输入等部分。

三、系统伺服参数调整

在完成基于运动控制器的开放式数控系统硬件及软件系统开发，并进行完相关电气连线后，为使系统正常工作并充分发挥其性能，需对系统伺服参数进行合理设置及调整。系统伺

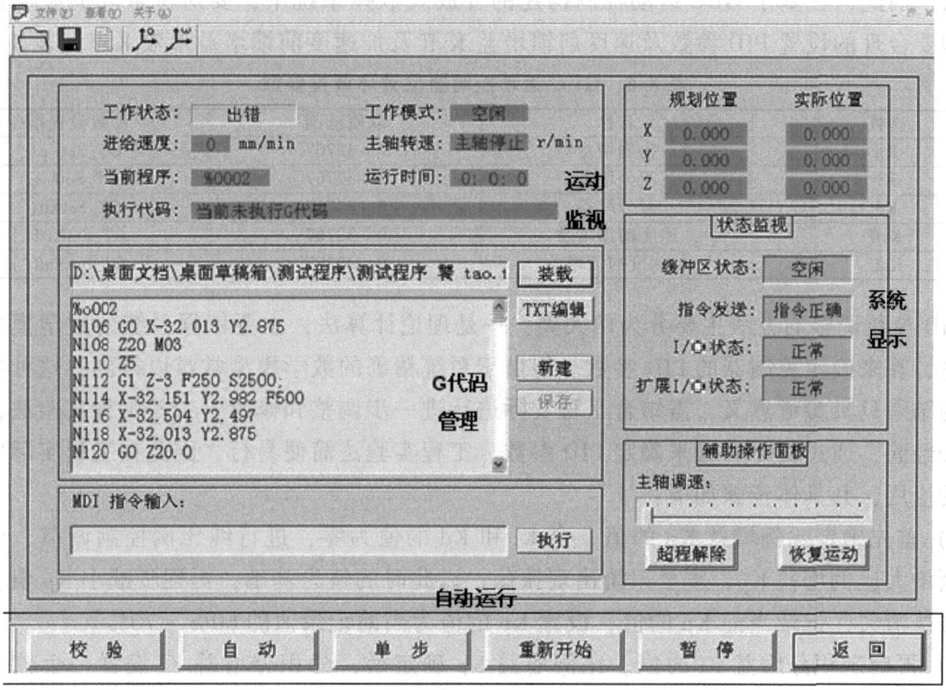

图 8-34 控制软件运行界面

服参数的调整涉及驱动器相关参数调整及运动控制器相关伺服参数调整两大方面。

1. 驱动器参数调整

系统所采用的安川 SGDM 驱动器所需调整的参数见表 8-5。

表 8-5 伺服驱动器速度环调整参数

参数编号	参数名称	参数功能
Pn103	系统惯性比	使 Pn100 的实际值与设置值相符
Pn100	速度环增益	决定速度环响应性
Pn101	速度环积分时间常数	加入积分因素，提高对微小输入的响应性
Pn401	扭矩指令滤波器时间常数	消除由滚珠丝杠引起的扭转振动

具体调整步骤如下：

1）先在运动控制器上设定较低的位置环增益，然后在不发生异常声音和振动的前提下增大驱动器速度环增益（Pn100）。

2）减小上一步中速度环增益的值，同样在不发生异常声音和振动的前提下增大运动控制器的位置环增益。

3）在同时考虑系统定位调整时间和机械振动情况的前提下，决定速度环积分时间常数（Pn101）的值。

4）当机械系统没有发生扭转振动时，减小扭矩指令滤波器时间常数（Pn401）；反之，则增大 Pn401 的值。

5）通过实际的运行试验，对上述参数进行反复适当地调整，以获得最佳的驱动性能。

2. 运动控制器参数的调整

由于 GUC 运动控制器采用了 PID + 速度、加速度前馈（PID + Kvff + Kaff 滤波器）的控制算法，因此，在基于 GUC 运动控制构建的开放式数控系统中，要对位置环伺服参数进行调整即要合理的设置 PID 参数及速度前馈增益 Kvff 及加速度前馈增益参数 Kaff（表 8-6）。

表 8-6　GUC 运动控制器位置环调整参数

参数	名称	取值范围	参数设置指令
Kp	比例增益	0～32767	GT_SetKp()
Ki	积分增益	0～32767	GT_SetKi()
Kd	微分增益	0～32767	GT_SetKd()
Kvff	速度前馈增益	0～32767	GT_SetKvff()
Kaff	加速度前馈增益	0～32767	GT_SetKaff()

PID 参数调整的方法主要分为两大类：一是理论计算法，主要依据系统的数学模型，经过理论计算来确定控制器的 PID 参数。但由于系统精确的数学模型常难以得到，这种方法所得到的结果只具参考意义，需结合工程实际进行进一步调整和修改。二是工程实验法，即依据工程经验，通过实际实验来确定 PID 参数。工程实验法简便易行，因此在工程实际中得到广泛的应用，其具体步骤如下：

1）首先确定比例增益 Kp 的值。令 Ki 和 Kd 的值为零，进行纯比例控制调节，由 0 开始逐渐增大比例增益 Kp，直至系统出现振荡；以此时的值为基础，再逐步减小 Kp 值，直至系统振荡消失，记录当前 Kp 的值，设置 Kp 的值为当前记录值的 60%～70%。

2）再确定积分增益 Ki 的值。比例增益 Kp 确定后，为积分增益 Ki 设置一个较大的初值，逐渐减小 Ki 的值，直至系统出现振荡；之后再逐渐增大 Ki 的值，直至振荡消失并记录此时的 Ki 值，设定 Ki 的值为当前记录值的 150%～180%。

3）最后确定微分增益 Kd 的值。微分增益 Kd 一般设为零，在特殊情况需要设定为非零值时，其方法与设定 Kp、Ki 的值时相似，并取不振荡时的 30% 作为最终设定值。

可通过人机界面在系统控制软件的参数设置模块中对运动控制器伺服参数进行设置，如图 8-35 所示。

图 8-35　运动控制器伺服参数的设置

四、系统特性测试

1. 系统特性测试原理

在设置完相关伺服参数后，还需对系统性能进行测试及分析。在对基于运动控制器的开放式数控系统特性测试中，利用了由西安交通大学数字控制及装备技术研究所开发的“数控机床动态特性测试分析系统”。该系统是一个集数据采集及分析、处理功能于一体的工业现场监测系统，主要用于数控机床进给系统动态特性、数控机床主轴部件轴心轨迹、数控机床振动特性的测试和分析，可实现数控机床加工过程的动态特性的监测、分析，提供数控机床工作状态监测信息，为用户进行故障诊断与预警提供重要参考数据。

通过该测试系统提供的标准圆分析功能，可测试开放式数控系统伺服进给轴的控制精度、稳定性及伺服匹配性。系统特性测试原理及测试设备连接分别如图 8-36 和图 8-37 所示。

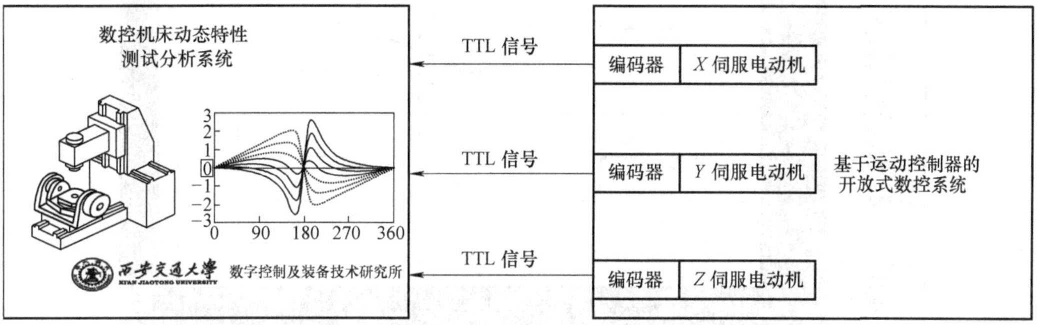

图 8-36　系统特性测试原理图

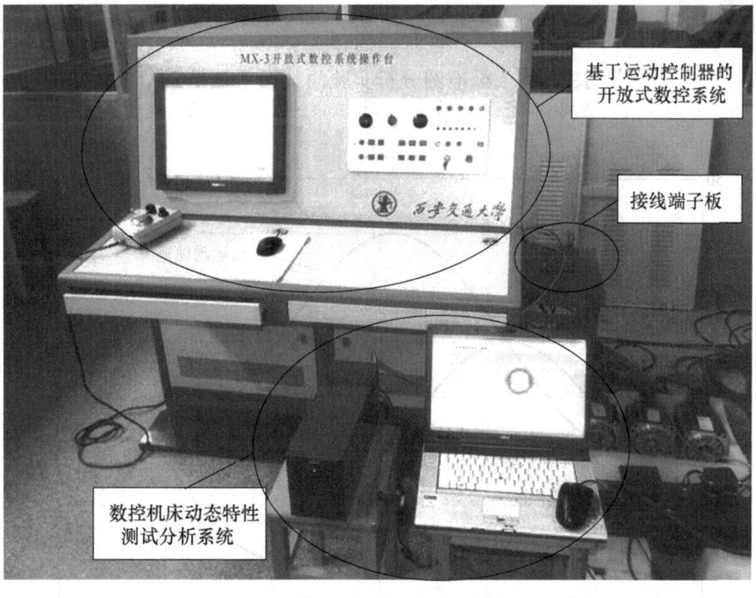

图 8-37　系统特性测试设备实际连接图

2. 系统特性测试及分析

系统特性的测试内容主要是利用“数控机床动态特性测试分析系统”的标准圆分析功能对控制系统的动态特性进行测试与分析。标准圆分析功能是建立在圆周误差图谱的理论基础之上的，它是评估两平移轴联动特性的重要手段，可在一定的范围内评估伺服进给系统的动态特性，如爬行、间隙、伺服匹配性、螺距误差、系统振荡等。

这里利用“数控机床动态特性测试分析系统”对所开发的开放式数控系统进行了标准圆分析实验，由该系统自动完成实验过程中数据采集和数据处理。标准圆分析实验中，测试圆的直径为40mm，数控系统的进给速率为300mm/min，信号的采样频率为1000Hz。标准圆分析实验的数据采集界面如图8-38所示，标准圆分析实验X、Y轴的运动轨迹如图8-39所示，相应的实验数据处理结果如图8-40所示。

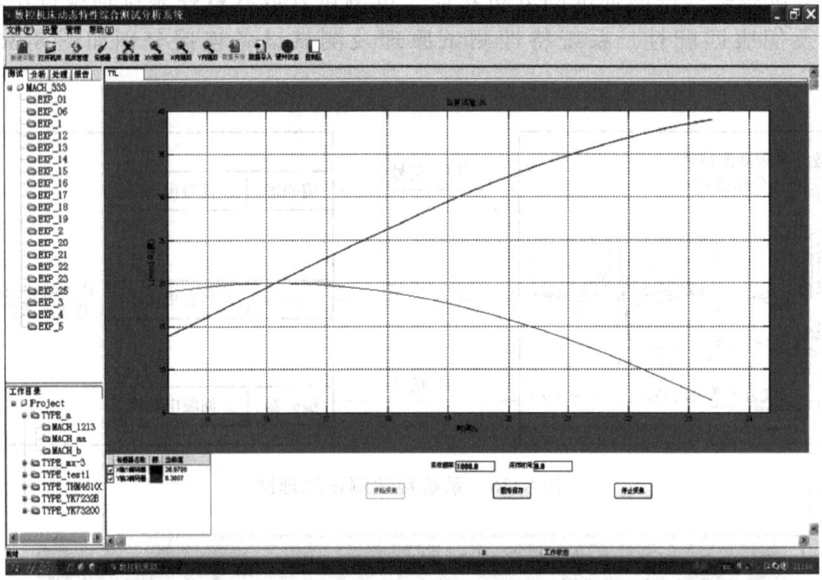

图8-38 标准圆分析实验的数据采集界面

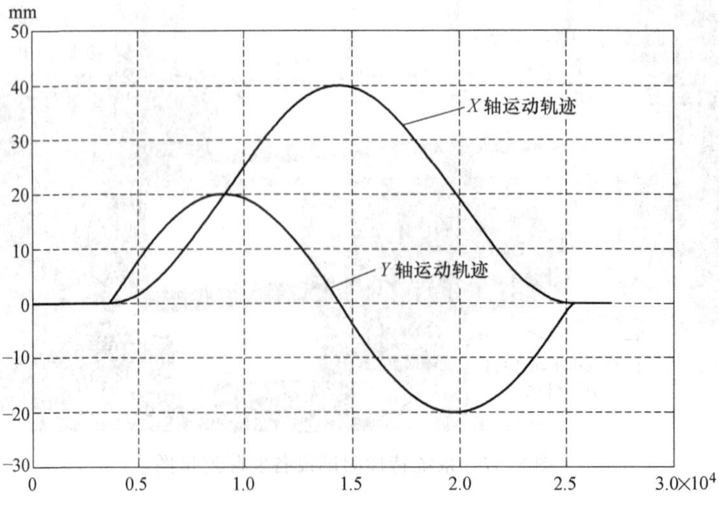

图8-39 标准圆分析实验X、Y轴的运动轨迹

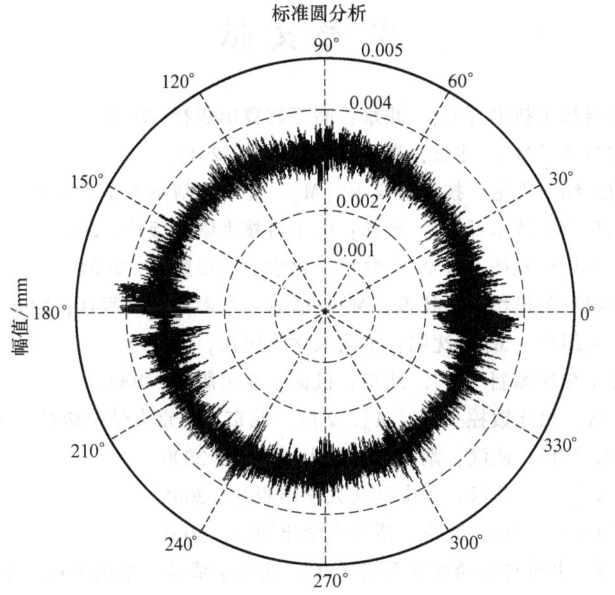

图 8-40　标准圆分析实验数据处理结果

该测试是在伺服电动机空载的情况下进行的，伺服进给轴爬行、间隙、螺距误差的影响较小，可忽略。标准圆分析实验数据处理结果主要反映系统在空载情况下的伺服进给轴伺服增益匹配情况、系统振荡情况及圆弧插补的半径偏差等。分析图 8-40 可知，MX-3 型开放式数控系统实验台经初步的伺服参数调整后，在进给速率为 300mm/min 的情况下，伺服增益的匹配性较好，*X*、*Y* 轴运行稳定，且圆弧插补的半径偏差在 0.005mm 的范围内。

随系统运行条件不同，其动态特性也不同，若要使系统在高速运行下仍具有较好的动态特性，需要系统在带载运行后对其伺服参数进行进一步的调整与优化。

习题

1. 说明西门子 840D 数控系统的组成，三大部分是如何连接的。
2. 西门子 840D 系统和 611A 的连接有哪两种方案，各有何优缺点？
3. HNC-8 型数控系统有哪些特点？
4. MX-3 型开放式数控系统是如何实现多任务实时处理的？

参 考 文 献

[1] 马雪峰. 数控编程与加工技术 [M]. 北京：高等教育出版社，2009.
[2] 梅雪松. 机床数控技术 [M]. 北京：高等教育出版社，2013.
[3] 黄翔，李迎光. 数控编程理论、技术与应用 [M]. 北京：清华大学出版社，2006.
[4] 魏杰. 数控机床编程加工技术 [M]. 成都：电子科技大学出版社，2007.
[5] 张超英，谢富春. 数控编程技术 [M]. 北京：化学工业出版社，2004.
[6] 高凤英，数控机床编程与操作切削技术 [M]. 南京：东南大学出版社，2005.
[7] 仲兴国. 数控机床与编程 [M]. 沈阳：东北大学出版社，2007.
[8] 顾京. 数控机床加工程序编制 [M]. 北京：机械工业出版社，2006.
[9] 杜国臣，王士军，等. 机床数控技术 [M]. 2 版. 北京：北京大学出版社，2010.
[10] 廖效果. 数控技术 [M]. 武汉：湖北科学技术出版社，2000.
[11] 曹甜东. 数控技术 [M]. 武汉：华中科技大学出版社，2005.
[12] 叶蓓华. 数字控制技术 [M]. 北京：清华大学出版社，2002.
[13] 杨耕，罗应立，等. 电机与运动控制系统 [M]. 北京：清华大学出版社，2006.
[14] 李斌，李曦. 数控技术 [M]. 武汉：华中科技大学出版社，2010.
[15] 韩建海，胡东方. 数控技术及装备 [M]. 2 版. 武汉：华中科技大学出版社，2011.
[16] 黄新燕. 机床数控技术及编程 [M]. 北京：北京理工大学出版社，2006.
[17] 孙德茂. 数控机床功能实现 [M]. 北京：机械工业出版社，2010.
[18] 汤双清. 数控技术 [M]. 北京：中国电力出版社，2007.
[19] 任玉田. 新编机床数控技术 [M]. 北京：北京理工大学出版社，2005.
[20] 陈先锋，何亚飞，朱弘峰. SIEMENS 数控技术应用工程师——SINUMERIK 840D/810D 数控系统功能应用与维修调整教程 [M]. 北京：人民邮电出版社，2010.

后　记

经全国高等教育自学考试指导委员会同意，由全国高等教育自学考试指导委员会机械及轻纺化工类专业委员会负责机电一体化工程专业教材的审定工作。

本教材由西安交通大学梅雪松教授任主编。具体编写分工如下：第一章由梅雪松、马振群执笔，第二章由孙挪刚执笔，第三章、第四章由徐学武、陶涛、孙挪刚执笔，第五章由许睦旬执笔，第六章由马振群、姜歌东执笔，第七章由梅雪松、孙挪刚执笔，第八章由徐学武执笔。全书由梅雪松统稿。

全国高等教育自学考试指导委员会机械及轻纺化工类专业委员会组织了本教材的审稿工作。华中科技大学李斌教授和西安交通大学邓文和副教授参加审稿，并提出修改意见，谨向他们表示诚挚的谢意。

全国高等教育自学考试指导委员会机械及轻纺化工类专业委员会最后审定通过了本教材。

全国高等教育自学考试指导委员会
机械及轻纺化工类专业委员会
2014 年 7 月